中国北方万名农村技术人员培训教材

畜牧养殖学

傅传臣 周金龙 张 立 主编

中国农业科学技术出版社

图书在版编目（CIP）数据

畜牧养殖学/傅传臣，周金龙，张立主编 .—北京：中国农业科学技术出版社，2011. 12
ISBN 978-7-5116-0731-7

Ⅰ. ①畜… Ⅱ. ①傅…②周…③张… Ⅲ. ①畜禽-饲养管理-中等专业学校-教材
Ⅳ. ①S815

中国版本图书馆 CIP 数据核字（2011）第 234215 号

责任编辑 闫庆健
责任校对 贾晓红 郭苗苗

出 版 者 中国农业科学技术出版社
北京市中关村南大街 12 号 邮编：100081
电　　话 （010）82106632（编辑室）（010）82109704（发行部）
（010）82109703（读者服务部）
传　　真 （010）82106632
网　　址 http：// www. castp. cn
经 销 者 新华书店北京发行所
印 刷 者 北京昌联印刷有限公司
开　　本 16
印　　张 15. 125
字　　数 378 千字
版　　次 2011 年 12 月第 1 版 2011 年 12 月第 1 次印刷
定　　价 25. 00 元

《畜牧养殖学》编委会

主　编　傅传臣　周金龙　张　立

副主编　韩庆彬　张列英

编　委　张乔挺　张保德　孙红华　肖亚南

王永涛　尹红光　张建峰　崔明君

陈卫东　李永杰　郭永玲　徐照忠

李孝红　蒋正国　蔡芳芳　绳　峰

序

国运兴衰，系于教育；教育振兴，全民有责。中共中央、国务院始终高度重视职业教育工作。胡锦涛总书记在“十七大”报告中指出：要大力发展职业教育。温家宝总理提出中央财政在“十一五”期间将拿出100亿元用于加强职业教育的基础能力建设。职业教育是创造生产力、提升生产力，服务产业建设、新农村建设、产业发展的基础，也是夯实执政基础的有力保障。按照面向现代化、面向世界、面向未来的要求，适应全面建设小康社会、建设社会主义新农村、建设创新型国家的需要，坚持育人为本，全面实施素质教育，推动教育事业在新的历史起点上科学发展，加快从教育大国向教育强国、从人力资源大国向人力资源强国迈进，为中华民族伟大复兴和人类文明进步作出更大贡献。

职业教育肩负着四方面的历史使命，一是肩负着为建设人力资源强国培养数以亿计有职业道德、有中高级职业技能劳动者的历史使命；二是肩负着我国现代化、工业化、信息化、城市化、国际化过程中为“三农”服务的历史使命；三是肩负着承接普及九年义务教育之后，加快普及高中阶段教育，解决功能性文盲的历史使命；四是肩负着服务产业发展、经济结构调整、发展方式转变、产业升级的历史使命。我国现代化建设的新形势，国际国内经济发展方式的转变，新农村建设步伐的加快，西部大开发战略的实施，迫切需要我们加快发展面向农村的职业教育，培养大批优秀专业实用技术人才，以增强农业职业教育服务经济社会发展的能力和水平。

为全面贯彻落实全国教育工作会议精神和教育规划纲要，加快发展面向农村的职业教育，加强农业职业教育基础能力建设，加快社会主义新农村建设步伐，提高学生的职业道德、职业技能、就业与创业能力，为农民、农村、农业发展服务，由商丘中等专业学校组织专家、学者编写了《中国北方万名农村技术人员培训教材》系列丛书。本套教材拟分职业道德篇、职业技能篇、就业与创业篇。为职业教育所需，该校首先编写了职业技能篇：《果树栽培学》、《畜牧养殖学》、《农作物栽培学》、《园艺植物栽培学》。该培训教材，在编写过程中根据中等专业学校农艺专业教学改革和技能型人才培养要求进行组稿。主要供北方中等专业学校、中等职业学校农艺专业和农民技术人员使用。教材理论部分浅显易学，各论部分特色鲜明，立足地区，突出教材的适用性、实用性，着重教学实践，力求阐明农业、畜牧业、园林花卉、果树、蔬菜、食用菌等生产中的基本理论和基本生产管理技术，紧密联系生产实际，从而体现了中等职业教育的教学特点。每个单元后附有思考与实践题目，以便于学员实习与练习。在教学过程中也可根据当地实际情况和教学要求，酌情选择有关内容。

教材编写中参考了本专业的有关教材和相关文献，在编写过程中得到了中国农业科学院、中国农业大学、河南省农业科学院、河南农业大学、河南农业职业学院、河南科技大学、商丘职业技术学院、商丘中等专业学校等院校专家和学者的大力支持，谨在此一并表示感谢。

衷心希望《中国北方万名农村技术人员培训教材》系列丛书的普及与推广，能为广大农村技术人员带来精神动力，为加快社会主义新农村建设，实现农民增收、农业增效、农业综合能力增强、粮食增产、农村发展与繁荣、农民教育的普及之目标，作出更大的贡献。

张兆合

2011 年 8 月

目　录

第一篇　畜牧兽医学基础篇

第二篇 养猪学篇

第三篇 养鸡学篇

第四篇 养牛学篇

第五篇 养羊学篇

第六篇 养兔学篇

第一篇

中国北方万名农村技术人员培训教材

畜牧兽医学基础篇

第一章　绪　论

一、畜牧业在国民经济中的地位和作用

畜牧业是农民增收的短、平、快项目和重要途径，在维护农村稳定、合理利用当地资源、安置农村富余劳动力等方面起着十分重要的作用。

畜牧业的发展水平，是一个国家经济发展阶段和人民生活水准的标志之一，畜牧业在农业和整个国民经济中占据重要地位。

（一）发展畜牧业可促进农业协调发展

（1）可为农业提供大量质优价廉的有机肥料。这些有机肥料富含农作物生长所需要的氮、磷、钾、锌、硫等多种矿物质及微量元素，能满足农作物生长过程中对多种营养物质的需要。

（2）可使自然资源得到充分合理的利用，有助于生态平衡。目前，有大量非传统原料被应用于饲料加工中，如作物秸秆、谷壳、屠宰下脚料等。

（3）可以节能环保，解决农村脏、乱、差现象。将畜禽粪便采用高温脱水技术可制成饲料或肥料；采用沼气技术，可转化成电能、热能为人类服务，既节约资源，又清洁环境。

（4）使农村闲散劳动力得到应用，为社会稳定作出贡献。

（5）可利用闲散土地，为人类造福。可利用荒废的场地、滩头、田边、地头、林间、山坡等地进行畜牧业发展。

（6）可使社会上的闲散资金得到很好利用，减少金融风险，维护金融秩序。

（7）是当前农村迅速脱贫致富的重要途径。

（二）为人类提供营养价值高的动物性食品

随着社会的发展，人类生活水平逐步提高，由原来以植物性谷物和蔬菜为主的低级食谱转变为以肉、蛋、奶为主的高级食谱。畜牧业可为人类生活提供各种肉类来源。其中猪肉消费量占到总肉类的60%以上，猪肉因其味道鲜美而备受多数人喜爱。猪肉一般含脂肪28%、蛋白质14%。禽肉中蛋白质含量为23.3%，超过其他肉类，且富含各种氨基酸。牛肉的营养比较丰富，属于高蛋白低脂肪食物，中等肥度牛肉含蛋白质20.6%，脂肪5.5%。羊肉含蛋白质16.4%，脂肪7.9%，胆固醇含量低于牛肉、猪肉。不久的将来，将会有更多的牛肉、羊肉、兔肉搬上人们的餐桌，这些肉类不仅卫生环保，而且可以降低胆固醇，是糖尿病等患者适宜食用的肉制品。

禽蛋营养丰富，含蛋白质13.3%，而且容易消化。同时，还含有维持人类生命和促进生长发育的各种必需氨基酸、矿物质微量元素和多种维生素。

乳制品所含营养物质完善，而且易于消化吸收。经济发达国家牛乳及制品占人们食品总量的20%。当前奶牛养殖业最发达的国家是新西兰，2005年该国人均产牛奶近4 000千克。

（三）为工业提供原料、促进出口创汇

畜牧业快速发展，促进了食品、医药、皮革、毛纺行业的振兴。

肉、蛋、奶是加工食品的重要原料。牛、羊、猪皮是制革的重要来源，可制皮鞋、皮夹克、皮大衣等。羊毛、兔毛可用于毛纺工业，制作毛毯、绒线等。血、肾、羽毛等可加工提取多种有价值的药品与工业用品。

我国的畜产品在对外出口中占有重要地位。羽绒、皮革、裘皮、地毯等及其制品是我国的重要出口物质，可直接换取外汇。另外，随着我国在畜产品质量安全方面的治理整顿，相信会有越来越多的合格的活畜禽、分割肉、冻肉等制品走向国际市场。

二、我国畜牧业发展现状及趋势

（一）我国畜牧业发展现状

当前我国畜牧业取得了突飞猛进的发展。2009年联合国粮农组织公布的统计资料：我国生猪存栏5.23亿头，居世界第一位；绵羊2.19亿只，居世界第一位；山羊2.46亿只，居世界第一位；牛1.89亿头，居世界第三位。肉类总产量10 845万吨，占世界总量的30%；禽蛋（不含鸡蛋）843.6万吨，占总产量80%；鸡蛋3 578.6万吨，占总产量40%；奶类3 785万吨，占总产量5%。另外畜牧业生产规模不断扩大，畜产品总量大幅度增加，畜产品质量不断提高，畜牧业生产方式正逐步向规模化、标准化、生态化养殖方向发展。畜牧业已经成为当前我国农村经济的主导产业，成为农民致富的重要途径。

虽然畜牧业取得了很大进步，但是动物疫病一直是制约养殖业快速发展的关键因素。控制疫病、消灭疫病、战胜疫病一直是广大养殖户的梦想和目标。目前疫病存在复杂化，危害加重的现象。“疫病多，养殖难，”不仅影响到养殖者经济效益，还影响到农户养殖的积极性。动物疫病，尤其是人畜共患病的发生和流行，不但会给畜牧业造成严重的经济损失，而且也严重地危害人类的身体健康。

（二）当前我国畜牧业发展存在的主要问题

1. 养殖户缺乏养殖技术

在农村主要还是散养模式为主，养殖设备、生产条件相对落后，思想意识形态上只是把农业养殖当成家庭收入的一个补充形式，难以接受现代化养殖理念，成为农村推广大规模养殖的一个障碍。

2. 科技研发转化水平不强

我国对科研成果的转化工作没有足够的认识，许多“高产、优质、高效”的畜产品培育技术的利用只限于口头，没有付诸实施。

3. 养殖污染严重

大部分养殖场对排出的粪尿污水处理还缺乏相应的环保措施和废物处理系统，粪便未经处理直接大量露天堆放或直接排入河流，造成对饲养场及周围环境的污染，也造成了人畜共

患病的发生。

4. 畜产品药物残留严重

据专家调查，我国每年生产抗生素制品大约21万吨，其中9万吨用于养殖业，这些抗生素的滥用造成大量耐药菌的出现，给动物疫病防控工作带来重大障碍，给畜产品及人体健康带来重大隐患。少数不法养殖户违规使用瘦肉精等违禁药物，造成瘦肉精等中毒事件时有发生。大剂量使用添加剂，造成畜产品重金属超标，使畜产品质量安全问题广受社会的关注。

5. 存栏多、出栏率低

这是我国长期存在的老问题，与养殖发达国家相比，我国的水平相差较大。以生猪为例，我国猪存栏总头数占世界的50.9%，肉猪出栏率为127.4%，但与发达国家的平均出栏率170%相比，我国仍低40多个百分点。

6. 单产生产力低下

在奶牛和母猪的饲养方面比较明显。外源良种母猪年提供商品猪能力在22～26头，欧美国家多数达到此种水平，个别国家还超过了26头；而2006年，我国母猪年提供商品猪16头左右，规模化猪场为18头左右。

7. 动物疫病多

防疫、预防和消毒观念不强，加上滥用药物，造成耐药菌出现。

(三) 我国畜牧业发展趋势

以提高商品率和增加经济效益为中心，进一步完善畜禽良种培育体系，努力提高饲养技术，提高单产水平、产品品质和出栏率。逐步增加肉畜的生产，大力提倡反刍动物的饲养，推广秸秆青贮过腹还田技术，大力发展全价配合饲料，多渠道开发饲料资源。推广畜禽规模化生态化养殖场建设。开展健康养殖，开发酶制剂、微生态制剂等饲料添加剂，生产绿色无公害、有机肉、蛋、奶等畜产品。

无抗养殖是社会发展的必然趋势，食品安全关乎着整个民生。改变人们的传统养殖、防疫习惯，自觉接受生物防治理论和产品，建设资源节约型、环境友好型社会是我们大家共同的愿望。

思考与实践

1. 畜牧业在国民经济中的作用？
2. 当前我国畜牧业发展中存在的问题？

第二章　动物营养与饲料

第一节　动物所需营养物质

动物生长、繁殖、维持生命活动和抗病力都需要消耗营养物质。营养物质包括蛋白质、能量、脂肪、碳水化合物、矿物质、微量元素、维生素和水等。

一、能量

饲料中能量物质主要有脂肪、碳水化合物和蛋白质。由于这三大类物质所含元素的比例不同，其总能含量也各不相同，脂肪含量最高，每克脂肪总能值为每克蛋白质的 1.6 倍，为每克碳水化合物的 2.25 倍。动物的一切生命活动都是在能量的参与下才能进行。

二、水分

水是动物所必需的营养成分，失去 1/10 的水分动物就会有死亡危险。由于水和空气一样在自然界非常丰富，其重要性易被忽略。

（一）水在动物体内的分布

水约占动物体重的 70% 左右，在动物的组织和器官中分布是不相等的，血液中最多，含 80% 左右，肌肉含水量 72% ~78% 左右。

（二）水在动物体内的功能

1. 水是动物体的主要组成部分

动物体内水分大部分与蛋白质结合形成胶体，使组织、细胞具有一定的形态、硬度和弹性。

2. 水是一种理想的溶剂

体内各种营养物质的消化、吸收、转运和代谢废物排出都必须溶于水中后才能进行。

3. 水是化学反应的介质

水参与体内很多的生物化学反应，如氧化还原反应、水解反应等。

4. 调节体温

由于水的比热大，导热性好，蒸发值高，所以水能储备能量，迅速传导热能和蒸发、散失热能，有利于恒温动物体温的调节。

5. 润滑作用

动物体内关节囊、体腔内和各器官间的组织液中的水，可以减少关节和器官间的摩擦，起到润滑作用。

(三) 水的来源和排出

动物体内水的来源主要是饮水。饮水多少与动物种类、饲料类型、环境温度等有关。水经肠黏膜吸收进入血液，然后输运到身体各组织器官。动物体内水的排出主要通过排尿、排粪，其次是肺脏和皮肤蒸发。泌乳也是动物水排出的重要途径。牛乳平均含水量高达87%。如牛每形成1千克乳，需要4～5千克水。充分满足奶牛饮水，可增加产乳量。1枚60克重的鸡蛋含水42克以上。蛋鸡缺水时，产蛋率明显下降。

二、蛋白质

蛋白质是由氨基酸组成的一类数量庞大的物质总称。蛋白质是细胞的主要组成部分，参与动物代谢的大部分化学反应，在生命过程中起着重要的作用。

(一) 蛋白质的营养生理作用

1. 蛋白质是组成机体组织的主要原料

动物的肌肉、神经、结缔组织、腺体、精液、皮肤、血液、毛发等都以蛋白质为主要成分，起着传导、运输、支持、保护、连接、运动等多种功能的作用。肌肉、肝、脾等组织器官中蛋白质含量达80%以上。蛋白质也是乳、蛋、毛的主要组成成分。饲料蛋白是唯一用来形成动物蛋白质的氮来源。

2. 蛋白质是机体内功能物质的主要成分

在动物体内参与催化作用的酶、起调节作用的激素及抗体都是蛋白质为主体构成的。另外蛋白质在维持体内渗透压和水分分布方面也起着重要作用。

3. 蛋白质是组织更新修补的主要原料

在动物新陈代谢过程中，组织器官的不断更新、损伤组织的修补，都需要蛋白质来完成，动物全身蛋白质6～7个月可更新一半。

4. 蛋白质可供给能量，转化为糖、脂肪

在动物营养不足时，蛋白质可分解供能。当食入蛋白质过多时，也可转化成糖和脂肪，经储存和分解产热供动物代谢使用。

(二) 氨基酸与蛋白质营养

蛋白质的种类很多，但结构上都是由20种左右的氨基酸构成的。氨基酸是蛋白质的最小组成单位，蛋白质是氨基酸的聚合物。氨基酸的数量、种类和排列顺序的变化组成了各种不同的蛋白质。因此对蛋白质的营养需要，实际上也是对各种氨基酸的需要。因为氨基酸的种类和比例不同，所以饲料中的蛋白质也具有不同的营养价值。

1. 氨基酸种类

氨基酸分为必需氨基酸和非必需氨基酸。必需氨基酸是指在动物体内不能合成，或能合成但合成速度及数量不能满足正常生长的需要。必须由饲料供给的氨基酸。成年单胃动物的8种必需氨基酸是：赖氨酸、蛋氨酸、色氨酸、亮氨酸、异亮氨基酸、苯丙氨基酸、苏氨酸、缬氨酸。动物生长还需要精氨酸、组氨酸。小雏鸡生长还需要甘氨酸、胱氨酸、酪氨酸。非必需氨基酸是不用饲料提供，自身体内能够合成的氨基酸。

2. 限制性氨基酸

是指动物饲料中某一种或几种必需氨基酸的含量低于动物的需要量，它的不足将限制其他氨基酸的利用和吸收。缺乏最严重者称为第一限制性氨基酸，其次为第二、第三……限制性氨基酸。对于猪来说，第一限制性氨基酸为赖氨酸；对于鸡来说，第一限制性氨基酸为蛋氨酸。因此在配制饲料时，需要分别添加赖氨酸和蛋氨酸，才能满足其各自生长和产蛋的需要。

3. 氨基酸的平衡和互补

饲料中的氨基酸数量和比例要满足动物的生理需要，过多或过少都会影响到其他氨基酸的吸收和利用，如果配比适当则饲料利用率就高，反之就低。如果喂给动物某种单一植物性饲料，就不能满足动物体对各种氨基酸的需要，并影响动物体蛋白质的合成。把几类饲料进行科学合理搭配，混合使用，扬长补短，优势互补，便可达到氨基酸平衡，提高饲料的利用价值，这种作用叫做氨基酸的互补。因此配制饲料时，可以适当地加入其他一些种类的饼粕，保证饲料中氨基酸种类的平衡，以满足动物体生长、发育、繁殖等需要。

四、脂类

脂类是动物营养中又一重要营养成分。营养分析表中把这类物质统称为粗脂肪。脂类由碳、氢、氧三种元素组成。在常温下呈液态的油脂叫油，呈固态的叫脂。其在动物体内营养作用如下。

1. 脂类是构成体组织的重要成分

肌肉、骨骼、神经和血液等组织中均含有脂肪。

2. 脂类的供能贮能作用

动物维持和生产的重要能源。动物生命活动所需能量 30% 由脂肪氧化供应，饲料中的脂肪除直接供能外，多余的转变成体脂肪沉积。体脂肪是动物体理想的能量贮备物质。

3. 脂类是脂溶性维生素的溶剂

脂溶性维生素 A、D、E、K 必须溶解于脂肪中才能被吸收利用。

4. 供给动物必需脂肪酸

以谷类和豆粕为主的饲料中含有对动物生长和健康具有保护作用的必需脂肪酸。

5. 脂类的其他作用

沉积于动物皮下的脂肪具有良好的热作用，在冷环境中可以防止体热散失过快。

五、碳水化合物

碳水化合物在饲料中的比例占一半以上，是动物生产所需的主要能源，是一类含碳、氢、氧的有机物。主要包括单糖、双糖、多糖。多糖分为淀粉类、纤维素类、半纤维素类等。它的营养作用：①形成体组织；②动物体内热能的主要来源；③转化为体脂肪储存于体内；④粗纤维饲料是反刍动物不可缺少的发酵饲料，对促进瘤胃正常消化机能甚为重要。它可作为填充物达到控制能量、采食量的目的，促进胃肠蠕动及粪便排出。

六、矿物质与微量元素

(一) 矿物质与微量元素的主要功能

(1) 矿物质参与动物体的新陈代谢。

(2) 调节渗透压，维持酸碱平衡，保持动物的正常生理功能和生产。

(3) 是支持形体状态的支架，构成体组织的重要组成成分。动物体的骨骼、牙齿主要是由钙、磷等矿物质组成。矿物质分为常量元素和微量元素两大类，含量占动物体重0.01%以上的称为常量元素，包括钙、磷、钾、钠、镁、硫、氯；含量占体重0.01%以下的称为微量元素，包括铁、铜、锰、锌、钴、硒、碘、钼等。

(二) 钙和磷

它是动物体内必需的矿物质元素，在现代动物饲养条件下，钙、磷已经成为生产配合饲料时必须考虑添加量较大的营养元素。

1. 钙磷在动物体内的含量及分布

钙、磷是动物体内含量最多的矿物质元素，平均占体重的1%～2%，其中98%～99%的钙、80%的磷存在于骨骼和牙齿中，其余存在于软组织和体液中。骨中钙约占骨成分的36%，磷约占17%。正常的钙、磷比例约为2:1。动物种类、年龄和营养水平不同，钙、磷比例亦有变化，一般不会有较大幅度变动。血液中钙只存在于血浆之中。

2. 钙、磷对动物的影响

动物在生长期间需要较多的钙、磷来形成骨骼，如果饲料中钙、磷缺乏，则造成动物生长发育缓慢，严重时引起佝偻病，患病幼龄动物由于软骨组织继续增生，而钙化不全，会表现出动物骨端变粗，四肢关节肿大，骨质松软，造成管骨弯曲变形，肋骨处由于软骨增生而形成念珠状突起。成年动物如果饲料中钙、磷不足时，则容易发生骨质疏松症，也就是软骨症。主要多发生于妊娠后期及分娩后，以及产蛋母鸡。这是由于母畜动用自身骨中钙、磷来供给胎儿及泌乳需要。若饲料中长期缺乏钙磷，又不及时补充，就会出现钙、磷负平衡，母畜可能发生产后瘫痪，站立不起，严重者则被淘汰。产蛋母鸡会出现笼养蛋鸡疲劳症：产薄壳蛋、软壳蛋，产蛋量、孵化率都下降，甚至母鸡瘫痪。

3. 影响钙、磷利用的因素

①肠中的酸度　当肠道内容物呈酸性时利于钙磷的吸收；②饲料中维生素D含量　添加维生素D，可使小肠内酸度提高，有利于钙、磷吸收；③饲料中钙、磷比例适当　一般家畜饲料中钙、磷比例控制在2:1～1:1的范围内吸收率高。如果添加钙过多，钙与磷酸根形成不易溶解的磷酸钙而妨碍磷的吸收，反之，添加的磷过多，过多的磷酸根与钙结合，影响了钙的吸收利用。

七、维生素

维生素在动物体内的新陈代谢过程中是必不可少的，维生素虽然不是组成各组织的重要成分，但是在动物体内的作用极大，控制着新陈代谢的正常运行。多数维生素是辅酶的组成成分，缺乏维生素，就会影响辅酶的合成，导致动物体的新陈代谢紊乱，导致多种疾病的发生：生长发育迟缓、不孕不育等，影响动物体的身体健康和生产性能。

维生素分为脂溶性维生素和水溶性维生素。脂溶性维生素包括维生素 A、D、E、K，能溶于脂肪等有机溶剂中，这些维生素短时间缺乏不会影响动物生长发育，长期超量使用对动物有害，如维生素 A、D、K 已证明过多则对动物有害。农业部出台的 1 224 号文件，就明确限制了维生素和微量元素不能超量使用的规定。水溶性维生素都溶于水，包括 B 族维生素和维生素 C。B 族维生素包括维生素 B_1、B_2、烟酸、泛酸、叶酸、B_6、生物素、胆碱、B_{12}及肌醇。B 族维生素几乎都是辅酶或辅基的组成成分，参与动物的各种代谢活动。水溶性维生素几乎不在体内储存，因此较短时期缺乏或不足就会影响到生产和健康。现在市面上出售的电解多维（包括脂溶性维生素和水溶性维生素），就是采用先进包膜技术，将脂溶性维生素溶于水，解决了这一饮水难题，能快速补充各种维生素的不足。

反刍动物瘤胃微生物可以合成 B 族维生素和维生素 K，成年反刍动物一般不会缺乏维生素 B、K。单胃幼龄动物合成少、吸收利用少，幼龄动物合成少，饲料中必须添加 B 族维生素。一般成年动物可合成维生素 C，在动物饲料中添加高剂量的某些维生素具有增强动物的免疫应答能力，提高抗病毒、抗肿瘤、抗应激能力，提高畜产品品质等作用，使得维生素在饲料中得到广泛应用。下面简要介绍几种常见维生素。

维生素 A　只存在于动物体中，植物中不含维生素 A，而含维生素 A 原，即胡萝卜素。维生素 A 是维持上皮组织健全所必需的物质，具有保护呼吸道、生殖道、肾小管、眼结膜以及皮肤的健康，防止夜盲症，维持神经系统的健康，维持正常的繁殖和促生长作用。维生素 A 缺乏导致夜盲症，上皮组织鳞片状角质化、分泌物减少、干眼病，严重时各器官黏膜受损，降低抗病力，引起呼吸道、消化道、泌尿生殖道炎症，甚至引起死胎、畸形、流产等。植物中的胡萝卜素在肠内可合成维生素 A。

维生素 D　能促进钙、磷吸收，调节钙磷代谢及促进钙、磷在血液中的含量，促进钙磷在骨骼中沉积。缺乏时幼畜易患佝偻病，导致生长发育停滞，家禽降低产蛋率和孵化率，蛋壳薄而脆。

维生素 E　具有抗氧化作用，增强机体的免疫力和对疫病的抵抗力，参与细胞 DNA 合成的调节，减少重金属如汞、砷、银的毒性。缺乏时会造成免疫力、抵抗力下降，患白肌病、肌肉萎缩、心肌变性、心包积水、红细胞溶血；母畜繁殖机能障碍、不孕；公畜睾丸发育不良。维生素 E 主要来自谷物和青饲料中，配制饲料时注意添加亚硒酸钠维生素 E。

维生素 K　催化肝脏中对凝血酶原及凝血活素的合成，参与凝血作用，缺乏，延长凝血时间。

维生素 C　又叫抗坏血酸。保持血液正常循环，防止黏膜破裂。具有抗应激功能。

另外 B 族维生素参与机体的多种代谢活动，对动物体生长发育、造血、食欲等方面作用显著。

第二节　动物的营养需要与饲养标准

动物维持生命、生长发育、繁殖、产奶都需要从外界摄取各种营养物质。动物的种类不同，生产目的、生产水平不同，对各种营养物质的需要量也不同。动物的营养需要和饲养标准，是由动物营养学专家通过大量的科学研究，饲喂试验而得出的规律性的研究成果，是科学配制饲料的依据，也是饲养动物的科学指导。

一、营养需要分为维持需要和生产需要

营养需要，是指动物在适宜的环境条件下达到一定的生产水平，对各种营养物质的最低需要量，包括维持需要和生产需要。①维持需要就是维持动物最基本的生命活动，对养分的最低需要，表现为必要的自由活动、保持体温及维持基础代谢。②生产需要就是用于动物生长或生产这部分的营养需要，它又可分为生长需要、产奶需要、产蛋需要、产毛需要等。维持需要仅能维持动物自身的生命，不产生经济效益，只有生产需要才对人类有用。因此，我们要科学合理地调制饲料，规范饲养，使维持需要在营养需要中比例降低，动物产生的经济效益就越高。

二、维持需要

（一）维持状态与维持需要

①维持状态是指成年动物或非生产动物，在保持体重不变、体组织成分相对恒定，即体内合成代谢与分解代谢处于动态的平衡状态。②在维持状态下所消耗的营养需要，称为维持需要。实际上也是维持动物正常生命活动的最低需要，主要用来弥补代谢过程中的损失和必要的活动。它不是固定不变的，随着环境、温度、运动程度的变化而变化。

（二）维持需要对动物体的作用

动物摄入的营养物质，一部分维持生命活动（维持需要），另一部分生产产品（生产需要）。在动物的生产中，维持需要属于无效损失，没有带来经济效益，生产率为零。但动物又不能没有维持需要，只有在满足维持需要的基础上，营养物质才能转变为生产需要，带来生产效益。

维持需要在总营养需要中占很大比例。在当前饲养条件下，饲料成本占总成本的50%～80%。因此，必须尽可能降低维持需要的比例，提高生产需要，才能获得较高的生产效率。如培育新品种，科学饲养提高动物的生产力，是减少维持需要的关键措施。

（三）主要营养物质的维持需要

蛋白质　动物体内的蛋白质每时每刻都处于分解代谢和合成代谢的动态平衡中，在此状态下，动物必须从饲料中获得一定数量的蛋白质，才能补充机体蛋白质的消耗。

矿物质　在维持状态下，动物体内的矿物质代谢非常活跃，十分复杂，动物体对矿物质的贮备能力和重复利用程度不同而影响矿物质的维持需要。如血红蛋白分解释放的铁，多数能被重复利用，胃液中的氯也可被重复吸收。但重复利用不是完全的。

维生素　在体内代谢过程中起着举足轻重的作用，虽然含量极少，但保证其维持需要显得非常重要。

（四）影响维持需要的因素

动物的种类、品种、性别、健康状况、皮毛的类型及密度、动物的活动量及饲料种类和组成、环境温度等都能影响维持需要。只有采用科学合理的饲养措施，减少冷热应激对动物的影响，尽量使动物保持在温度舒适整洁的环境中，才能降低维持需要比例，提高饲料利用率。

三、生产需要

动物的种类、生长阶段等不同，其生产需要也不同。生产需要又可分为生长、肥育、繁殖、产奶、产蛋、产毛等营养需要。当前饲养研究较多的动物品种是猪、鸡、奶牛、肉牛等动物，通过研究、探索其生长发育、繁殖、泌乳等规律和方法，提高其生产需要，为人类带来可观的经济效益。人们在这些品种研究方面取得了很多宝贵经验，下面以产蛋鸡产蛋期营养需要为例说明。产蛋期的营养需要分维持、产蛋、增产三部分。产蛋期的能量需要主要取决于产蛋率、蛋重及蛋的含能量。产蛋期的蛋白质需要是根据蛋中蛋白质的含量及产蛋率确定的。产蛋家禽对钙的需要非常高，随产蛋率的高低而变化，产蛋率在65%以下时，饲料中钙含量为3%；产蛋率在65%～80%时为3.25%；高于80%时为3.5%。

四、饲养标准

（一）饲养标准

饲养标准就是根据动物的不同种类、性别、年龄、体重、生理状态及生产功能，以及生产实践中积累的丰富经验，结合能量与物质代谢实验和饲养实验的结果，科学地规定每头动物每天应给与的能量和营养物质的数量。一个完整的饲养标准包括两部分，一部分是动物的营养需要量；另一部分是常用的饲料原料营养价值。在动物饲养中，具有很强的科学性和广泛的指导性。同时它也是设计饲料配方，动物实行标准化饲养的科学依据和技术指南。但是，饲养标准并不是一成不变的，由于动物个体间的差异，以及外界环境温度的变化、饲养方式的不同，动物所需要的营养物质数量不一样，就要适当调整饲料配方。随着畜牧养殖技术的日益更新，品种的优良化，加上不同国家和地区的饲料资源状况和饲养管理水平差异较大，饲养标准根据当地实际情况，也要进行适当调整，以满足不同种类、不同地区等动物的生长发育需要。

（二）饲养标准的作用

饲养标准的科学性和先进性，确保了动物快速生长发育繁殖泌乳等的需要，一提高了动物的生产效率；二合理地利用了当地饲料资源，提高饲料资源利用效率；三推动了养殖业的快速发展；四提高了科学养殖水平。

对我国动物生产参考价值较大的是美国的NRC标准，对我国的动物生产和饲料工业的发展具有重大指导作用。我国动物的饲养标准从“无”到“有”，从少数营养指标到多项营养指标，参照外国的饲养标准，结合我国饲料、品种、养殖技术的发展，我国动物的饲养标准经多次修订，愈来愈完善、科学。

第三节　饲料的营养特点

一、饲料分类

饲料就是能被畜禽采食、消化、利用，对畜禽健康无毒无害的物质。它是动物生长发育的物质基础，为了科学合理地利用饲料及便于进行饲粮配合，出现了几种饲料分类方法。一般是按照饲料的来源、特性、成分及营养价值、加工调制方法等进行分类。根据饲料来源，通常分为四大类，即植物性饲料、动物性饲料、矿物质饲料和添加剂等。根据饲料的化学性质和营养特点分类，通常分为精饲料、青绿多汁饲料、粗饲料、矿物质饲料和饲料添加剂等五大类。根据饲料的国际分类原则，按照饲料的营养性等将饲料分为粗饲料、青绿饲料、青贮饲料、能量饲料、蛋白质饲料、矿物质饲料、维生素饲料和添加剂八大类。

二、常见饲料营养指标

（一）粗饲料

粗饲料是指饲料干物质中粗纤维含量大于或等于18%，并以风干物形式饲喂的饲料。这类饲料营养价值较低，但是这类饲料资源比较丰富，无论山区或平原都有。它包括干青草和农作物秸秆、荚壳和藤蔓等，特别是在当前大力发展畜牧养殖，人多地少，节约粮食的情况下，发展草食动物的饲养是大势所趋，势在必行。开发利用粗饲料资源就显得日益重要。

（二）青绿饲料

青绿饲料是指天然水分含量大于45%的新鲜牧草、鲜嫩藤蔓枝叶、树叶、未成熟谷物植株等。常见青绿饲料品种有青贮玉米、黑麦草、鲁梅克斯、桑叶等。青绿饲料主要营养特性：水分含量较高，一般为60%～80%，高者达到95%。大部分的青绿饲料柔嫩多汁，具有良好的适口性和可消化性，能增加动物的食欲，促进消化液的分泌，有机物质消化率可达60%以上，反刍动物高达70%以上。青绿饲料的干物质中，粗蛋白质含量可达10%～20%，粗脂肪达4%～5%，粗纤维达18%～30%；各项氨基酸含量较高，营养较好，除含有维生素D外，其他维生素也较丰富，是动物维生素的重要来源。青绿饲料一般从抽穗或开花前期营养价值较高，为适宜收割期，至老熟阶段时，其营养价值显著下降。

青绿饲料是草食动物的良好基础饲料，一头动物每天喂量：成年母牛60千克、青年母牛40千克、幼牛10～20千克，猪也可喂一定数量的青绿饲料，成年母猪用新鲜黑麦草代替20%～30%精饲料，仍可满足正常产仔需要。

三、青贮饲料

青贮是保持青绿饲料品质的一种比较好的方法，通过青贮可以保持青绿饲料固有的营养特性，减少青绿饲料中养分的损失，并达到长期保存青绿饲料的目的。通过青贮可以解决草食动物冬季吃不到新鲜草料而缺乏维生素的难题。当前比较常见的青贮饲料是青贮玉米、青贮黑麦草、青贮红薯秧等。

（一）青贮原理

就是控制含水分多的饲料的发酵作用，抑制其中有害病原微生物的生长繁殖，防止饲料腐败变质，改变饲料品质的过程。

1. 常规青贮

主要利用乳酸菌的发酵作用，随着青贮的进度，原先附着于作物表面的好氧真菌和细菌逐渐被厌氧菌及兼性厌氧菌取代。乳酸菌属于兼性厌氧菌，此时开始大量繁殖，将饲料中水溶性的碳水化合物发酵成为有机酸，主要是乳酸。当青贮料中酸碱值（即pH）显酸性（pH达3.8～4.0）时，此时其中的各种微生物停止活动，青贮过程宣告完成。发酵后青贮料中含有大量乳酸，少量乙酸、丁酸和丙酸。散发出酒香味。

2. 半干青贮

就是将青贮原料预先风干，使其水分降至40% ~ 50%，此时可以抑制青贮料中病害微生物的生长繁殖。

3. 外加添加剂青贮

当青贮原料中水溶性化合物含量低时，可以通过加入添加剂的方法青贮，来保证青贮饲料的品质。常用的青贮添加剂分为两类：一类是乳酸菌制剂、糖蜜等，作用是促进乳酸菌发酵；另一类是抑制微生物生长的物质，如甲酸、甲醛等。通过加入添加剂，可以促进乳酸菌的生长和增殖，或使青贮原料的 pH 迅速降至 3.8 ~ 4.0，达到调制优质青贮饲料的目的。

（二）青贮饲料的营养特性

优质的青贮饲料其主要营养物质与青贮原料相比，损失很小，大多为8% ~ 27%，青贮饲料具有良好的适口性，增加反刍动物的采食量、提高有机物质的消化率，青贮饲料中维生素含量比较丰富，能量水平较高，品质较好。青贮饲料是反刍动物的重要饲料，可占日喂饲粮的 30% ~ 50%。

（三）影响青贮质量的因素

1. 青贮技术，是起关键决定的因素

（1）半干青贮　将青贮原料水分降至 50% 以下，再青贮效果比较好。

（2）加酸青贮　在青贮原料装窑时，同时添加一定量的酸性物质，如甲酸、苯甲酸等，可使青贮饲料的 pH 值迅速降至 4.0 以下，达到抑菌目的。

（3）混合青贮　将豆科牧草与可溶性碳水化合物含量高的原料，如谷物精料玉米、麸皮等混合青贮；或将含水分高的青绿饲料与含水分低的原料混合青贮，提高青贮品质。

（4）加酶青贮　秸秆类饲料如玉米秸秆可溶性碳水化合物含量不足，添加适量纤维素酶制剂，可改善秸秆青贮料的营养品质。

2. 青贮原料的质量要求

原料质量的优劣是决定青贮效果的重要因素，原料应具备的适宜条件：①青贮原料中碳水化合物含量≥2%。②青贮原料水分不超过 60%。③原料中蛋白质含量不能很高。

四、能量饲料

能量饲料是指饲料干物质中粗纤维含量低于 18%，粗蛋白质含量低于 20%。这类饲料能量较高，来源广泛，包括谷实类：玉米、大麦、小麦、大米等；谷类加工副产品：米糠、麸皮等；富含淀粉糖类的块根块茎和脂肪类饲料；动植物油脂。

谷实类饲料

指禾本科植物成熟种子，通常在单胃动物饲料中占 60% 左右，无氮浸出物含量高，主要是含淀粉，消化率高，是重要的能量饲料。

玉米　在谷实类饲料中有效能值最高为 14.27 兆焦/千克，是饲料中最好的和主要的能量饲料，占饲粮总量的 50% ~ 70%，其中粗纤维含量很低，无氮浸出物特别是淀粉的含量很丰富，易被动物消化利用，营养物质的消化率很高，达到 88%。而且适口性好，易被动物喜欢采食。因此，玉米又被称为“饲料之王”或“能量之王”。此外，玉米中含有丰富的

维生素 B_1，黄玉米中含有较多的胡萝卜素。不足之处是维生素 D、维生素 B_2、维生素 B_5 含量较少，钙、磷不足，蛋白质含量仅为 8% ~9%，且蛋白质品质较差，赖氨酸、色氨酸含量严重不足。因此，玉米必须和其他饲料搭配饲喂，在生长育肥期动物饲粮中用量不宜过高，否则因其含有较多的不饱和脂肪酸而降低胴体品质。

小麦　小麦是我国北方人民 的主食，因价格高，用作饲料的数量有限，多为碎小麦、次粉等。当其价格低于玉米价格时，可代替部分玉米使用。小麦的有效能值为 14. 18 兆焦/千克低于玉米，蛋白质含量为 13. 9% 高于玉米，各种限制性氨基酸也高于玉米，是谷实类饲料中蛋白质含量较高者，不过其蛋白质中缺乏赖氨酸。小麦中维生素 B 和维生素 E 含量较多，特别是胚芽富含维生素 E。小麦的适口性优于玉米，对猪饲喂价值为玉米的 100% ~105%，可全部或部分代替玉米，虽然饲料效率略低于玉米，但可节约部分蛋白质饲料，并可改善猪的胴体品质。若用小麦全量代替玉米喂鸡，则其饲料效率只有玉米的 90%，所以替代量以 1/3 ~1/2 为好。

麦麸　小麦加工面粉过程中的副产品，其营养价值因面粉精制程度不同而异，出粉率越高，其粗纤维含量越多，营养价值越低。粗蛋白质可达 12% 以上，粗纤维 10% 左右，含钙量低，仅为 0. 1% ~0. 2%。含磷量较多，可达 0. 8% ~1. 2%，但其中 80% 为植酸磷，有效磷少，利用率低。麦麸因为含粗纤维较多，具有容积较大，质地膨松的物理特性，在猪配合饲料中可以调节营养浓度。因其具有致泻作用，在猪配合饲料中麦麸的比例不宜过高。一般不超过 20%，应与玉米、高粱、大麦等谷实饲料搭配饲喂。另外小麦麸对牛具有良好的饲喂效果，常用于母畜产后调节消化道的机能；同时，也是犊牛和青年母牛的优良饲料。另外，小麦麸也常用于饲喂家禽，尤其是产蛋母鸡，用以调节日粮的营养浓度和容重，通常用量是控制在 10% 以内。

五、蛋白质饲料

蛋白质饲料 指饲料干物质中粗蛋白质含量大于或等于 20%，粗纤维含量低于 18% 的饲料。蛋白质饲料是猪、鸡生产中的主要饲料之一，其来源主要有：（1）植物性蛋白饲料：主要包括豆科籽实、饼粕类和某些加工副产品。饼粕类饲料：是动物最主要的蛋白质饲料资源；（2）动物性蛋白饲料：鱼粉、骨肉粉、血粉、蚕蛹等；（3）微生物蛋白饲料：酵母蛋白质饲料。目前在养殖中主要使用这三类蛋白质饲料。

（一）植物性蛋白质饲料（主要是饼粕类饲料）

饼粕类饲料就是大豆或油料作物籽实提取大部分油脂后的剩余副产物，用榨油机夯榨加工成大块饼状的称为油饼；而用溶剂浸提油脂后的剩余物，呈小片状或颗粒状的称为油粕。各类油料籽实的特点是油脂与蛋白质含量高，而无氮浸出物比一般谷物低。因此，提取油分后的饼（粕）中蛋白质含量显得更高，再加上残存不同含量的油分，故蛋白质和能量都很高，它是目前动物所需的最主要的植物性蛋白质来源。饼粕类饲料的共同特点：（1）蛋白质含量均较高，而且品质较好；（2）残留有一定量的油脂，能量价值也高；（3）每种饼粕饲料均含有不同程度的抗毒因子或有毒成分，应注意合理使用。

大豆饼（粕）是一种使用量最多、最优质的植物性蛋白质饲料，其用量占饼（粕）类饲料的 70% 左右。大豆饼（粕）风味好，色泽佳，适口性好，可用作各类畜禽的饲料，用于猪配合饲料的效果是其他饼（粕）类饲料不能代替的。其蛋白质含量丰富，一般高达

42% ~48%，并且蛋白质营养价值很高，除蛋氨酸和胱氨酸含量不足外，其他氨基酸的含量都很丰富，特别是赖氨酸的含量是饼（粕）类饲料中含量最高者。因此，大豆饼粕是动物机体赖氨酸、色氨酸、甘氨酸、异亮氨酸、苏氨酸和胆碱的良好来源，其氨基酸组成接近于动物性蛋白质饲料，其蛋白质品质仅次于动物性蛋白质。大豆饼（粕）的不足之处是维生素 B_{12}缺乏、钙含量不足、钙、磷比例不适宜，注意配料时适当补充钙、磷、添加多维。另外生的或熟度不够的大豆饼粕中含有胰蛋白酶抑制因子、血球凝集素等抗营养因子，若生喂此类饼粕，则会导致消化不良或中毒，故不宜生喂。

大豆饼粕　是动物的良好的蛋白质补充料，但饲喂过多会导致动物腹泻、肉质变软，降低胴体品质；雏鸡可能出现粪便黏肛现象。所以，大豆饼粕应与玉米等其他谷实类饲料搭配使用，一般添加量应控制在25%以下。

棉籽饼粕　是将棉籽脱壳提取油脂后的副产品。棉籽饼（粕）粗纤维含量为10% ~14%；粗蛋白质为32% ~40%，矿物质中磷、铁、锌含量非常丰富。棉籽饼（粕）的营养价值与棉花品种和榨油工艺有关，蛋白质含量愈高，有效赖氨酸含量愈高，棉籽壳越少，可用价值越高。棉籽饼粕作为动物饲料的不利因素是其中含有毒素，即游离棉酚，若过量饲喂易引起动物中毒，其中以猪和家禽对此毒素尤为敏感。当棉籽饼粕中游离棉酚含量为0.02% ~0.05%时，有轻微毒性；高于0.15%时具有强毒性。因此，在饲粮中应严格控制用量，未经脱毒处理的棉籽饼（粕）其喂量不超过10%为好；对于仔猪和母猪应严格控制，一般乳猪和种猪不提倡使用。棉籽饼（粕）是反刍动物最好的蛋白质补充饲料之一，其中游离的棉酚对于牛、羊的毒性较低。反刍动物饲料中用量不超过20%为好；对于4月龄前犊牛不宜饲喂棉籽饼粕。

菜籽饼粕　是油菜籽脱油后的副产品。蛋白质含量为34% ~38%，粗纤维含量高达12%，不仅富含钙、磷、铁、锰、锌等矿物质元素，含硒还特别高，而且含有较多的植酸，对动物具有抗营养作用。另外，含有毒素较多，不仅影响适口性，而且会导致甲状腺肿大，生产性能下降，引起炎症和腹泻，进而损害脑垂体、肝脏等，引起代谢失调，长期大量饲喂易引起中毒，故最好进行脱毒处理。

（二）动物性蛋白质饲料

一般蛋白质含量较高，除了血粉、羽毛粉外，其他品质也较好，营养价值较高。在饲料中用量较少，主要用来补充必需氨基酸的不足。常用的有鱼粉、肉粉。鱼粉是指全鱼或渔业加工废弃物制成的副产品。鱼粉中蛋白质含量比较丰富，优质鱼粉蛋白质含量高达60% ~65%，国产鱼粉因原料较差，一般蛋白质含量40%左右；优质国产鱼粉蛋白质可达到50%；劣质鱼粉含量20%左右，且常掺假，品质不良。优质鱼粉必需氨基酸含量丰富齐全，比例平衡，而且钙、磷含量很丰富，维生素B族也很丰富。因此，优质鱼粉被认为是畜禽的最佳蛋白质营养饲料。由于其价格昂贵，用量受到限制，一般占饲料的2% ~8%。另外，鱼粉对于反刍动物来说，是过瘤胃蛋白质的良好来源，在奶牛精料中添加7%鱼粉，可达增产目的，但要防鱼腥味带入产品中。其次防止劣质鱼粉食盐中毒现象出现，一般进口鱼粉含盐量为1% ~2%，国产鱼粉含盐量变化很大，高的可达30%。使用前最好测定鱼粉的含盐量，以防盐中毒。因鱼粉脂肪含量较高，贮藏过久易腐败，在高温高湿季节易发生霉变、虫蛀，导致鱼粉变质影响适口性，而失去饲料价值，故要妥善储存。

六、矿物质饲料

在规模化饲养条件下，由于天然植物饲料中所含的矿物质元素的种类、含量和相互间的比例，往往与高产动物的实际需要不符合，因此，就有必要在饲料中另外添加矿物质饲料，以充分满足动物对各种矿物质的需要。矿物质饲料分为常量矿物质饲料和微量矿物质饲料两大类别。

（一）常量矿物质饲料

比较常用的常量矿物质饲料有：石粉、贝壳粉、骨粉、磷酸氢钙、食盐等。

石粉　由天然石灰石粉碎加工制成，基本成分为碳酸钙，含钙量为32%～38%，主要提供钙元素。

磷酸氢钙　含钙29.46%，含磷22.79%，其中钙、磷比例约为3:2，接近动物需要的平衡比例，主要提供钙和磷。

骨粉　以动物的骨骼为原料，经高压灭菌后粉碎制成，含磷约为10%（蒸制骨粉）或12%（脱胶骨粉）、含钙为17%，它是动物磷、钙的良好来源。

食盐　应用最广的钠、氯矿物质饲料。一般食盐的氯化钠含量为95%以上，其中钠、氯比例基本上符合哺乳动物的需要。

（二）微量矿物质饲料

国内广泛应用的微量矿物质饲料，主要是无机化合物的硫酸盐、碳酸盐、氯化物和氧化物等。

七、维生素饲料

指由工业合成的或提纯的单一或复合维生素制品，包括脂溶性维生素饲料和水溶性维生素饲料两类。

脂溶性维生素饲料　主要包括维生素A、D、E、K等制品。由于其性质不稳定，且应避光、密封保存。在储运过程中其生物学活性会有所损失，预混料中月效价损失为2%～8%，全价料中月损失5%～8%。

水溶性维生素　主要包括维生素B族的B_1、B_2、B_6、B_{12}、泛酸、生物素、胆碱、叶酸、维生素C等，这些产品一般为白色、黄色或淡黄色结晶性粉末（胆碱除外），以单体形式存在，性质稳定（维生素C除外）。以复合形式存在则性质不稳定，易受破坏。

八、饲料添加剂

益生素　　益生素是指用以直接饲喂动物并能改善动物肠道微生态平衡，增进宿主动物消化代谢和免疫功能，促进动物生长和提高饲料利用率的活体微生物制剂或其培养物，又称为活菌剂或饲用微生物添加剂。

1. 益生素产品应具备的基本条件

一是对动物无毒、无害；二是产品性质稳定，可较长时间保存；三是能被迅速激活，并大量快速生长繁殖。

2. 益生素的作用机理

（1）补充有益菌　益生菌在动物体内快速大量繁殖，补充动物所缺乏的有益菌，保持菌群状态平衡。

（2）防病抗病　通过生物夺氧、竞争占位和分泌酸性抗菌物质-过氧化氢、丁酸、乳酸等迅速抑制大肠杆菌、沙门氏菌、巴氏杆菌等有害菌的生长繁殖。促进双歧杆菌等有益菌的快速繁殖、杀灭病害菌，进行抗病防病。

（3）促进生长，提高饲料利用率　益生菌在肠道大量繁殖，不仅可以产生各种消化酶，而且能合成大量 B 族维生素、维生素 K、氨基酸、生长因子、小肽、多肽等，帮助饲料消化、吸收、促进生长，明显降低养殖成本。

（4）强化免疫功能　能刺激动物免疫器官的生长发育，激活体内具有吞噬作用的淋巴细胞，提高免疫球蛋白和抗体水平。

（5）减少有害物质的产生，除臭环保　益生素可减少肠道内氨和其他有害物质的产生，并能中和胃肠内毒素，降低氨气、硫化氢 80% 左右，减少呼吸道病的发生。

3. 益生素的发展前景及使用效果

益生素是一类安全高效、无任何毒副作用，颇具发展前景的绿色添加剂。广泛应用于猪、鸡、牛、羊等动物。对仔猪尤其是乳猪具有促生长、减少腹泻和提高饲料利用率的作用；对肉用仔鸡具有促进生长、提高增重和提高饲料利用率，减少死亡率的效果；对产蛋母鸡具有提高产蛋率、蛋重，改善蛋壳品质的作用。

第四节　工厂化饲料

饲料是动物生长的物质基础。动物的科学饲养是合理利用各类饲料资源，根据动物的营养标准设计出符合动物生长、发育等为目的的饲料，以求发挥动物的最大经济效益。

工厂化饲料就是严格按照动物的饲养标准、卫生标准，经过工厂化加工、制作的供动物食用的饲料。

按照我国国务院 2001 年颁布的《饲料和饲料添加剂管理条例》的规定，饲料分为单一饲料、饲料添加剂、添加剂预混合饲料、浓缩饲料、精料补充料和配合饲料。

单一饲料　以一种动物、植物、微生物或矿物质为来源的经过工厂化加工、制作的供动物食用的饲料，称为单一饲料。如：豆粕、鱼粉等，都是单一饲料。不包括饲料原粮，如玉米、小麦等。

饲料添加剂　是指为保证或者改善饲料品质，提高饲料利用率而参入的少量或者微量物质。

添加剂预混合饲料　是指由两种或两种以上饲料添加剂与载体或稀释剂按一定比例配制的均匀混合物，在配合饲料中的添加量不超过 10%。

浓缩饲料　是指由蛋白质饲料、矿物质饲料、微量元素、维生素和非营养性添加剂等按一定比例配制的均匀混合物。在配合饲料中一般占到20% ~40%。

精料补充料　是指为了补充以粗饲料、青饲料、青贮饲料为基础的草食饲养动物的营养而用多种饲料原料按照一定比例配制的饲料，也称混合饲料。主要由能量饲料、蛋白质饲料、矿物质饲料和部分饲料添加剂组成，适合于饲喂牛、羊、兔等草食动物。这种饲料营养不全，饲喂时必须与粗饲料、青饲料或青贮饲料搭配在一起。

配合饲料　根据饲养动物营养需要，将多种饲料原料按照饲料配方依一定比例均匀混合，按规定的工艺流程加工而成的满足动物实际需求的饲料。

全价配合饲料　是指除水分外，能完全满足动物营养需要的配合饲料。它营养全面均衡，不需要添加任何成分就可以直接饲喂，并能获得最好的经济效益。多为猪和家禽使用。

生产上述饲料产品，必须符合国家关于饲料方面的管理规定，取得相关批准证明文件。不得添加违禁药物及不符合规定的添加剂，允许使用的药物必须符合农业部 168 号公告规定，制成药物添加剂后方可添加到饲料中，并且必须符合饲料卫生标准的规定。饲料包装袋上必须带有经过省级饲料主管部门核准的饲料标签，并且饲料标签内容要规范，字体醒目，上面印有获得准许生产的生产许可证，产品批准文号等相关证号。

思考与实践

动物生长所需要的营养物质及功能有哪些？

第三章　动物育种与繁殖

第一节　动物生长发育规律

一、动物生长发育的一般规律

动物的生长、发育这是两个不同的概念。生长是动物达到体成熟前体重的增加，即细胞数目的增加和组织器官体积的增大。而发育则是动物达到体成熟前体态结构的改变和各种机能的完善，即各种组织器官的分化和形成。二者既有区别又有联系，生长是发育的基础，而发育又促进生长，并决定着生长的发展方向。动物从开始孕育到机体功能，一般分为两个时期：

（1）胚胎期　从受精卵开始到动物出生为止。（2）生后期　从出生到死亡。它又分为哺乳期、育成期、成年期、衰老期。

二、动物生长的不平衡性

动物的生长发育在同一时期，机体各部位之间，并不是按相同比例生长，而有快慢之分。

1. 骨骼生长的不平衡性

动物全身骨骼分为外周骨（四肢骨）和体轴骨（躯干骨）。怀孕期四肢骨生长明显突出，出生时四肢特长，尤其是后肢。出生后，体轴骨生长加快，四肢骨生长减慢，即体躯变长、变深、变宽，四肢变粗短。体轴骨生长由前向后依次转移生长，生长中心为荐部、骨盘部结合部，是全身最晚熟的部位，又是全身出肉最多，肉质最好的地方，如果后期生长受阻，则后驱变尖窄而斜，影响产肉量。

2. 外形部位生长的不平衡性

外形变化与骨骼生长顺序有关。如牛、羊等，幼畜头大腿长躯干短，胸浅背窄荐部高，毛短皮松，骨多肉少；成畜身躯变长，胸宽深，四脚短粗，部位匀称，肌肉脂肪多。

3. 体重生长的不平衡性

动物的体重相对增长最快期是胚胎期。

4. 组织器官生长的不平衡性

生长快慢顺序为骨骼、皮肤、肌肉、脂肪。

第二节　杂交育种及杂种优势

动物最基本的繁殖方式是纯繁和杂交，但两者的目的不同。纯繁即纯种繁育，是指在品种内通过选种选配，品系繁育达到提高种群性能的一种方法。纯繁可以使本种群的水平不断上升，优良特性得以保持。杂交就是两个或两个以上品种相杂交创造出新的变异品种。杂交可以用于育种，也可以用于生产比原品种、品系更能适应特殊环境条件的高产杂合类型。

纯繁为杂交提供优良个体，杂交则使纯繁种群进一步提高生产力。

杂种优势是指不同品种或品系的动物相杂交所产生的后代，往往表现出生活力、生殖力较强，生产性能较高，其性状的表现均超过亲本均值的现象。杂种后代与其亲本相比：生活力提高，耐受性、抗逆性增强，饲料利用能力增强，生长速度加快，群体生产性能提高，遗传缺陷，致死或半致死现象减少。世界上一些畜牧业发达的国家，90%左右的商品猪是杂交猪，肉用仔鸡几乎全是杂交鸡，肉牛、肉羊、蛋鸡等都是广泛利用杂种优势生产的。

1. 杂种优势的特点

①亲本间的差异程度越大，杂种优势率越高。②亲本越纯正，杂种优势率越高；亲本品质越高，杂交效果越明显。③遗传力低的性状易获得杂种优势，遗传性高的性状不易获得杂种优势。④杂种优势效应一般不能稳定遗传，因此杂种后代一般不留作种用。

2. 影响杂种优势的因素

(1) 动物的经济性状　不是所有的性状都能表现杂种优势，一般遗传力低的性状，如繁殖性状等杂交时易获得杂种优势。遗传力高的性状，如外形结构和胴体性状杂交时不易获得杂种优势。

(2) 杂交亲本　血缘关系越远，杂交后代的杂种优势越强。

(3) 杂交方式　杂交方式直接影响杂交效果。杂交采用何种方式须根据当地市场需求，自然经济条件、动物种群状况、饲养管理水平等来决定。以养猪来说，农村养猪以采用二元杂交为宜，本地母猪为母本，外来公猪为父本。养猪场采用三元杂交，以达到更高的杂种优势。

(4) 饲养管理条件，性状的表现是遗传和生活环境共同作用的结果　不同的饲养管理条件其杂种优势表现不一样。有的高营养水平条件下表现较好；中等营养水平条件下表现较差；有的在中等营养水平下表现较好，在高营养水平时也没有提高。饲养方式对杂种优势也有影响，在限制饲养条件下，饲料利用率以杂种优势的较明显，自由采食条件下，日增重以杂种优势的较明显。

3. 杂交方式

(1) 二元杂交　又称简单杂交。即两个品种杂交一次，所生杂种一代全部利用，不再配种繁殖。这种杂交方式对提高产肉、产奶、产蛋等都有明显效果。

(2) 三元杂交（三品种杂交）　即先用两个品种简单杂交，生产繁殖性能具有明显优势的杂种母畜，再与第三个品种公畜杂交，所生后代杂种全部用作育肥。现在国家推广的养猪品种多为三元杂交。母猪为大长或长大二元母猪，公猪为杜洛克，所产后代为杜大长或杜长大，三元商品猪，具有长势快，出瘦肉率高等优良特性。

（3）四元杂交　又称双杂交，即先用两个品种分别两两杂交，然后再在两杂种间进行杂交，生产商品畜禽。如鸡的近交系之间的杂交。

（4）轮回杂交　即两、三个或更多个品种轮流参加杂交，杂种母畜继续参加繁殖，杂种公畜供经济利用。

第三节　动物繁殖及人工授精

一、家畜生殖器官及生理功能

（一）公畜生殖器官的构成及其生理功能

公畜的生殖器官有睾丸、输精管道、副性腺、交配器官和阴囊组成。

睾丸：位于阴囊内，左右各一，是精子生成的场所。另外，还分泌雄激素，激发公畜性欲及性兴奋，刺激第二性征。

输精管道：包括附睾、输精管和尿生殖道。附睾是精子成熟、储存的场所，输精管运送精子进入尿生殖道。

副性腺：包括精囊腺、前列腺、尿道球腺，它的分泌物与输精管的分泌物一起形成精清液，有稀释精子，利于精子生存和活动的作用。

交配器官：阴茎为公畜的交配器官，具有交配和排尿功能。

阴囊：应保护睾丸，使其处于最佳温度环境中。

（二）母畜生殖器官的构成及功能

母畜生殖器官由卵巢、输卵管、子宫、阴道、外生殖器所构成。

卵巢：左右侧各一，产生卵子，分泌雌激素。

输卵管：位于每侧卵巢和子宫角之间的一条弯曲管道。是输送卵子和卵子受精的地方。

子宫：分为子宫角、子宫体、子宫颈三部分。是胚胎发育和胎儿娩出的器官。

阴道：是交配器官，同时也是分娩的产道。

外生殖器：是交配器官，也是排尿必经之路。

二、几种主要生殖激素的应用

（一）生殖激素与动物生殖功能的关系

生殖激素就是直接作用于生殖活动，调节生殖过程为主要生理功能的激素。生物体的所有代谢活动如生长、发育、生殖等都是在不同种类的激素作用下进行的。激素种类很多，几乎所有激素都直接或间接地参与生物体的生殖活动。动物的生殖活动是一个复杂的过程。一旦分泌生殖激素的器官、组织活动功能失去平衡，就会导致生殖激素紊乱，造成动物繁殖功能下降，甚至导致不孕、不育的发生。生殖激素对雌性动物的作用比较重要复杂。随着畜牧业的快速发展，越来越多的动物繁殖活动在人为控制条件下进行，如同期发情、排卵、配种、分娩等工作，按照人的意愿进行。

（二）常用生殖激素的应用

1. 促性腺激素释放激素

天然的不易提纯，成本昂贵，目前人工合成的有促排卵2号，促排卵3号。①在输精前给雌性动物肌注促排卵3号，提高动物受胎率。奶牛用量为200微克左右。②诱导排卵，羊用量为150~300微克。③治疗大牲畜卵泡囊肿，牛用量为1 000~2 000微克。

2. 催产素（OXT）

①提高受胎率 在配种前向母牛子宫灌注催产素，提高受胎率。②同期分娩 妊娠112天的母猪，先注射氯前列烯醇，16小时给予催产素，在4小时全部分娩。

3. 促卵泡素（FSH）

①治疗雌性动物不发情、卵巢静止、卵巢发育不全等症。②提早动物性成熟，和孕激素合用，提早发情配种。③诱导泌乳乏情的雌性动物发情，对于产后4周的泌乳母猪，应用FSH，可提高发情率及排卵率，缩短产仔间隔。④治疗精液品质不良，当精子密度不足或精子活力低时，应用促卵泡素（FSH）和促黄体素（LH）可提高精液品质。

4. 孕马血清促性腺激素

①治疗卵巢发育不全、卵巢机能衰退长期不发情或安静发情。②治疗公畜睾丸机能衰退、死精等。③提高羊的双羔率。④超数排卵。⑤诱导反季节发情。

5. 雌激素

①动物催情。②治疗产后胎衣不下或排出干尸化胎儿。③对雄性动物生物去势。④刺激未孕母畜泌乳。

6. 前列腺素

①诱导同期发情。②用于人工引产和同期分娩。③治疗生殖器官的疾病。如治疗持久黄体、黄体囊肿、子宫积脓、干尸化胎儿等。④用于超数排卵，配合促卵泡素、孕马血清促性腺激素。⑤提高人工授精、受胎率。⑥增加公畜射精量。

三、动物的生殖生理

（一）动物的繁殖特点

1. 初情期

动物初次出现性行为，公畜能够射出精子或母畜能够排卵的时期。

2. 性成熟

动物的生殖器官和生殖机能达到成熟，能够产生具有受精能力的精子或排出能受精的卵细胞，并出现有规律的发情周期，具有繁衍后代的能力。但此时公母畜身体的正常生长发育尚未达到成熟，必须在经过一段时间的发育，才能承担繁殖任务。雄性动物的性成熟通常要比雌性动物迟一些。兔等小动物到初情期时已达性成熟。

3. 初配适龄

动物在达到性成熟时，身体的各组织器官仍在生长发育，考虑到动物的发育程度及经济价值，用于繁殖的年龄一般要比性成熟的年龄晚一些，这个适于开始繁殖的时期叫初配适龄。雌性动物初配适龄一般为第二或第三个发情期，若以体重来说，体重达成年体重的70%时就可以配种了。过早配种会影响动物身体的正常生长发育，降低利用年限。

（二）发情与发情周期

1. 发情

就是雌性动物达到一定年龄，每隔一段时间，卵巢内就有卵泡发育成熟排卵，雌性动物的精神状态和生殖器官及行为都发生较大的变化。具体表现为：精神不安、食欲减退或不食、鸣叫、喜欢接近公畜、弓腰举背、频繁排尿或到处走动，阴门肿胀、流出黏液、愿意接受雄性交配，甚至爬跨其他母畜或被爬跨等。

2. 发情周期

母畜初情期后，在繁殖季节，生殖器官及整个机体都发生周期性的变化，直至性机能停止活动为止。这种周期性的性活动称为发情周期或性周期。常见雌性动物正常的发情周期为：猪 21 天（18 ~23）；牛 21 天（18 ~24）；山羊 21 天（18 ~22）；兔 8 ~16 天。

3. 发情周期的划分

根据卵巢上有无卵泡发育或黄体存在分为卵泡期和黄体期。卵泡期是卵泡开始发育成熟至排卵的时间；黄体期是排卵后形成黄体至黄体消失为止的时间。根据动物的性欲表现及机体生殖器官变化分为发情前期、发情期、发情后期和间情期四个阶段。

4. 异常发情的表现

①安静发情 又叫暗发情，有卵泡成熟排出，无明显发情表现，多见于产后第一次发情。带仔、营养不良等动物。牛、羊安静发情多于猪。②短促发情 发情持续期比正常的短，不注意观察，常错过配种机会，多见于乳牛。③间断发情 发情时断时续，发情时间延长，常见于早春及营养不良的动物。④假发情 以上未孕动物发情，有发情表现，无卵子排出，配种也不会受孕；另一种孕后发情，有发情表现，有卵泡发育到一定程度退化，主要原因是孕酮分泌不足，胎盘雌性激素分泌过多所致。注意不能再给配种，否则会造成流产。

（三）胚胎的发育过程

雌雄动物交配后，在雌性动物的输卵管壶腹部，精子与卵子结合，形成合子，这一过程称为受精。合子立即进行有丝分裂开始发育，并向子宫内运行，在子宫内，起初呈游离状态，尚未同子宫建立联系，以吸收子宫腺分泌的子宫乳为营养。而后逐渐同子宫内膜建立联系。胚胎同子宫内膜建立联系的过程，称为附着（着床）。附着是一个渐进的过程。胚胎都是在子宫血管稠密的地方进行均匀分布附着，最后同子宫内膜建立起胎盘系统，形成巩固完善的联系。胚胎通过胎盘吸收母体内的营养物质和氧气，同时将自身产生的废物和二氧化碳通过胎盘转运到母体内。子宫为胎儿的生长发育提供了一个良好环境。

1. 妊娠症状

食欲增加，体重增加，毛顺而有光泽，性格温顺，发情周期停止，妊娠一定时期（马、牛 5 个月，羊 3 ~4 个月，猪 2 个月以后）腹围增大。

2. 妊娠诊断及方法

妊娠诊断是指在动物配种后较短时间内对母畜进行判断其是否受胎的一项繁殖控制技术。对动物进行早期妊娠诊断，一方面可以对确定妊娠的母畜加强饲养管理，确保胎儿正常发育，防止流产事故发生；另一方面对于未妊娠母畜采取补救措施，以便尽早配种或予以淘汰，缩短产仔间隔时间降低饲养成本。

妊娠诊断主要有以下方法：

(1) 外部观察法 母畜妊娠后，一般表现为食欲增强，膘情改善、毛色光泽、性情温顺、行动谨慎安稳。妊娠行为表现多在妊娠中、后期比较明显。某些家畜在妊娠早期常出现假发情现象，干扰正常诊断，造成误诊。外部观察法常作为早期妊娠诊断的辅助参考。

(2) 直肠检查法 主要通过直肠壁触摸卵巢、子宫和胎泡的形态、大小和变化，可随时了解妊娠进程和动态。此法广泛应用于中等大家畜的早期妊娠诊断，是最可靠的方法。此法要求操作者对妊娠家畜生殖器官变化有深刻的了解。

(3) 阴道检查法 先用温肥皂水、清水清洗外阴部，再用开腔器打开阴道，主要观察阴道黏膜的色泽、干湿状况、黏液性状、子宫颈口形态等，此法多用于大动物。配种15天后，阴道插入开腔器时，感到有阻力；阴道黏膜苍白干燥；子宫颈口紧闭、有浆糊样物质封住颈口，则是妊娠的表现。

(4) 孕酮水平测定法 如果怀孕，血液或乳中孕酮含量较未孕时显著增加。采用放射免疫法测定血清或乳中孕酮含量，与未孕母畜对比判断妊娠与否，适于大批测定。

(5) 超声波诊断法 利用超声波的物理特性，其在传播过程中碰到母畜子宫不同组织结构时出现不同的反射，来探知胚胎的存在、胎动、胎儿心音和胎儿脉搏等情况进行妊娠诊断的方法，此法多在配种后1个月应用。

3. 临产表现

外阴部肿胀，阴道黏膜潮红，乳房膨大，乳头变得十分丰满，进而排乳一般1天左右即可分娩。若母畜频频排尿，不吃草料或食量减少，起卧、转圈、出汗（马、驴）是即将分娩的表现。

4. 分娩过程

分娩是母畜借助子宫和腹肌的收缩，将胎儿及胎膜（胎衣）排出体外的过程。先露胞破水，进而产出两前肢或两后肢，然后胎头和前膝露出，最后产出躯干和后肢或前肢，一会儿后，将胎衣排出。

5. 产后护理

仔畜产出后，及时清除其口腔和鼻腔内的黏液；及早让母畜舔干仔畜身上的黏液；注意仔畜的防寒保温；尽早让仔畜吃上初乳，固定乳头；对无乳者，将仔畜人工哺乳或寄养。对产后母畜，应及时补给温盐水或温盐麸皮水，观察母畜的精神和食欲，注意胎衣是否全部排出，并将弄湿的垫草及时换上干燥的垫草。

四、人工授精

（一）发情鉴定

1. 发情鉴定的目的

通过发情鉴定可以判断雌性动物是否发情正常，主要是判断雌性动物的发展阶段，以便确定配种适期，达到提高受胎率的目的。因此，发情鉴定是家畜繁殖工作中的一个重要技术环节。

2. 发情鉴定的方法

(1) 外部观察法 根据雌性动物的外在行为，判断雌性动物是否发情。雌性动物发情后一般会表现食欲减退，精神不安，喜欢接近雄性动物，外阴部肿胀并流出黏液等。

(2) 试情法 根据雌性动物对雄性动物的反应来判断发情程度。将结扎输精管或进行阴茎扭转手术的雄性动物放入雌性动物，群中若表现接近雄性动物、频繁排尿或被雄性动物爬跨站立不动者即为发情，此法多用于羊。

(3) 阴道检查法　根据雌性动物生殖道的变化，判断是否发情。用消过毒的开腔器插入雌性动物阴道内，观察子宫颈口色泽、开张及黏液等变化，若子宫颈口开张、颈口及阴道潮红且有黏液说明已经发情。此法多用于牛等大动物。

(4) 直肠检查法　根据卵巢上卵泡的大小，质地（软、硬）等来判断发情程度，此法适用马、驴等大动物。

(二) 人工授精

1. 人工授精概念

动物的配种方法分为自然交配和人工授精两种。自然交配是雌雄动物直接交配，而人工授精则是用器械以人工的方法采集公畜的精液，经特定稀释后，再输入到发情母畜生殖道的特定部位使其妊娠的一种动物繁殖技术。

自20世纪40～60年代，人工授精技术进入全面推广应用以来，人工授精技术已成为现代畜牧业生产的重要技术手段，对畜牧业，尤其是对养牛业快速发展起到了巨大的推动作用，特别是精液冷冻技术的发展与完善，使人工授精技术进入了一个崭新的发展阶段。

2. 人工授精的意义

(1) 最大限度地提高种公畜的利用效率　在自然交配情况下，公畜射精1次只能配种1头（只）母畜，而通过人工授精，1头公牛每次射出精液经稀释后可配种200～300头母牛，大大提高了优良公畜的种用价值。1头优秀种公牛一生可生产100万个输精剂量的精液。

(2) 加大品种改良　提高优良种公畜配种能力，扩大了优良基因的影响，充分利用含有优良遗传物质的种公畜，促进家畜改良进程。

(3) 大幅度减少种公畜的饲养费用　人工授精技术的推广，减少了种公畜头数，降低了饲养成本，提高了经济效益。

(4) 控制疾病传播　因种公畜经过严格检查才能留作种用，因此不会带来疾病传播，推广人工授精技术，杜绝了自然交配所带来的生殖道疾病的传播。

(5) 解决了公母畜交配困难问题

(6) 可扩展优良种畜的影响范围　随着精液冷冻技术的发展与普及使精液长期保存成为现实，可使母畜配种不受时间、地域限制，也使国际间精液交流成为可能，为新品种的推广和普及创造了有利条件。

3. 人工授精技术的操作规程

人工授精技术主要分为采精、精液品质鉴定及处理、输精三个步骤。

(1) 采精　是人工授精技术的重要环节，认真做好采精前准备，掌握正确的采精技术，合理安排采精频率，保证采精的质量，采精多采用假畜台模式。

(2) 精液品质鉴定及处理　精液品质鉴定的目的是鉴别精液的优劣，以及在稀释保存过程中精液品质的变化情况。决定是否输精或冷冻保存。主要观察其性状、射精量、精子活力及密度等。检查合格的精液然后加入稀释液进行稀释。稀释的目的是扩大精液容量，补充适量营养和保护物质，提高一次射精量可配雌性动物的头数；精液有3种保存方法：常温保存（15～25℃），一般为17℃；低温保存（0～5℃）和冷冻保存（－196℃）；干冰

(－79℃)。

(3) 输精　就是利用器械以人工操作将精液注入雌性动物生殖道内。正确的输精技术和适宜的输精时间，是取得较高受胎率的重要条件。输精方法主要有开腔器输精法、一次性塑料输精管法和直肠把握子宫颈输精法等。

思考与实践

1. 杂交育种的优势?
2. 开展人工授精的意义?

第四章　动物养殖环境与卫生保健

第一节　场址选择、布局及其建筑

养殖场是动物生长发育的生产场所，也是畜产品生产的初期工厂，养殖场场址的选择和布局是否得当，畜禽舍设计和建筑是否合理，都直接关系到饲养动物性能的发挥和养殖场的经济效益。因此，最好要请相关专业人士来设计。

一、场址选择

选择场址，要综合考虑饲养动物的种类、规模、生产特点、饲养方式、集约化程度等基本特点，对地势、地形、土质、水源、交通、资金投入等情况进行全面考虑分析，建设一个与其各种情况相适应的养殖场。能便于各项卫生防疫制度的落实，保证场区具有较好的小气候环境，便于动物生产性能的发挥，便于提高各种设备的利用率和人员效率。

1. 地势

高燥，排水良好，背风向阳。

2. 水源

水质良好，水源丰富，符合饮用水标准。

3. 土质

坚实，渗水性强，未被污染的沙土地。

4. 位置

远距主干公路和居民区，位于居民区水源下风向。

5. 电力

有充足的电力供应，并备有应急电源。

二、场区布局

布局合理的养殖场，是提高动物生产性能，提高人员工作效率的基础和可靠保证。布局的原则大致是：①在满足生产的前提下，节约土地，少占或不占可耕地；②因地制宜，合理利用地势地形，利用原有条件，为畜禽创造有利的生产环境，达到减少投资，降低生产成本的目的，并能保证提高劳动效率；③考虑养殖场的排污情况，达到不污染或少污染环境的目的。养殖场的布局一般分为管理区、生产区、病畜处置区。设计布局时，按照人畜保障的角度，管理区在上风口，依次生产区、病畜处置区。

1. 管理区

包括办公室、职工宿舍及食堂等单独成院，大门口设有消毒池。

2. 生产区

养殖场的重要生产部分，包括畜禽舍、饲料加工室、兽医室等。

3. 隔病区

包括病畜区，新购入的畜禽隔离场所及处理污物的地方。

三、建筑要求

根据当地气候条件，选择适合当地的建筑样式，要求北方的防寒、保暖；南方的通风、防暑、降温。舍内要求干燥、不透水、不滑、冬季地面保温。墙壁、屋顶耐热、防潮，门、窗通风良好。粪尿沟光滑，便于冲洗。场区进行绿化，保持场区空气清新，在场区下风向建有贮粪区，减少对场区的污染。

第二节 养殖环境与动物生产

动物的一切活动都离不开周围的环境。可直接或间接影响动物各种生产性能发挥的一切外界条件和因素，都称为动物的环境。包括场区外环境、场区内环境以及畜禽舍内小环境。这些环境因素包括温湿度、风速、光照、噪音、空气中气体成分、饲料、饮水、管理等。动物的生活环境决定着动物的生产性能。为使饲养动物得到良好的发育，获得较高的生产力，就要人为地消除环境中的不利因素。

一、温度

温度对动物的生产性能影响甚大，其主要是通过动物的热调节而起作用。在低温时大量的饲料能量消耗用于维护体温，用于生产的能量减少，造成生产力下降；在高温中，生产力下降是动物减少产热的一种自我保护性反应。

对幼小畜禽而言，低温对其影响是非常大的，轻者造成发育不良、下痢，重者造成死亡。因此对小动物做好保暖工作非常重要，对成年动物而言，寒冷对其影响没有炎热影响大，特别是大型动物牛、马以及被毛隔热性能良好的绵羊，影响很小。猪、鸡虽然怕冷，如果畜禽舍保暖性能好，饲养管理到位，也能应付寒冬。温度对采食量的影响规律一般是，低温时采食量增加，高温时采食量减少。另外夏季长时间高温，也会造成动物中暑而死亡。因此要注意夏季的防暑、降温工作。

二、湿度

指空气湿度，表示大气中水汽含量多少的物理量，一般用相对湿度来表示。一般温度下，空气湿度对动物的调节没有多大影响。畜禽舍内湿度过高，会使畜禽抵抗力减弱，发病率增高，有利于传染病蔓延，病程加重，湿度大，有利于病原性真菌、细菌、寄生虫的发育。因此，可采用通风换气，减少高温高湿的影响，清除舍内污染空气，改善舍内环境。

三、光照

光照可引起机体生理节律的改变，影响畜禽的生命活动、生产力和健康。适当的光照强度和光照时间，可以增强动物体的代谢促进生长发育，提高繁殖力和抗病力。光照不足或时间过短，则动物体物质代谢、氧化过程减弱，生长发育减慢，性成熟推迟，性机能减弱，畜禽活动减少。光照过强或时间过长，则神经兴奋，眼睛疲劳，引起蛋鸡啄肛、啄羽等。光照对畜禽的繁殖力、产蛋率、蛋增重、生长影响很大。光照一般采用自然光照和人工光照。人工光照，主要用于养禽业，对雏鸡的生长发育、健康关系很大。对于产蛋鸡，主要用于补充产蛋期光照的不足。对于肉鸡，合理的光照强度和时间有利于肉鸡的采食，加快生长速度。光照过强，影响休息、烦躁不安、争斗等影响肉鸡饲料转化率。

四、饲养密度

指舍内畜禽的密集程度。饲养密度可直接影响到舍内的空气质量。饲养密度大，散发的热量多，舍温高，湿度大，产生的粪便多，有害气体多，噪音大。饲养密度大一是影响肉鸡的整齐度，二是发病率增高。为了防寒和降温的需要，冬天密度可大些，夏季少些。

五、有害气体

畜禽舍内的有害气体是由畜禽的粪尿及其分解产生的二氧化碳气、氨气、甲烷气、硫化氢气等，主要刺激动物的眼结膜，呼吸道黏膜，引起动物羞明、流泪、咳嗽，引起呼吸道病发生，影响动物的生长。改进措施：减少饲养密度，勤打扫粪便，通风换气。

六、噪音

适度的声响可使神经兴奋，刺激食欲，提高代谢机能。过高的声响，即为噪音，可引起神经紧张和应激反应，奔跑、挤堆、鸣叫，导致意外受伤和死亡，降低产蛋率，影响生产性能，造成抵抗力和免疫力降低。

第三节　养殖场污染及防制

随着现代畜牧业的发展，养殖业越来越向规模化、集约化方向发展，加上养殖专业小区的出现，越来越使畜禽饲养相对集中，这就不可避免地产生了大量养殖危害。污染了当地水源、土壤、农作物等。这些恶化的环境，引起当地人的不满和担忧，引起了社会的公愤。

一、养殖污染的原因

养殖场废弃物主要包括粪尿、病死畜禽、污水等。对环境污染最严重的就是粪便，乱堆乱放，污水随意排放。另一个是病死畜禽随意丢弃或变卖。再一个大剂量使用微量元素添加剂。

二、污染的后果

1. 大气污染

养殖生产过程中产生的有害气体如硫化氢、氨气等，不仅影响动物的生长发育，还会影响其产蛋率或产乳量，同时也会危害人体健康，引起人和动物呼吸道病的发生；养殖生产中产生的尘埃进入大气中，可被人和动物直接吸入呼吸道，而且尘埃易被微生物附着，带有病菌的尘埃可传播疾病，对周围居民构成威胁。

2. 水体污染

养殖场排出的污水富含营养物质，直接排入自然水域或渗透进地下水层，可引起水体富营养化，有机物腐败分解产生的氨气、甲烷气、硫化氢气等有害气体还会进一步恶化水质，破坏水体生态平衡，含有的高铜、高砷等物质，还会影响到人类的健康。

3. 土壤污染

当过多的污染物进入土壤，超过土壤的消化能力时，土壤中的微生物等分解不了，则会造成土壤污染，致使耕地废弃。

三、养殖场废弃物的处理模式及方法

养殖场废弃物虽然有其有害的一面，但是通过适当的处理，变废为宝，可转化为农业的优质肥料，还可变成能源被利用，对废弃物的处理提出以下模式。

1. 沼气生态模式

依靠完善的粪污处理系统，将畜禽粪尿经过一系列发酵处理，产生沼气，以此进行供电、发热，以沼液、沼渣还田利用为纽带，蔬菜、果树、农作物利用为依据，大力提高废弃物的综合利用效益，消除其产生的环境污染。

2. 土地利用模式

将畜禽粪便进行脱水或堆积处理，消除臭味，制成有机肥料，可以销售到更远的地方，实行更大区域的种养平衡，将污水进行沉淀净化处理，可灌溉农田。

3. 种养平衡模式

根据土地规模确定养殖数量，以土地消纳粪便，制定科学规划，将畜禽粪便作为种植业的有机肥料的供应源，进行堆积腐熟后就地还田。

四、当前养殖场粪污处理技术方法

1. 堆肥发酵处理

是处理养殖场固体粪污的较好方法，就是利用各种微生物的代谢作用来分解粪中的有机成分，可以有效地提高这些物质的利用率，在发酵过程中形成的特殊环境也可杀死其中的病原体，减少臭味，易于包装运输。

2. 饲料化利用

利用脱水干燥处理技术，减少其中的水分含量，并可除臭彻底杀死其中的病害菌及虫卵，制成有机肥料或饲料。再一个用优良种蝇或蚯蚓等分解粪便，生产动物蛋白，其中蚯蚓粪也是优良种肥。

3. 生产沼气，能源化利用

沼气是利用厌氧细菌（主要是甲烷菌）对粪污等有机物进行厌氧发酵产生的混合气体，主要成分为甲烷气，占60% ~70%，其余为二氧化碳、硫化氢。沼气燃烧产生大量热能，可作燃料供生活生产使用，发酵的残渣又可作肥料使用，沼液又可作叶面施肥。因而生产沼气既能合理利用废弃物，又能防止环境污染。

第四节 动物卫生保健

在动物养殖过程中，由于外界条件的变化或由于动物机体抵抗力下降而使动物不能适应外界环境，表现出动物机能下降，不可避免地出现各种病症。为了杜绝疾病的发生，提高动物生产性能，我们就要消除其致病因素，减少对动物的威胁，按照科学的饲养方法来饲养。

一、树立防重于治的理念

不要等到动物发病了再去治疗，而是应将发病因素消除在发病前期。树立养重于防，防重于治，综合防治的科学理念。

二、强化养殖场的生物安全措施

对进出养殖场的所有车辆及人员进行彻底消毒。养殖场要定期消毒，养殖舍及动物要全方位消毒，不留死角，定期饮水消毒。对发病动物及时隔离、治疗或淘汰，对病死畜禽无害化处理，防止病害菌传播。

三、改善饲养条件，提高防病能力

给动物创造一个舒适的饲养场所，做好防寒保暖，防暑降温，通风换气工作，减少各种不良因素影响。保证饲料营养全面。提高抗病能力。

四、坚持自繁自养，不从外部引种，杜绝外来病原的危害

如须由外部引种，一定要有检疫部门协助并发给合格证书。

五、药物预防与保健

在养殖中最常见到的是细菌性感染，主要是链球菌、大肠杆菌、副猪嗜血杆菌、传染性胸膜肺炎放线杆菌。头孢噻呋是预防副猪嗜血杆菌、链球菌等感染的有效药物。也可在饲料或饮水中添加抗菌药物泰妙菌素、氟苯尼考、阿莫西林等。对无疫苗控制的传染病，在饲料中普遍添加抗生素或磺胺类药物预防。

六、按照科学的免疫程序，合理使用疫苗

七、合理使用兽药

根据药物的适应症，剂量疗程，合理使用药物，做到对症治疗，减少药物残留。

八、定期开展疾病监控

定期进行抗体检测，做到有的放矢，经常进行畜群整体状况观察，发现异常者，及时隔离，治疗或淘汰。

九、发现疑似传染病，隔离上报

采取病料送有关部门实验室进行确诊。

十、发现传染病，控制传染源

划定疫点、疫区进行封锁。扑灭传染源，其他立即进行强制免疫，直至最后一头动物痊愈，超过最长潜伏期，再无新病例发生，彻底消毒，解除封锁。

十一、污染场地，用具等彻底消毒

垫草焚烧，粪便堆积发酵，其他无害化处理，继而彻底消毒。

十二、紧急免疫

对受威胁区的动物实行紧急预防接种提高免疫力。

第五节　动物性食品安全与健康养殖

一、食品安全

动物性食品主要是指肉、蛋、奶等。近些年来出现的“红心鸭蛋”事件、三聚氰胺事件、瘦肉精事件等，严重损害了消费者的身心健康，影响了中国食品的出口，降低了中国的信誉。严重暴露了一些养殖场户及非法生产销售违禁药物的不法人员漠视国家法纪、惟利是图、草菅人命的丑恶心态。食品安全事件成为当今国家的头等大事。

（一）影响动物性食品安全的主要因素

①动物疾病。②违规使用违禁药物和人用药物。③大剂量滥用抗生素，引起药物残留。④大量使用添加剂。

（二）控制动物性食品安全的措施

①严格防疫，杜绝传染病的发生。

②依法检疫，绝不让病害肉流入市场。

③进行立法。规定法人代表为第一责任人，将食品安全列为当地政府的中心工作来抓。刑法第一百四十四条明确规定，生产、销售、使用瘦肉精等违禁药物按生产有毒有害食品罪论处。

④宣传违禁药物的危害，添加违禁药物就是犯法。严禁在饲料饮水中添加违禁药物，按疗程合理使用兽药，严禁使用非法添加剂。严格按照动物的无公害标准，生产“绿色动物食品”，让产品回归自然。

二、健康养殖

（一）健康养殖

健康养殖就是以保护动物健康、人类健康、生产安全营养的畜产品为目的，最终以无公害畜牧业的生产为结果。其生产模式具有较高的经济效益，并且对资源的开发利用是良性的，对环境的影响是有限的，其生产模式应该是可持续的。这种模式体现了畜牧业经济、生态和社会效益的高度统一。

（二）我国健康养殖的发展方向

（1）开发推广微生态制剂（又称益生素），其成分为多种益生菌、氨基酸、维生素、微量元素及促进生长因子等，可补充饲料成分的不足，提高饲料利用率，提高适口性，促进动物的正常发育和快速生长，还具有明显的防病效果，减少粪臭，降低对环境的污染。

（2）提高养殖场粪便、废弃物处理技术，实现无害化处理。

（3）提高集约化养殖技术。

（4）按照无公害畜产品质量标准生产。

（5）加速健康养殖技术的研究。

（6）推广生态养殖，采取更符合动物天性的健康饲养方式，使动物呼吸到新鲜空气，拥有更大的活动空间，达到生态安全优质的要求，生产出绿色有机畜产品。

（三）我国动物健康养殖与国外养殖水平的差距

1. 基础设施、设备差距

我国畜牧养殖业所用的设施、设备条件还不够完善，机械化、自动化程度不够高。而国外先进的工厂化养殖均为自动化。

2. 养殖技术差距

目前我国的养殖技术普遍落后，饲喂的是质量不够稳定的自配饲料，而国外大多采用转化效率高的全价优质配合饲料，来源稳定，不易传染疫病。

3. 管理差距

我国畜牧业表现在疫病比较严重，养殖环境污染程度高。原因一是对动物的基础理论研究薄弱，盲目追求高产；二是环境控制手段落后，动物药品使用混乱，药物残留问题严重；三是对饲料研究薄弱；四是健康养殖管理水平低下。

4. 意识差距

畜牧养殖发达国家把动物养殖与环境保护紧密结合起来，注重人类生存环境与养殖的协调，早已形成健康养殖意识。我国还普遍处于粗放型养殖，养殖户的素质普遍还较低，不注重新技术的推广使用，环保意识不强，健康养殖的观念没有得到很好体现。

（四）推广生态健康养殖的意义

1. 社会主义新农村建设需要

不仅要提高人民的生活水平，还要改善人民的生存环境。加快村外标准化场区建设，改变人畜混居现象。有条件的地方，可以推广“畜—沼—菜”、“畜—沼—果”等生态种养殖模式，大力改善农村人民居住环境。

2. 打破绿色贸易壁垒，增加出口的需要

针对当前国际国内药物残留，动物疫病，动物福利这三大绿色贸易壁垒，积极推行生态健康养殖，生产绿色有机畜产品，提高中国畜产品在国际上的竞争力。

3. 新农村村容整洁的需要

生态型养殖小区建在村外，田边地头，可使畜禽粪便就近移入农田，就地转化，变废为宝，使农村的脏、乱、差现象得到根本改善，此种模式应在优势地区大力推广普及。

4. 人民生命健康的需要

近年来出现的人畜共患病不仅严重危害畜牧业的发展，而且威胁到饲养人员的健康。要把动物防控工作摆到更加重要的位置上来。

思考与实践

1. 养殖场的选址要求?
2. 开展生态健康养殖的意义?

第五章　动物病理学

一、疾病概念

疾病是动物机体在一定条件下与致病因素相互作用而产生的损伤与抗损伤的斗争过程。疾病破坏了动物体内的平衡，使代谢、功能及组织细胞结构等方面发生改变，使动物生产力下降。

二、疾病的基本特征

1. 疾病是致病因素与机体相互作用的结果
2. 疾病有其特征和症状
3. 疾病的发生发展有规律性
4. 疾病是以局部变化为主的全身反应
5. 疾病的基本矛盾是损伤与抗损伤斗争

三、疾病的发生原因

（一）发生疾病的外因

1. 机械性因素

是机械力的作用直接损伤，损伤的程度取决于机械力的作用时间、强度、部位和范围等。体内的肿瘤、结石、异物等对组织造成的机械压迫或阻塞而导致机体发病的因素都视为机械性因素。

2. 物理性因素

如温度、电流、噪音等在一定时间内达到一定强度时均可产生致病作用。

3. 生物性因素

如各种病原微生物和寄生虫（病毒、细菌、原虫、蠕虫）是最常见的致病因素。

4. 化学性因素

一般指化学物质引起动物发生中毒。根据化学毒物来源分外源性毒物和内源性毒物。

外源性毒物是通过污染的饮水、饲草、饲料、空气等引起动物中毒。

内源性毒物是机体自身代谢所产生的，如腐败的肠内容物、脓汁、坏死组织的崩解产物等。

5. 营养性因素

动物由于缺乏某些必需的营养物质，如蛋白质、脂肪、糖、矿物质、维生素及微量元素等，就会相应地发生各种营养缺乏性疾病，常见的有佝偻病、贫血、水肿。

（二）疾病发生的内因

1. 屏障功能和免疫功能降低

（1）屏障功能降低　屏障有保护器官和防止病原体入侵的功能。当动物的皮肤黏膜的完整性和生理功能受到破坏时，则失去了屏障作用，容易发生感染性疾病。血脑屏障受损引起细菌及其毒素进入脑脊液，胎盘屏障受损，引起有害物质进入胎儿血液循环系统，从而引起脑部疾病和胎儿先天性疾病。

（2）吞噬和杀菌功能降低　正常的器官或组织中，存在有能够吞噬、消化病原体和异物的功能，如结缔组织中的组织细胞、肝脏解毒酶细胞、脾和淋巴结中的淋巴细胞、中枢神经系统中的单核巨噬细胞等，当这些细胞对病原体和异物失去吞噬和消化功能时，可导致发生疾病。

（3）特异性免疫机能降低　淋巴组织是动物体内重要的防卫装置，当组织内的 T 淋巴细胞和 B 淋巴细胞减少或不足时，易发生病毒、霉菌和细胞内某些寄生菌感染，而且易发生恶性肿瘤，尤其易发生化脓菌的感染。

（4）解毒和排毒功能降低　肝脏是体内最大解毒器官，当肝脏受损时，不能将进入体内的有毒物质完全转化成无毒的物质而排出体外则发生中毒。同时，肾脏、消化道和呼吸道等器官的损伤使排毒受阻，也可引起相应疾病发生。

2. 机体反应性改变

机体反应性是指机体对各种刺激的反应性能。机体反应性不同，对致病因素的感应性和抵抗力也不同。

（1）种属反应　不同种属的动物，对同种致病因素刺激的反应不同，如口蹄疫病毒感染猪和牛而不感染马。

（2）品种与品系反应　同种动物因品种和品系不同，对同一种致病因素的反应性也不同。有的品种和品系的鸡对白血病敏感，而其他品种或品系的鸡却有较强的抵抗力。

（3）个体及年龄、性别反应　同种动物的不同个体，或因年龄性别不同，对同一种致病因素的反应性也不同，如动物群中的同一种传染病，有较轻的有较重的，雏鸡多发白痢而成年鸡则不发生等。

3. 机体应激功能降低

应激反应是指动物遭到一定程度的刺激后，处于“应急”状态时，使神经、内分泌和代谢机能发生改变，以提高机体的适应能力，维持机体平衡状态。当动物的这种适应能力降低时，就会引起应急反应性疾病。

4. 遗传因素

动物对疫病的易感性与遗传因素有关。由于遗传因素使动物机体某些结构发生缺陷而引起的疾病称遗传性疾病，如裂唇等。

四、疾病发展的一般规律

1. 疾病是损伤与抗损伤斗争的结果

如果损伤占优势，疾病就发展恶化或死亡；如果抗损伤占优势，疾病则好转康复。

2. 疾病过程中的因果转化的规律性

因果转化是疾病发展的基本规律之一。初始病因作用于机体后，产生一定的病理变化，即为初始病因作用的结果，而这个结果又是或者有可能成为疾病过程中新的发病原因，再会引起新的病理变化，成为新的结果。

五、疾病的经过与转归期

疾病的经过是指从发病到结束的全过程。因致病因素的强度和机体抵抗力的强弱不同，使疾病处于不同的发展阶段，通常可分为潜伏期、前驱期、临床明显期和转归期四个阶段。

1. 潜伏期

指致病因素（包括外因和内因）作用于或侵入机体后，到出现一般症状前的一段时期。各种疾病的潜伏期不同，是因为致病因素不同和动物的防御功能不同。

2. 前驱期

这一阶段指疾病出现一般症状至典型症状出现之前。如精神沉郁、食欲减退、体温升高等。

3. 临床明显期

此期出现全身主要症状和特异性症状，利于诊断。

4. 转归期

是疾病最后阶段。转归方向取决于机体防御、代偿适应和修复能力，取决于病理损伤程度，去向是好转或痊愈，恶化或死亡。

六、疾病的相关概念

充血：局部器官组织的小动脉和毛细血管扩张，流入的血液增多的病理现象。按发生血管和机理不同，分动脉充血和静脉充血（郁血）。

出血：心脏血管系统的任何部分，流出全部血液成分或渗出红细胞。血液流出体外的叫外出血；流入体腔内或组织内的叫内出血。

贫血：局部组织或器官血液供应量不足。

血栓：在活体的心脏和血管内，由于某种病因作用，使流动的血液局部发生凝固，附着于血管壁上，叫血栓形成；凝固的血块叫血栓。

栓塞：循环血流中，出现不溶的异常物质，随血液运行，阻塞相应血管的过程。

休克：机体在强烈的病理刺激作用下，突然改变了机体的平衡状态，引起病畜昏迷，呼吸不规则，心跳快而弱的病理过程。

酸中毒：动物机体因酸性物质摄入或生成过多或排泄障碍，导致酸性物质在体内蓄积，引起动物的神经、呼吸、循环等机能发生改变的病理过程。

萎缩：在致病因素的作用下，发育成熟的器官或组织，出现体积缩小或机能减退的病理变化。

坏死：动物体内局部组织、细胞的病理性死亡。所指的局部组织可以是一些细胞、个别器官或整个肢体。坏死的实质是局部组织代谢完全停止，是一种不可逆的变化。

代偿：某个器官、组织的结构受到破坏，功能发生障碍后，由于器官组织的正常部分或别的器官、组织来代替，补偿它的功能过程。

修复：机体对受伤组织的修补，即组织损伤后的重建和改建过程。包括组织的再生和创伤愈合。

炎症：是动物机体同各种致病刺激物作斗争的一种复杂的防卫反应。其临床表现是红、肿、热、痛、机能障碍。

败血症：病原微生物侵入机体，突破机体的防御机构进入血液，在血液中大量繁殖，产生毒素，造成机体广泛的组织损伤和严重的全身中毒症状及病理变化。

思考与实践

1. 引起疾病的内因和外因包括哪些内容？
2. 联系实际，举例说明某种疾病的经过与转归。

第六章　兽医药理学

第一节　药物概述

一、药物的概念

药物一般是指用于治疗、预防或诊断疾病的物质。药物与毒物没有绝对界限，如果药物剂量过大或长期使用，也可能使其成为毒物。因此，使用药物时须严格掌握剂量。

药物按其来源分为天然药物、合成药物、生物技术药物。天然药物有植物、动物、矿物质和微生物发酵产生的抗生素；合成药物是各种人工合成的化学药物和抗菌药物；生物技术药物是通过细胞工程、基因工程等新技术生产的药物。

二、药物对机体的作用

1. 药物作用的基本表现

药物作用是指在药物作用下，机体的生理、生化机能会发生各种变化，总的表现为兴奋与抑制。机体生理和生化反应加强的称为兴奋，主要引起兴奋的药物称兴奋药；机体生理活动减弱的称为抑制，主要引起抑制的药物称抑制药。

2. 药物作用的方式

药物对机体的作用有多种方式，有的在用药部位发挥作用称为局部作用，如局部麻醉药产生的局部麻醉作用。有的吸收进入血液循环分布全身而发挥作用，称吸收作用或全身作用。如吸入麻醉药或全身麻醉药。药物吸收后直接到达某一器官产生的作用称直接作用或原发作用。

3. 治疗作用

指符合用药目的或能达到防治疾病效果的作用。治疗效果又有对因治疗和对症治疗之分。针对病因治疗的日的在于消除原发致病因子，彻底治愈疾病，称治本，如解毒药促进体内毒物消除。对症治疗的目的在于改善疾病症状，称治标，如解热镇痛药使发热的体温恢复正常。临床用药时，对因治疗和对症治疗要相辅相成，应遵循“急治标、缓治本，标本兼治”的原则。

三、机体对药物的作用

机体对药物作用的基本过程包括吸收、分布、转化（代谢）和排泄。

1. 药物的吸收

吸收指药物从用药部位进入循环的过程。药物除直接注入血管外，其他的给药方法都要经过吸收。吸收的量与速度直接影响药效。吸收越多越快，则发挥的疗效越强越快。吸收多少与药物理化性质有关，与给药途径和吸收环境有关。兽医临床常用的给药途径有：

（1）内服给药　很常用，药物由胃肠黏膜吸收，成年反刍动物吸收较慢。

（2）注射给药　很常用，注射后药物吸收快而完全，适用于肠内不易吸收和不能内服给药的动物。有静脉注射、肌内或皮下注射和腹腔注射 3 种注射方式。

（3）皮肤和黏膜给药　皮肤给药常用于治疗皮肤感染或消灭体表寄生虫。黏膜给药包括直肠给药或阴道内给药。

（4）乳管内注入给药　药物直接通过乳管注入乳腺内，起局部治疗作用。常用于乳房炎的治疗。

（5）吸入给药　气体、挥发性液体和气雾剂通过吸入，经肺泡毛细血管迅速吸收。优点是给药方便，奏效迅速，可用于预防，也可用于治疗。

2. 药物的分布

指药物吸收入血液循环后，从血液转运到各组织器官的过程。药物在体内分布不均匀，对其在体内的储存、药效和毒性都有影响。同时还受下列因素的影响。

（1）与血浆蛋白质结合　结合型药物暂失去药理活性，储存血液中，未结合的游离型的药物转运到组织器官产生疗效。当游离型的药物经过分布、转化或排泄而使血液浓度下降时，与蛋白结合的药物便释放出来，成为游离型药物而发挥疗效。蛋白结合率高的药物消除较慢，作用维持时间较长。

（2）局部器官的血流量　脑、心、肝、肾等器官血流量大，脂肪血流量小，但脂肪摄取药物的能力较大。尤其是脂溶性药物，迅速在血流量大的器官达到最高浓度，随即转移到血流量小的肌肉或脂肪组织，这种现象称药物在体内的再分布。

（3）组织亲和力　各种药物对组织的亲和力不同，因此药物在组织中的分布也不同。脂溶性药物分布在脂肪组织较多，钙、磷、铅在骨骼中分布较多。

（4）体内屏障　屏障是限制血中的物质与组织交换的隔膜。体内主要有血脑屏障和胎盘屏障。初生动物血脑屏障通透性较高，有些药物可通过血脑屏障进入脑脊髓液；脂溶性高的药物可通过胎盘屏障进入胎儿血液，某些药物有引起胎儿中毒的危险。

3. 药物的转化

药物在体内发生结构变化的过程称为生物转化或药物代谢。药物转化的结果是改变药理活性。由活性药物转化成无活性的代谢物，称为灭活；而由无活性或活性较低的药物转化为有活性或活性较高的代谢物，称为活化。

药物转化的方式有氧化、还原、水解和结合。

4. 药物的排泄

排泄是指药物在体内进行吸收、分布或转化后，以原形或代谢物排出体外的过程。

（1）肾脏排泄　肾脏是药物排泄的主要器官，经肾排泄是药物最重要的排泄途径。排泄方式是由尿排出。

（2）胆汁排泄　经肝代谢的药物由胆汁排出肠腔后，随粪便排出。从胆汁排出的抗菌药物，胆道内浓度高时，有利于治疗肝胆系统细菌感染。

（3）其他途径排泄　少数药物可从乳汁、汗液、唾液或呼吸道排出。乳汁偏酸性、弱碱性药物易从乳汁排出，控制剂量，通过给母畜用药，可治疗吮仔畜的疾病。但药物从乳汁排出，可影响乳品质量。

四、影响药物作用的因素

1. 药物方面

（1）剂量　药物的剂量是决定动物体内的血药浓度及药物作用强度的主要因素。药物在一定范围（治疗量）内，剂量越大，药效越强。低于这个范围无效，高于这个范围则接近中毒，继续追加剂量，导致中毒或死亡。只有准确地选择剂量，才能获得预期的治疗效果。

（2）剂型　药物的剂型可影响其吸收和消除，进而影响药物疗效，相同剂量的同一药物，以注射吸收较快，内服剂型吸收较慢。在口服剂型中，溶液剂较散剂快，散剂较丸剂和片剂快。临床选用的剂型常根据疾病种类、病情、治疗方案或用药目的而定。

（3）给药途径　制剂和剂型可以决定给药途径，不同的给药途径可以影响药物吸收的数量和速度，从而影响药物作用的速度和强度。吸收的速度由快到慢依次为静脉注射——吸入——肌内注射——皮下注射——内服——皮肤。同一种药物的给药途径不同，可影响药效的性质。如口服硫酸镁有泻下作用，注射给药则有中枢抑制作用。

（4）重复给药　临床治疗中，为维持血药的有效浓度，必须多次给药，即重复用药。重复用药的时间和次数称疗程。每日给药次数与疗程长短应视药物在体内的消除速度和病情需要而定。消除慢的药物易在体内蓄积而引起中毒，一般要避免长期给药。引起传染病的病原体对药物的耐受现象称抗药性。

（5）联合用药　为增强药效或减少药物的不良反应，常采用联合用药，联合用药时，两种以上的药物常产生相互作用。药效增强了称为协同作用；药效减弱了称为拮抗作用。两种或两种以上的药物配合应用时，可能会产生物理性、化学性或药效性变化而不宜联合应用的称配伍禁忌。

2. 动物方面

（1）种属差异　动物种属不同，其解剖结构、生理卫生机能有较大差异，因而同一药物在不同种属动物体内的吸收、分布、代谢及排泄过程不同，药效作用也不同。

（2）个体差异　同种动物种中因个体而异的药物反应称个体差异。少数动物对药物特别敏感，称高敏性；另有少数个体则特别不敏感，称耐受性。

（3）生理差异　不同年龄、性别和生理状况（如怀孕、哺乳）对同一药物的反应不同，老龄、幼龄及怀孕动物对药物较敏感，孕畜和哺乳期母畜用药可分别影响胎儿和幼雏。另外，环境条件、饲养密度、通风情况、温度等均可影响药物效应的发挥。

五、动物的给药途径与方法

注射给药：肌内注射、静脉注射、皮下注射、皮内注射、气管内注射、关节腔内注射。

内服给药：口服、投胃管、混饲料给药、混水给药。

局部给药：皮肤涂布、喷洒、浇淋。

其他给药方法：直肠给药、子宫灌注、嗉囊注射、气雾给药。

第二节 抗微生物药物

抗微生物药是指对细菌、真菌、支原体和病毒等病原微生物具有抑制或杀灭作用的化学物质，称为化学治疗药，简称化疗药，包括抗微生物药、抗寄生虫药、抗癌药。用化疗药杀灭和抑制机体内的病原体，以消除或减轻由病原体所致疾病的治疗称化学疗法或简称化疗。

抗菌谱　是指药物抑制或杀灭病原微生物的范围。凡仅作用于单一种或某属细菌的药物称窄谱抗菌药（如青霉素）。凡能抑制或杀灭多种不同种类的细菌，抗菌作用广泛的药物，称广谱抗菌药如四环素类。

抗菌活性　是指抗菌药抑制或杀灭病原微生物的能力。

耐药性　分为天然耐药性和获得耐药性。前者属细菌的遗传特性，不可改变；后者是指病原微生物在多次接触化疗药后，产生了结构、生理及生化功能的改变，而形成具有抗药性的变异菌株。如交叉耐药。交叉耐药是指某种病原菌对一种药物产生耐药性后，往往对同一类药物也具有耐药性，这种现象称为交叉耐药。

一、抗生素

抗生素曾称抗菌素，是细菌、真菌、放线菌等微生物的代谢产物，能抑制或杀灭其他病原微生物的化学物质。某些抗生素具有抗病毒、抗寄生虫、抗肿瘤的作用。抗生素从微生物的培养液中提取，随着化学合成的发展，现有不少品种能人工合成或半合成。

抗生素的效价通常以重量或国际单位（IU）来表示。根据抗生素的化学结构和生物活性，抗菌药物通常分下述几类：

（1）B-内酰胺类（青霉素、头孢菌素）；

（2）氨基糖苷类（链霉素、庆大霉素、卡那霉素、大观霉素、新霉素等）；

（3）大环内酯类（红霉素、螺旋霉素、替米考星、泰乐菌素等）；

（4）四环素类（土霉素、四环素、金霉素等）；

（5）林可胺类（林可霉素、克林霉素等）；

（6）多肽类（多黏菌素 B、杆菌素、黏菌素等）。还有多烯和含磷多糖类，如制菌霉素、黄霉素等。

抗生素类的作用原理：（1）抑制细菌细胞壁的合成；（2）损害细胞膜的通透性；（3）抑制细胞蛋白质的合成；（4）抑制核酸的合成。通过这些抑制性和损害性，而产生抗菌或抑菌作用。

（一）青霉素

其钾盐或钠盐为白色结晶粉末，易溶于水，遇酸、碱或氧化剂都迅速失效，水溶液易失效，临床宜新鲜配用。

1. 药动学

内服易被胃酸和消化酶破坏，仅少量吸收，生物利用度极低。但禽类及新生仔猪内服大剂量吸收较多，可达到有效血药浓度。常用量能维持血药浓度3~8小时。青霉素进入血液循环后，在体内不易破坏，以原形从尿中排出。

2. 药理作用

属窄谱抗生素。抗菌作用强，低浓度抑菌，高浓度杀菌。革兰氏阳性（G^+）菌和阴性球菌、杆菌、放线菌、螺旋体等高度敏感，常作为首选药。

3. 耐药性

除金黄色葡萄球菌外，一般细菌不易产生耐药性，对耐药金葡萄菌感染的治疗，可选用半合成青霉素类、头孢菌素类、红霉素等药进行治疗。

4. 应用

本品用于马腺疫、链球菌病、猪淋巴细胞脓肿、葡萄球菌病、乳房炎、子宫炎、腹膜炎及创伤性感染；革兰氏阳性杆菌所致的恶性水肿、丹毒、放线菌病及肾盂肾炎；钩端螺旋体病。

5. 不良反应

毒性很小。主要是过敏反应。出现过敏，对症治疗，选用药物有肾上腺素和抗组织胺药，静注或肌注。

6. 用法与用量

肌内注射，一次量，每千克体重，牛、马1万~2万单位；羊、猪2万~3万单位；禽5万单位。2~3次/天。

（二）头孢菌素类

分为一代、二代、三代、四代头孢菌素，其代表药分别为头孢噻呋、头孢拉定、头孢噻肟、头孢吡肟，一代药物对革兰氏阳性菌作用强，对革兰氏阳性菌作用弱，对绿脓杆菌无效；二代药物对革兰氏阳性菌强，部分药物对厌氧菌有效，对绿脓杆菌无效；三代药物对革兰氏阳性菌作用小于一代、二代，对革兰氏阳性菌大于一代、二代；四代药物对革兰氏阳性菌作用强于第三代。

1. 应用

一代用以治疗敏感菌所致的呼吸道、尿路、皮肤及软组织感染为目标；二代用以敏感菌所致的肺炎、胆道感染、菌血症、尿路感染为目标；三代用以败血症、脑膜炎、骨髓炎为目标；四代用以第三代头孢菌素耐药性感染为目标。本类药的不良反应主要是引起皮疹。抗结核菌作用最强；对杆菌（如大肠杆菌、沙门氏菌、痢疾杆菌、鼻疽杆菌等）作用较强；对球菌（如耐药金葡菌）有效；对钩端螺旋体、放线菌也有效。

用于敏感菌所致的感染。如大肠杆菌引起的腹泻、乳腺炎、子宫炎、败血症、膀胱炎；巴氏杆菌引起的牛出血败血症、犊牛肺炎、猪肺炎、禽霍乱；猪布氏杆菌病等。易产生耐药性且不易恢复，耐药后对其他氨基糖苷类仍敏感。不良反应：过敏反应；损害第八对脑神经，抑制呼吸。严重时肌注新斯的明或静脉注射氯化钙。

2. 用法与用量

肌内注射，一次量，每千克体重，小家禽10~15毫克，个体大的禽20~30毫克，2~3次/天。

二、化学合成药

(一) 磺胺类

肠道易吸收的磺胺药有：磺胺噻唑 ST、磺胺嘧啶 SD、磺胺异噁唑 SMZ；肠道难吸收的有：磺胺 SG 眯、酞磺胺噻唑 PST 等；外用磺胺药有磺胺嘧啶银（又名烧伤宁，SD－Ag）。磺胺类药物抗菌谱较广，性质稳定，使用方便，价格低廉。

1. 药理作用

广谱慢作用型抑菌药。对大多数细菌、部分衣原体、某些原虫有效。对磺胺类敏感的有链球菌、肺炎球菌、沙门氏菌、化脓棒状杆菌、大肠杆菌等，较敏感的有葡萄球菌、变形杆菌、巴氏杆菌、产气荚膜杆菌、炭疽杆菌、绿脓杆菌。某些磺胺对球虫、疟原虫、弓形体有效。但对螺旋体、立克次氏体和结核杆菌等无作用。

2. 应用

细菌易产生耐药性，葡萄球菌最易。①全身感染：选 SD、SM2、SMD、SMZ、SMM。②肠道感染：选用 SC、PST、SST。③泌尿道感染：选用 SMM、SMD、SM2。④创面感染：选用 SD－Ag。

3. 不良反应

急性中毒，多见于静注速度过快，剂量过大所致；慢性中毒，见于剂量较大或连续用药 1 周以上，主要症状：泌尿系统损害，出现结晶尿、血尿、蛋白尿；消化系统障碍引起多发性肠炎；造血机能破坏出现溶血性贫血、渗血、凝血时间延长；家禽增重缓慢、产蛋率下降。

注意事项：①严格掌握剂量和疗程，首次量加倍；②充分饮水以增加尿量，促进排出；③选用疗效高、作用强、溶解度大的药物；④幼禽、杂食、肉食动物用药时，同服等量碳酸氢钠，碱化尿液，促进排出；⑤治疗创伤时，将坏死组织和脓汁清洗干净，避免其中的对氨基苯甲酸减弱磺胺类药的作用；⑥引起肠道菌群失调，V_B、V_K 的合成吸收减少，宜补充相应的维生素；⑦产蛋期禁用。

(二) 抗菌增效剂

常用甲氧苄啶（TMP）和二甲氧苄啶（DVD）两种。

应用：与磺胺药 1:(4～5) 比例配伍，用于呼吸、泌尿、消化道感染以及败血症和蜂窝组织炎等治疗。

不良反应：毒性低、副作用小，偶尔引起白细胞、血小板减少。怀孕初期、新生仔畜使用易引起叶酸摄取障碍，慎用。产蛋期禁用。

第三节　抗寄生虫药

抗寄生虫药是指用于驱除或杀灭体内外寄生虫的药物。分为抗蠕虫药、抗原虫药和杀虫药。

理想抗寄生虫药的条件是安全、高效、广谱，适于群体给药，价格低廉，无残留。

应用注意：

(1) 正确认识和处理好药物、寄生虫和宿主之间的关系，合理使用抗寄生虫药。

(2) 为控制好药物的计量和疗程，在使用抗寄生虫药进行大规模驱虫前，务必选择少数动物先做驱虫试验，以免发生大批中毒。

(3) 在防治寄生虫病时，应定期更换不同类型的抗寄生虫药，以避免或减少虫体耐药性。

常用的抗寄生虫药物有：①抗蠕虫药：伊维菌素、左旋咪唑、噻嘧啶、敌百虫、硝氯酸和天然植物药南瓜子、槟榔等；②抗原虫药：莫能菌素、地美硝唑等；③杀虫药包括有机磷类、除虫菊酯类等。

第四节 作用于呼吸系统药物

一、祛痰药

祛痰药能增加呼吸道的分泌，使痰液变稀而利于排出。痰液排出，减轻刺激，咳嗽减轻。西药有氯化铵、碘化钾、乙酰半胱氨酸（痰易净、易咳净）；中药有桔梗、远志等。

二、镇咳药

止咳药能降低咳嗽中枢的兴奋性，减轻或制止咳嗽的药物。咳嗽是呼吸道受到异物或炎症产物的刺激所引起的一种防御性反射，其功能是使异物或炎症产物咳出。轻度咳嗽，利于排出，清洁呼吸道，但频繁的剧咳，或呼吸道以外器官疾病（如心包炎、胸膜炎）等炎症刺激所引起的无痰性干咳，易造成肺气肿或心脏功能障碍等不良后果，应使用止咳药。对有痰性咳嗽，在用祛痰药的同时使用温和性止咳药，不应单独使用强止咳药。药物有可待因、复方甘草合剂、杏仁。

三、平喘药

平喘药是指能解除支气管平滑肌痉挛，扩张支气管的药物。

动物气喘可有微生物感染引起，平喘药可缓解症状，不能根治。除支气管扩张药（如氨茶碱类）可平喘外，一些抗过敏、抗炎、抗胆碱类药也有平喘作用。

第五节 解热镇痛抗炎药

解热镇痛抗炎药是一类具有退高热、减轻局部疼痛、抗炎抗风湿作用的药物。

药物分类：①以解热为主的有扑热息痛、非那西丁；②以镇痛为主的有氨基比林、安乃迫、保泰松；③以抗风湿为主的药物有阿司匹林、水杨酸钠。

思考与实践

1. 抗生素分为几类？作用原理是什么？
2. 结合解热镇痛药的使用，如何理解“急治标、缓治本、标本兼治”？

第七章　微生物学基本知识

自然界中广泛存在大量微生物，微生物种类繁多，但并非所有微生物都是有害的，相反有些微生物还是自然界不可缺少的组成部分，是有益的，有些是有害的，是致病性的。微生物是存在于自然界的一群体形微小、结构简单、肉眼看不见，必须借助光学或电子显微镜放大数百倍、数千倍甚至数万倍才能观察到的微小生物。微生物包括细菌、放线菌、真菌、立克次体、衣原体、支原体、螺旋体、病毒等。

本章主要介绍细菌、病毒及有关知识。

第一节　细菌

细菌是单细胞微生物，个体微小，形态结构简单。

一、细菌的基本构造

包括细胞壁、细胞膜、细胞质、核体。

细胞壁是细菌最外层的薄膜、无色透明，坚韧有弹性，由于细胞壁的结构和成分的不同，用革兰氏染色将其分为革兰氏阳性菌（G^+）和革兰氏阴性菌（G^-）两大类。

细胞膜是位于胞浆外的一层弹性、半透性膜。具有选择性的半渗透作用，控制细菌内外物质的交换，在细菌新陈代谢中起重要作用。

细胞质是从外界摄取营养进行同化和异化作用的场所，是细菌生命活动的物质基础。

核体分布于细胞质内，位于细胞质的中心或边缘区域。

细菌除具上述的基本构造外，有的细菌还具有特殊构造，如荚膜、鞭毛、菌毛、芽孢等。这些特殊结构与细菌的致病力有关。

二、细菌的化学组成

水分约占菌细胞总重量的80%，其余为固体物质（干物质）。包括蛋白质、核酸、糖、脂类和磷、钾、硫、钙、铁、氯等元素。

三、细菌的营养和代谢

细菌要进行生长繁殖，就必须从外界摄取各种营养物质，进行分解与合成代谢。它有不同的酶系统，在进行呼吸时，根据其对氧的利用，又将细菌分为需氧菌（指在有分子状态氧存在的情况下，才能进行呼吸及生长发育的细菌）和厌氧菌（指细菌只能在没有分子氧状态下，才能够呼吸及生长发育），而分子氧对这种细菌来说不但是不能被其利用，而且还是有害的。另外，还有一种不论在有或无分子氧存在时都能够进行呼吸和生长发育，这种细菌称兼性厌氧菌。

细菌的代谢是指通过吸收作用，从周围环境获取营养，又将代谢物质或废物运出细胞的过程。

四、消毒与灭菌

杀菌作用：指某些物质或因素具有的杀死微生物的作用。

抑菌作用：指某些物质或因素所具有的抑制微生物生长繁殖的作用。

抗菌作用：指某些药物所具有的抑制或杀灭微生物的作用。

灭菌：指杀灭物体中所有微生物（包括芽孢和孢子）的方法。

消毒：指杀灭物体中病原微生物的方法。用以消毒的化学药品叫消毒剂或杀菌剂。

防腐：指阻止或抑制微生物生长繁殖的方法。用于防腐的化学药品叫防腐剂或抑菌剂。

无菌：指在一定空间内没有活微生物的状态。

细菌的生命活动极易受外界环境条件的影响。了解外界环境因素对细菌的影响，以便控制外界因素，达到利用或消灭的目的。

（一）物理因素对细菌的影响

1. 温度

适当温度利于细菌生长发育，温度过高或过低都会影响细菌的新陈代谢和生长发育，甚至使之死亡。

（1）低温　当细菌处于最低生长温度以下时，其代谢活动降低到最低水平，生长繁殖停止，但仍能长时间保持活力。常在低温下保存细菌。

（2）高温　高温对细菌有致死作用，常用于消毒和灭菌。高温对菌体蛋白质、核酸、酶系统等产生破坏作用，导致菌体死亡。高温灭菌法分干热灭菌法（包括火焰灭菌与热空气灭菌）和湿热灭菌法（包括煮沸灭菌、巴氏消毒、流通蒸汽灭菌、高压蒸汽灭菌）。

2. 辐射

包括可见光、阳光、紫外线、电脑辐射。

3. 干燥和渗透压

微生物在干燥环境中失去水分，新陈代谢障碍，菌体蛋白变性，逐渐死亡。因细菌在干燥环境中不能繁殖，常用干燥法来保存食品、饲料、皮张等。利用高浓度的盐水或糖水保存食品，是因高渗溶液吸取菌体水分，造成菌体生理干燥而抑菌。

4. 滤过法

通过机械阻留作用将液体或空气中的细菌等除去的方法。

（二）化学因素对细菌的影响

许多化学药物能抑制或杀灭细菌，已广泛用于消毒、防腐和治疗疾病。

1. 消毒剂的种类

（1）使菌体蛋白变性　如酚类、醇类、醛类、重金属盐类、酸碱类。

(2) 损伤胞浆膜　如酚类（低浓度）、表面活性剂、醇类等脂溶剂。

(3) 干扰细菌酶系统和代谢　如氧化剂、重金属盐类（低度）。

(4) 改变核酸功能　如染料、烷化剂等。

2. 影响消毒剂作用的因素

①消毒剂的性质、浓度和作用时间；②微生物的种类和数量；③温度、湿度升高可增强消毒剂的杀菌效果；④消毒剂杀菌作用受酸碱度影响，如新洁尔灭 pH9 时杀菌作用强；⑤环境中有机物可降低消毒效果。消毒前应清扫消毒场所；⑥两种消毒剂合用时，有的能相互颉抗。如阴离子剂肥皂和阳离子剂新洁尔灭。

（三）生物因素对细菌的影响

自然界中的各种生物之间，或微生物与动植物之间，经常呈现相互影响的作用，如寄生、共生和颉抗等现象。导致颉抗的原因有：

1. 抗生素、细菌素和植物杀菌素

(1) 抗生素　某些微生物在代谢过程中产生的一类能抑制或杀死另一些微生物的特殊物质。如链霉素（放线菌）、青霉素（霉菌）和多黏菌素（细菌）。抗生素的抗菌作用主要是干扰细菌的代谢过程，抑制或杀灭微生物。

(2) 细菌素　是某种细菌产生的一种具有杀菌作用的蛋白质，只能作用于与它同种不同株的细菌以及与它亲缘关系相近的细菌。如大肠杆菌素可作用于大肠杆菌及近缘的巴氏杆菌和沙门氏菌。

(3) 植物杀菌素　某些植物中存在的杀菌物质一般称植物杀菌素。如黄连、大蒜、马齿苋、金银花、板蓝根等都含有杀菌物质。

2. 噬菌体

噬菌体是寄生于细菌、霉形体、螺旋体、放线菌和真菌的一类病毒，也称微生物病毒。噬菌体在固体培养基上可使相应的细菌裂解而呈现无细菌生长的区域，即为噬菌现象。

五、细菌的致病机理

凡能引起人类和动物疾病的细菌，称为病原菌或致病菌。一定种类的病原菌在一定条件下能使某种动物引起感染的能力，称细菌的致病性或病原性。

（一）致病性

病原微生物引起感染，除必须有一定毒力外，还必须有足够数量和适当的侵入部位。病原菌毒力强的，极少量的侵入即可引起机体发病，如鼠疫杆菌。对多数菌而言，需一定的量才能感染，因少量侵入时易被机体防御机能所清除。侵入部位也与感染发生有密切关系，多数病原菌只有经过特定的门户侵入，并在特定部位定居繁殖，才能造成感染。

（二）感染的类型

1. 隐性感染

当机体抵抗力较强，入侵的病原菌数量不多，毒力较弱时，感染后对机体损害较轻，不出现明显症状，称隐性感染。经过隐性感染的动物可获得特异免疫力，在防止同种病原菌感染上有重要意义。

2. 显性感染

机体抵抗力较弱、入侵细菌数量多、毒力强，使机体出现该病特征性症状的感染称显性感染。显性感染在临床上按病情缓急分为急性感染和慢性感染；按感染部位分为局部感染和全身感染。

3. 带菌状态

在隐性感染或传染痊愈后，病原菌仍在体内存在并不断排出体外，形成带菌状态。处于带菌状态的动物称带菌者。带菌者体内带有病原菌，但无临床症状，又不断地向外排出病原菌，不易引起人们注意，常成为传染病流行的重要传染源。

六、常见的动物细菌

1. 葡萄球菌

葡萄球菌是化脓性感染中最常见的病原菌。广泛存在于空气、水、土壤及动物皮肤、黏膜上。致病性球菌（多数为非致病性）能在动物的各种组织器官中引起脓肿和创伤化脓，有时也可引起败血症和脓毒败血症。

（1）抵抗力　在无芽孢菌中，葡萄球菌的抵抗力较强。对磺胺类、青霉素、金霉素、红霉素、新霉素等药物敏感，但易产生交叉抗药性。

（2）致病性　存在于皮肤和外界环境中的病原性葡萄球菌，通过皮肤伤口、毛囊侵入体内，产生多种毒素和酶，如溶血素、肠毒素、凝血浆酶、溶纤维蛋白酶等，引起畜禽的化脓性感染和败血症。

2. 布氏杆菌属

布氏杆菌属使牛、羊、猪等动物最易感染，引起母畜传染性流产、不孕，公畜发生睾丸炎。羊最为多见。人也可感染。对外界环境抵抗力较强，污染的土壤和水中可存活 1～4 个月，粪便中 120 天，流产胎儿中至少 75 天。对热较敏感，60℃ 5～30 分钟被杀死，煮沸立即死亡。对链霉素和四环素类均敏感。对一些消毒剂也很敏感，如 2% 福尔马林、2% 来苏尔 1 小时即被杀死。

3. 埃希氏菌（大肠杆菌）

本菌在土壤、水中可存活数月，对常用消毒药数分钟内可将其杀死。链霉素、四环素、卡那霉素、痢特灵等对其敏感。

当机体抵抗力下降时，致病大肠杆菌侵入畜体组织器官，引起大肠杆菌病、化脓性炎症、败血症。

某些血清型大肠杆菌属于致病菌，引起初生仔猪的黄痢和断乳仔猪的水肿病；也可引起犊牛、羔羊、幼驹下痢。属于条件性致病菌，正常情况下致病，当肠道内环境改变或其他诱因的作用、繁殖、有一定数量和毒力时，引起小猪白痢病。

第二节　病毒

病毒是一类体积小、结构简单、性质十分特殊的生命形式，与其他生物相比，他们具有下列基本特征：①形体极其微小；②缺乏独立的代谢能力；③没有细胞结构；④对一般抗生素不敏感，对干扰素敏感；⑤具有双重存在方式，在活细胞内营专性寄生，在活体以外能以化学大分子颗粒状态长期存在并保持其侵染活性。

（一）病毒形态结构和化学组成

基本结构包括两部分，即核心与衣壳。除此之外，有些较为复杂的病毒还具有包膜、刺突等结构。

病毒粒的基本化学成分是核酸和蛋白质，有的病毒还有脂类、糖类等其他成分。

（二）病毒的致病机理

1. 病毒感染对宿主组织器官的损伤

（1）对宿主组织和器官的直接损伤　一是对呼吸道上皮的损伤，最初入侵并损伤上皮细胞，逐步损伤呼吸道黏膜的保护层，暴露出越来越多的上皮细胞。后期当上皮细胞损坏时，纤毛停止摆动。二是对消化道上皮损伤，病毒在消化道感染多数潜伏期短，没任何前驱症状。

（2）无组织器官损伤时所致的病理变化　某些病毒感染引起的损伤不明显，感染细胞还可执行正常或低于正常细胞功能，不表现临床症状，但此时丧失了系统自身平衡必需的特定功能。导致机体功能紊乱。

（3）易致细胞继发感染的组织和器官损伤　某些病毒感染，易使动物发生继发感染。如轮状或冠状病毒感染易使肠道发生大肠杆菌的继发感染，导致严重的腹泻。

2. 病毒的持续性感染

（1）持续性感染　发病或不发病，感染后持续排毒。很迟才发生免疫病理或肿瘤病。

（2）潜伏感染　又名隐性感染。

（3）慢性感染　传染性病毒在一个很长的临床阶段逐渐增多，最终导致缓慢、渐进性致死疾病。

3. 病毒感染对免疫系统的损伤

病毒感染免疫细胞导致免疫系统的损伤，从而加重疾病，或使宿主易于再感染另一种病毒，后者称为双重感染。

（三）理化因素对病毒的作用

1. 温度

病毒喜冷怕热。4℃以下良好生存，特别在干冰温度（-70℃）和液氮（-196℃）下更可长期保持其感染性。50~60℃条件下在几分钟到十几分钟内可灭活，100℃时几秒钟内灭活。因此必须低温保存病毒和疫苗。对热抵抗力有不同。长期保存病毒一般采取快速低温冷冻和冷冻干燥两种方法。

2. pH 值

在 pH 5.0 以下及 pH 9.0 以上的环境中，大多迅速灭活。因此，酸、碱溶液是常用的消毒剂。

3. 乙醚、氯仿和丙酮等脂溶剂对有包膜的病毒有灭活作用。

4. 甘油和抗生素

用 50% 的甘油盐水，病毒可存活数日，甚至几年。一般抗生素物质如青霉素、链霉素、土霉素等对病毒无作用。

（四）常见的动物病毒

1. 口蹄疫病毒

该病毒主要侵害牛、猪、羊等偶蹄动物，引起口腔及蹄部的皮肤发生水泡性病变。该病毒通过直接接触被污染的饲料、用具、物品而传播。空气源传播也是该病流行的重要途径。属人畜共患病。

该病毒对酸碱敏感，高温易使其灭活。动物在自然感染口蹄疫病毒耐过后，具有相当坚强的特异性免疫力。

2. 猪瘟病毒

该病毒是猪瘟的病原，危害猪和野猪，其他动物不发病。猪瘟是一种急性、热性、高度接触性传染病，主要症状是高温、微血管变性而引起全身出血、坏死、梗塞。对猪危害严重会给养猪业造成大的损失。

该病毒对乙醚敏感，对温度、紫外线、化学消毒剂等抵抗力较强。接种猪瘟病毒疫苗后，均可获得坚强免疫力。

3. 新城疫病毒

新城疫病毒又称亚洲鸡瘟病毒。该病毒主要危害鸡和火鸡，在被侵袭的鸡群中迅速传播，强毒株可使鸡群全群毁灭。弱毒株仅引起呼吸道感染和产蛋量下降，但可迅速恢复。有报道人因接触病禽和活毒疫苗而引起结膜炎或淋巴腺炎。该病毒对外界环境的抵抗力较强，55℃作用45分钟才被杀灭；在4℃中存放几周，在－70℃存放几年，其感染力均不受影响。该病毒对乙醚敏感。大多数去污剂能将其迅速灭活。碱性物质的消毒效果不稳定。鸡新城疫的防治，以预防接种为主。

4. 猪繁殖与呼吸综合征病毒

该病毒是猪繁殖与呼吸综合征的病原，致病特性表现为母猪繁殖障碍和各阶段生长猪的呼吸道疾病，感染猪在若干星期内抗体存在的同时出现病毒血症。病毒感染单核细胞和巨噬细胞，造成免疫抑制。高致病性毒株感染可造成不同阶段猪的高发病率和高死亡率。病毒在猪群中传播极快，冬季易于流行传播。病毒可经接触、气雾和精液传递。外观健康猪持续感染成为感染源。

思考与实践

1. 细菌的基本构造和特殊构造有哪些？
2. 病毒的致病机理是什么？

第八章　畜禽传染病的防制

畜禽传染病是对养殖业危害严重的疾病，如不能及时采取有效的防治措施，会给畜牧业的发展造成很大的经济损失。

一、感染与传染病

病原微生物侵入动物机体，并在一定部位定居，生长繁殖，从而引起一系列的病理反应，这个过程称为传染。动物感染病原微生物后会有不同的临床症状，甚至死亡。

凡是由病原微生物引起，具有一定的潜伏期和临床表现，并具有传染性的疾病，称为传染病。传染病具有与其他非传染病相区别的特性。这些特性是：

（1）每一种传染病都有其特异的致病性微生物存在。

（2）具有传染性流行性。从患传染病的病畜体内排出的病原微生物，侵入另一有易感性的健体内，能引起同样症状的疾病。

（3）被感染的机体发生特异性抗体和变态反应等。动物耐过传染病后，在大多数情况下均能产生特异性免疫，使机体在一定时期内或终生不再患该种传染病。

（4）具有特征性的临床表现。大多有该种传染病特征性的综合症状和一定的潜伏期和病程经过。

二、传染病病程的发展阶段

其发展过程大多有规律性，大致分为 4 个阶段。

1. 潜伏期

由病原体侵入机体并进行繁殖时起到疾病出现临床症状为止，这段时间称潜伏期。同一种病，潜伏期长短不同。处于潜伏期的动物，可能是看不见的传染来源，应引起注意。

2. 前驱期

是疾病征兆阶段，临床症状开始表现出来。只出现一般症状，无特征性症状，还不易确诊。

3. 明显（发病）期

特征性症状逐步明显，有确诊意义。

4. 转归期（恢复期）

是疾病的最后阶段。根据病原体的致病性和机体抵抗力，其转轨方向或康复或死亡。康复病例在一段时间内还有带菌（毒）排菌（毒）现象，但最后病原体可被消灭或清除。

三、感染的类型

1. 外源性感染

病原体从体外侵入而引起的感染过程。

2. 内源性感染

寄生在动物体内的病源微生物在机体受到不良因素影响时开始活化繁殖、增强毒力、引起发病称内源性感染。

3. 单纯感染

由一种病原微生物引起的感染。

4. 混合感染

由两种以上病原微生物同时参于引起的感染。

5. 继发感染

已感染了一种病原微生物，在机体抵抗力降低时，又有新侵入或存在机体内的另一病原微生物引起的感染。

6. 局部感染

病原微生物被局限在一定部位生长繁殖，并引起局部病变的感染。

7. 全身感染

由于动物机体的抵抗力较弱，病原微生物侵入血液并全身扩散，则发生严重的全身感染。

8. 最急性、急性、亚急性、慢性感染

最急性型见于疾病流行初期，病程短促，甚至不出现症状在数小时或一天内突然死亡。

四、传染病流行规律

(一) 传染病流行过程三个基本环节

1. 传染源

是指患病动物和病原携带者。

2. 传播途径

病原体由传染源排出后，经一定方式再侵入其他易感动物所经的途径称为传播途径。分为直接传播和间接传播。直接接触传播特点是一个接一个地发生，明显链锁状，不造成广泛的流行。间接传播一般通过以下几种途径而传播：①经空气传播。②经污染的饲料和水。③经污染的土壤、工具和经活的媒介。

3. 畜群的易感性

指家畜对于某种传染病病原体感受性的大小。

(二) 流行过程的某些规律

1. 流行过程的表现形式

(1) 散发性　指疾病发生无规律性、随机发生，局部地区病例零星的散在发生，各病例在发生时间与发病地点上没有明显的关系。

(2) 地方性流行　疾病的发生有一定的地区性。

(3) 流行性　指在一定时间内一定畜群出现比寻常多的病例，没有病例的绝对数界限。

(4) 大流行　指规模非常大，流星范围可扩大到一个国家或几个国家。

2. 流行过程的季节性

某些传染病经常发生于一定的季节或在一定季节中出现发病率显著上升的现象，称为流行过程的季节性。

五、传染病防制措施

(一) 防疫措施

家畜传染病的流行由传染源、传播途径和易感动物三个环节相互联系而造成的复杂过程。采取适当的防疫措施来消除或切断这三个环节的相互作用，就可以使疫病不能继续传播。针对传染源的做法是消除传染源，包括对病原体污染的物体进行消毒；对患病、可疑病畜及病原携带者采取扑杀、深埋或焚烧处理；对传播途径的主要防疫措施是增强易感畜群的免疫水平，及通过免疫接种增强畜群对传染病的抵抗力。即时采取平时的预防措施和采取发生疫病时的扑灭措施。

(二) 免疫接种

免疫接种是激发动物机体产生特异性抵抗力，使易感动物转化为不易感动物的一种手段。进行免疫接种是预防和控制畜禽传染病的重要措施之一。根据免疫接种进行的时机不同，可将其分为预防接种和紧急接种。

1. 预防接种

在经常发生某些传染病的地区，或有某些传染病潜在的地区，或受到邻近地区某些传染病威胁的地区，为了防患于未然，在平时有计划地给健康畜群进行的免疫接种，称为预防接种。接种时应注意以下几点：①制定免疫程序，应考虑母源抗体水平和维持时间、接种动物年龄、畜群免疫率、本地该病原体污染情况、病的发生和流行史等。②接种前要观察畜群的健康状态，有无发热、下痢等异常。③妊娠母畜产前、产后 10 天内不准接种。④接种弱毒疫苗后，致弱的病毒或细菌在体内增殖，使机体抵抗力下降，可能继发或混合感染细菌或支原体，应注意观察。⑤接种灭活苗应考虑因注射大量异物引起的发热和疼痛等反应以及多次注射所引起的过敏反应。⑥冻干苗一经溶解，尽快使用。

2. 紧急接种

是在发生传染病时，为了迅速扑灭疫病的流行而对疫区或受威胁区尚未发病的畜禽进行的应急性免疫接种。建立“免疫带”以包围疫区，就地扑灭疫情，但这一措施必须与疫区的封锁、隔离、消毒等综合措施相配合才能取得好的效果。

思考与实践

1. 传染病三个基本环节的内容是什么？
2. 传染病与非传染病的区别是什么？

第九章 寄生虫学基本知识

第一节 寄生虫与宿主类型

一、寄生虫的概念

寄生虫是指暂时或永久地在宿主体内或体表生活，并从宿主身上获取它们所需要的营养物质的动物。

寄生虫的类型：

1. 内寄生虫与外寄生虫

凡是寄生在宿主体内的称内寄生虫，如线虫、吸虫等；寄生在宿主体表的为外寄生虫，如螨、虱等。

2. 单宿主和多宿主寄生虫

从寄生虫的发育过程来分，凡是发育过程中仅需要一个宿主的称单宿主寄生虫，如蛔虫、钩虫等。如发育过程需要多个宿主的称多宿主寄生虫，如吸虫等。

3. 专一宿主寄生虫与非专一宿主寄生虫

有些寄生虫只寄生于特定宿主，即对宿主有严格的选择性，称专一宿主寄生虫。如鸡球虫病只感染鸡。对宿主缺乏严格选择性的，是非专一宿主寄生虫。如旋毛虫等。

二、宿主概念

凡是体内或体表有寄生虫暂时或长期寄生的动物，称宿主。

三、宿主类型

1. 终末宿主

指寄生虫成虫（性成熟阶段）或有性生殖阶段虫体所寄生的动物。如猪带绦虫（成虫）寄生于人的小肠内，人即是猪带绦虫的终末宿主。

2. 中间宿主

指寄生虫幼虫期或无性生殖阶段所寄生的动物体。如猪带绦虫的中绦期囊尾幼虫寄生于猪体内，所以猪是猪带绦虫的中间宿主。

3. 保虫宿主

习惯寄生于某种宿主的寄生虫有时也寄生于其他一些宿主。

4. 带虫宿主

（带虫者），即是处于隐性感染状态的动物。

第二节 寄生虫的致病机理

一、掠夺宿主营养

消化道寄生虫（蛔虫）多数以宿主体的消化或半消化食物营养为食；有的是直接吸取宿主血液（如虱）；也有的是破坏红细胞和其他组织细胞，以血红蛋白、组织液作为自己的营养（如球虫）。寄生虫在体内生长、发育、大量繁殖，所需营养绝大部分来自宿主，寄生虫数量越多，所需营养也就越多。这些营养还包括宿主不易获得而又必须的物质，如维生素 B_{12}、铁及微量元素等。由于这种掠夺现象，使宿主长期处于贫血、消瘦和营养不良状态。

二、机械损伤

虫体以小钩、吸盘、吻突等器官附着在宿主的寄生部位，造成局部损伤；幼虫在移行过程中，形成虫道，导致出血、炎症；虫体在肠管或其他组织腔道（胆道、支气管、血管等）内寄生聚集，引起堵塞和其他后果（梗阻、破裂）。某些寄生虫在生长过程中，也可刺激和压迫周围组织脏器，导致一系列继发症。如多量蛔虫积聚于小肠会造成肠堵塞，蛔虫误入胆管会造成胆管阻塞；钩虫幼虫侵入皮肤时会引起钩蚴炎皮炎等。

三、虫体毒素和免疫损伤作用

寄生虫在其寄生生活期间所排出的代谢物、分泌物及虫体崩解后的物质对宿主是有害的，可引起宿主局部或全身性的中毒或免疫病理反应，导致宿主组织及功能的损害。

四、继发感染

某寄生虫侵入宿主体内时，可以把一些其他病原体（细胞、病毒）一同携带入宿主体内。另外，寄生虫感染宿主后，破坏了机体组织屏障，降低了抵抗力，也使宿主易继发感染其他一些疾病。如寄生虫损伤了皮肤黏膜，会给其他病原体的侵入创造了条件。还有一些寄生虫，本身就是另一微生物感染寄生虫的传播者，如蚊、蚤、螨等。由于寄生虫的种类、数量、寄生部位和致病作用的不同，对宿主的危害和影响也各有差别，其表现是复杂和多方面的。

第三节 寄生虫病的流行病学与控制

一、流行病学概念

研究动物群体的某种寄生虫病的发病原因和条件、传播途径、流行过程及其发展规律。

某种寄生虫病若在某一地区流行，必须具备三个基本环节，即传染源、传播途径和易感动物。这三个环节在某一地区同时存在并相互关联时，就会构成某种寄生虫病的流行。其流行过程在数量上可表现为地方性；在时间上可表现为季节性。凡是寄生虫侵入动物机体并能生活或长或短的一段时间，这种现象都称为寄生虫感染。有明显临床症状的，称为寄生虫病。

二、寄生虫病的控制和消灭

原则上是要有计划地进行定期预防性驱虫，即按照寄生虫病的流行规律，在计划的时间内投药。如肉仔鸡饲养中，把抗球虫药作为添加剂加入饲料中使用。

在选用驱虫药物时，原则是高效、低毒、广谱、价廉、使用方便，并把握驱虫时间，如选择秋冬季节或选择虫体未成熟前驱虫。

在了解寄生虫病是如何传播流行的基础上，因地制宜、有针对性的阻断它的传播途径是控制和消灭寄生虫病的重要环节。

思考与实践

1. 寄生虫的致病机理有哪些?
2. 举例子谈谈自己在实践中，是怎样控制和扑灭寄生虫病的?

第二篇

中国北方万名农村技术人员培训教材

养猪学篇

第一章　概　述

发达的畜牧业是一个国家现代化的重要标志，而养猪业是畜牧业重要组成部分。我国养猪历史攸久，几千年来在为人类提供肉食品及促进农业的发展起到了重要作用。随着现代畜牧业的飞速发展，养猪业正朝着规模化，集约化方向迈进。

我国是一个养猪大国，在世界生猪生产中占有重要地位，据世界粮农组织统计：2001年我国生猪存栏、出栏分别为4.66亿头和6.04亿头，分别占世界总数的45%和43.8%。产肉量4 582万吨占48.4%，人均消耗猪肉35千克，占我国肉类消费的66.8%。猪的存栏和出栏分别比1995年增加了1.90亿头和4.22亿头。这表明我国养猪生产取得了较大发展。但是我国养猪水平总的来讲还比较低，出栏率不高，远不能适应国际国内市场的要求。

发达国家的养猪业发展很快，机械化程度越来越高，生产日趋集中，养猪户越来越少，规模越来越大。集约化生产已成为各国优质肉猪发展的方向。

分析世界养猪生产的发展，其主要趋势和特点有以下几点，值得学习和借鉴。

一、规模化饲养

要进行优质肉猪的生产，首先必须发展规模化养猪，才能在猪种、饲料、兽药上严格控制。规模化养猪是生产力发展到一定程度之后的必然趋势。

二、工厂化、集约化生产

生产的高度集约和大规模工厂化，全封闭自控环境，进一步发挥了猪的生产潜能。实行集约化、工厂化养猪技术，主要包括以下几个方面。

（一）采取车间式分段饲养

把猪舍分为待配舍、妊娠舍、分娩舍、保育舍、肥育舍，母猪、仔猪、肉猪在猪舍流转，对猪舍根据不同阶段的生理需要作出不同设计要求。

（二）实行早期断奶技术

改传统仔猪45～60日龄断奶为35日龄或28日龄断奶，甚至21日龄断奶，缩短产仔间隔，使母猪年产2.1～2.3胎。

（三）应用现代饲料营养先进科学技术

实现饲料标准化饲养，生产各类猪的全价配合饲料。

（四）肉猪科学饲养，缩短饲养期

按肉猪生长发育规律，饲养分为 20 ~ 70 千克、70 ~ 110 千克两阶段甚至三个阶段配制日粮，保证最佳速度的生长。

此外，有的还将母猪场、保育场、肥育场三者分开，实行超早期断奶，防止疾病交叉感染，建立健康猪群。通过以上措施，可大大提高劳动生产率，减少母猪、提高产仔数，缩短肉猪饲养期，提高饲养利用率。这是我国养猪生产发展的必然趋势和方向。

三、品种品系化、杂交化

单一品种的肉猪生产一般不及杂交生产或专门化品系。同一品种在不同国家经按自己的要求选育后生产性能也有较大差异。目前，经济杂交多以著名的大白猪为母系，与其他品种如长白猪、杜洛克进行二元或三元杂交，有的还采用三元以上的杂交，或采用品系杂交专门化品系配套生产，商品肉猪全是杂种猪。

四、管理机械化、自动化

规模化、集约化的发展相应要求机械化，自动化，以减轻劳动强度，提高生产效率。

五、饲料全价化、平衡化

根据营养需要量编制营养平衡的饲料配方，再由饲料加工厂按配方配制成配合饲料供应。这样不仅保证了猪对营养有全价的平衡供应，而且饲料利用率得以大大提高，起到了节省饲料的作用。饲料工业发达，使养猪生产社会化有了稳定的物质基础。

六、以防为主，防重于治

坚持预防为主的方针，坚持贯彻《中华人民共和国动物防疫法》，使饲养管理规范化、科学化，防疫措施制度化、经常化，提高养猪防病的水平。

养猪生产是为了获得最大的经济效益，因此生产中必须根据猪自身特点，将技术、生产条件、环境、市场和人员等有机结合，以发挥最大生产潜力。

思考与实践

我国养猪业应如何发展？

第二章　猪的生物学特性

有关猪的生物学特征，不同的猪种类型，既有共性，又有各自的特性。

一、猪的食性广

饲料转化率高 猪是杂食动物，门齿、臼犬齿和臼齿都很发达，它的胃是单室胃，能广泛的利用各种动植物和矿物质饲料，对饲料的利用能力较强，猪对精饲料有机物的消化率为75% ~65%。猪对纤维含量高的粗饲料的利用能力较差。此外，猪有择食性，能辨别出食物的味道，饲料中的适口性直接影响猪的采食量。因此，配制猪的日粮时要注意适口性和易消化性。

二、繁殖力强

世代间隔短 猪的性成熟早，一般4~5月龄性成熟，6~8龄就可以初次配种。猪的妊娠期短，只有114天，发情不受季节限制，1头母猪1年可产2.2胎，猪是多胎高产动物。母猪每个情期可排卵12~20枚，产仔8~12头。

三、生长期短，积脂力强

猪生长期1.5~2年。仔猪出生后生长速度特别快，1月龄时可达到初生体重的5~6倍，2月龄体重为初生的10~13倍，猪在6月龄以后，在体内有强烈的沉积脂肪的能力。

四、肉质好，屠宰率高

猪肉含水分少，含脂肪和热量高。屠宰率一般为70%左右。

五、适应性强，分布广

猪的适应能力很强，是世界上分布广，数量多的家畜之一。任何猪种，都对繁衍地区的气候条件有较好的适应性，例如，我国南方猪种对湿热的潮湿环境能较好适应，北方猪种对寒冷气候较为适应。普遍规律为，小猪怕冷，大猪怕热。因此，在养猪生产中，应给猪创造一个良好的生活环境。

六、嗅觉发达，听觉灵敏

视觉不发达，在生产中，利用这些特性，在仔猪寄养时要混气味，利用视觉不发达，可利用假母猪进行采精等。

七、喜清洁，易调教

猪通常会保持其睡窝清洁，干燥，排粪排尿都有一定的时间和地点，通过调教形成条件反射，形成良好的习惯。

八、群居次序明显

猪有合群性，但也会有争斗，大欺小，强欺弱，群体和饲养密度越大，这种现象越明显。一般以 20 ~30 头为宜。在生产和管理中，应尽量少调群。

思考与实践

简述猪的生物学特性。

第三章　猪的类型与品种

我国猪种资源丰富。猪的类型由于划分的依据不同，分法不一，最常用的类型划分有：根据来源，可划分为地方品种、培育品种和引入品种3类。根据猪胴体瘦肉含量，又可分为脂肪型（脂用型）品种、鲜肉型（兼用型）品种和腌肉型（瘦肉型）品种。多数地方猪种属于脂肪型品种；多数培育猪种属于鲜肉型品种；多数引入品种属于肉用性品种。

一、猪的经济类型

由于人们根据市场对瘦肉和脂肪的要求不同和各地区猪饲料供应的差异，经过长期的选育而形成不同类型的猪种——脂肪型、腌肉型和鲜肉型，这是品种向专门化方向发展的结果与产物。

（一）脂肪型（脂用型）

提供较多的脂肪，一般脂肪占胴体的45%以上，第六七胸椎间上方膘厚在6厘米以上。例如，广西陆川猪，老式巴克夏猪匀属典型代表。

（二）腌肉型（瘦肉型）

与脂肪型相反能提供较多的瘦肉，一般瘦肉可占胴体的55%以上，第六七胸椎间上方膘厚在3厘米以下，可用于加工盐制腌肉与火腿。国外品种如大约克夏猪、长白猪、杜洛克等，还有我国的金华猪匀属于此类。

（三）鲜肉型（兼用型）

以生产鲜肉为主，胴体中的瘦肉和脂肪比例相近，各占40%左右，第六七胸椎间上方膘厚3~5厘米，我国地方猪种属于此类。

二、猪的品种

（一）我国地方猪种

我国幅员辽阔，地形和气候差异较大，猪种来源复杂，再加上各地区农业生产条件和耕作制度差异悬殊，长期的精心选育形成了许多不同类型的优良猪种。我国地方猪种大致可分为6个类型。

（1）华北型　代表品种有民猪和八眉猪。

（2）华南型　代表品种有季猪和两广小耳花猪。

（3）华中型　代表品种有金华猪和大花白猪。

（4）江海型　代表品种有太湖猪等。

(5) 西南型 代表品种有内江猪、荣昌猪等。

(6) 高原型 代表品种有藏猪等。

地方猪特点为：①繁殖力高，窝产仔多，母性好，泌乳力强，性早熟。②抗逆性强，耐粗饲，耐寒耐热耐饥饿。③肉质好。④生长慢，饲料报酬差，胴体瘦肉率低。⑤体型小。

(二) 我国培育猪种

新中国成立以来，根据国民经济的发展和人民生活的需要，有目的、有计划、有组织地进行了新猪种的培育工作。这些培育的品种既保留了地方品种的适应性强、耐粗饲、繁殖力高、肉质好的特点，同时，胴体瘦肉和肥育性状等生产性也较地方品种有了较大的改良和提高。在瘦肉型猪生产中，用培育品种作母本，用引用猪种作父本，其二元杂种的日增重和瘦肉率达到了较高的生产水平，已是我国多数瘦肉型品种猪生产的主要途径。

1. 上海白猪

产于上海近郊的上海和宝山两县，主要是由约克夏猪、苏白猪和太湖猪培育而成。主要生长特点是生长快，产仔较多，适应性强胴体瘦肉率高。

外形特征：体型中等偏大，体质结实，颜面平直或微凹，耳中等大小略向前倾，背宽，腹稍大，腿臀较丰满，毛白色，乳头排列稀，乳头数 7 对左右。

生产性能：产仔数 12 头左右，60 日龄断奶重 18 千克左右，体重在 20～90 千克阶段，日增重 615 克左右，90 千克屠宰，屠宰率 70%，瘦肉率 52.5%。

2. 北京黑猪

主要是由北京市双桥，北郊农场用巴克夏、约克夏猪，苏白猪及河北黑猪培育而成。主要特点是体型较大，生长速度较快，母猪母性好。与长白猪，大约克夏和杜洛克猪杂交效果好。

外形特征：体质结实，结构匀称。头大小适中，两耳向前上方直立或平伸，面微凹，额较宽。颈肩结合良好。背腰较平直、且宽。四肢健壮，臀腿丰满。全身被毛黑色。乳头多在 7 对以上。属兼用型猪种。

生产性能：产仔数 11 头左右，初生重 1.25 千克。60 日龄断奶重 17 千克。生长肥育体重在 20～90 千克阶段，日增重达 600 克以上，90 千克屠宰，屠宰率达 72%～73%，胴体瘦肉率 49%～54%。

(三) 国外引入品种

1949 年后，我国陆续有计划地引进了大约克夏、巴克夏猪和长白猪等。从 20 世纪 80 年代起，又引进了汉普夏、皮特兰、迪卡、斯格猪等，主要用于经济杂交，这些猪种的引入对于我国新猪种的培育以及商品瘦肉型猪的生产起到了很重要的作用。

1. 巴克夏猪

巴克夏猪原产于英国巴克郡和威尔郡。是有中国华南猪、泰国猪与英国本地猪杂交育成，体躯丰满而短，是典型的脂肪型猪种。近年来引进的巴克夏猪体形已有改变，体躯稍长，趋向肉用型。

外形特征："六端白全身黑"为本品种毛色特征，即鼻、尾、四肢六端为白色，其余均为黑色。体躯宽短深，圆拱形，头短，颜面凹陷，耳稍向前倾，颈宽短，胸深宽，肋骨丰满，大腿丰满，四肢骨细，强健有力，体质结实，性情温顺。

生产性能：产仔数 7～8 头，初生重 1.2 千克，断奶重 12～15 千克，8 月龄肉猪体重 90

千克屠宰率80%左右。

2. 大约克夏猪

约克夏猪原产于英国北部的约克郡及其邻近地区。现在各国着重饲养大型约克夏猪即大白猪。该猪是世界著名的瘦肉型猪种。引入我国后，经过多年培育驯化，已经有了较好的适应性。其主要优点是生长快，饲料利用率较高，产仔较多，胴体瘦肉率高。

外形特征：体格大，体型匀称。耳立、鼻直。背腰多微弓。四肢较高，后躯发育良好，腹线平直。全身毛白色，乳头6～7对。

生产性能：产仔数11头，初生重1.4千克，60日龄断奶重18千克，6个月体重可达100千克左右。屠宰率较高。成年公猪体重300～370千克，成年母猪体重250～333千克。

3. 长白猪

原产于丹麦，原名兰德瑞斯猪。由于其体躯长，毛色全白，故在我国通称长白猪。该猪是世界上著名瘦肉型猪种之一。其主要特点是产仔数较多，生长发育较快，省饲料，胴体瘦肉率高，但体质较弱，抗逆性差，对饲料要求高。

外形特征：头小轻秀，颜面平直。耳向前平伸略下垂。胸宽深适度，肋骨开张良好，背腰特长，背线微呈拱形。全身被毛白色，乳头一般7～8对。

生产性能：产仔数11头，初生重1.4千克，60日断奶重18千克，屠宰率69%～75%，胴体瘦肉率为53%～63%。成年公猪体重300～350千克，成年母猪250～300千克。

4. 汉普夏猪

原产于美国肯塔基州，是美国分布最广的瘦肉型品种之一。其主要特点是生长发育较快，抗逆性较强，饲料利用率较高，胴体瘦肉率高，肉质较好，其产仔数量较少。

外形特征：全身黑毛，但从肩部到前肢环绕一条白毛带。头大小适中，颜面直，鼻端尖，耳直立，背腰粗短，体型紧凑，体质强健。

生产性能：平均产仔数9头，初生重1.4千克，6月龄体重大90千克。腿肌面积大，胴体瘦肉多，瘦肉率约65%，成年公猪300～380千克，成年母猪重250～300千克。

5. 皮特兰猪

原产于比利时，是用本地猪与贝叶猪杂交再与泰姆沃斯猪杂交选育而成。

外形特征：毛色灰白，夹有黑白斑点，有的间有红色，耳前倾，体躯宽而短，肌肉特别发达。

生产性能：产仔数9.7头，幼猪生长快，体重达90千克以上，生产速度显著降低，瘦肉率高，并能在杂交中显著提高杂交后代的胴体瘦肉率。

6. 杜洛克猪

产于美国。大型瘦肉型品种，成年体重300～480千克。杜洛克猪具有浓淡不一的棕红色毛为其特征。体重高大，粗壮结实，头较小，额面微凹，耳中等大小、向前倾，耳尖稍弯曲，胸宽而深，背腰略呈拱形，四肢强健，腿臀丰满，性情温顺，较为抗寒，适应性强，母性好，育成率高，生长发育快，日增重650～750克，料肉比3:1，产仔平均9～10头。杂交做终端父本，效果显著。

思考与实践

长白猪、大约克、杜洛克猪的主要特征和生产性能有哪些？

第四章　猪的饲料配制

第一节　猪的饲料分类

根据应用习惯，可将猪饲料分为精饲料、粗饲料、青绿多汁饲料、无机盐饲料和饲料添加剂5大类。

一、精饲料

精饲料指含能量和蛋白质较为丰富的饲料，根据蛋白质含量再分为能量饲料和蛋白质饲料两部分。

1. 能量饲料

能量饲料的基本特点是淀粉含量丰富，粗纤维少，易消化，消化能含量高。能量饲料含粗蛋白质一般在10%左右。如玉米、麸皮、稻谷、碎米、燕麦、甘薯干等。

2. 蛋白质饲料

主要动、植物性蛋白质饲料有以下几种：

（1）豆饼（粕）　豆饼是优良的植物性蛋白质饲料，含粗蛋白质40%以上，且蛋白质品质优良，必需氨基酸含量都很高，尤其是赖氨酸含量在所有饼粕类饲料中为最高者。可达2.4%～2.8%，是棉花仁饼、花生饼2倍左右。

（2）花生饼　花生饼粗蛋白质含量在40%以上，但赖氨酸、色氨酸含量均低于豆饼，不过烟酸与泛酸含量特别丰富，并且适口性好。

（3）鱼粉　鱼粉是优质动物性蛋白质饲料，优质鱼粉的粗蛋白质含量可高达50%～70%，消化率高，但其中富含一般饲料所缺乏的赖氨酸、蛋氨酸和色氨酸，含钙、磷较多，含碘及B族维生素，尤其是维生素B_{12}较为丰富。

（4）羽毛粉　羽毛粉含粗蛋白质高达80%以上，其中胱氨酸含量大，但赖氨酸不足，未经处理的羽毛粉消化率仅为30%左右。

（5）饲料酵母　饲料酵母是真菌的一种，含粗蛋白质40%～50%，赖氨酸含量高。有苦感，适口性差，添加量不超过5%。

二、青绿多汁饲料

1. 苜蓿

苜蓿含粗蛋白质占鲜重的5%左右，含赖氨酸、色氨酸较多，无氮浸出物占鲜重的10%～12%，此外还含有多种无机盐，特别是钙和钾以及维生素B_1、B_2、C、D、E、K和胡萝卜素，适口性好，猪喜食。

2. 青割玉米

青割玉米具有生长快，产量高，利用期长等特点，抽穗期收割，其干物质含量约为18%，粗蛋白质约为15%，无氮浸出物约11%。

3. 胡萝卜

胡萝卜含干物质10%，亩产1 000千克以上，因含糖较高，故适口性好，含较多的胡萝卜素和维生素C、K和B族维生素。

4. 马铃薯

马铃薯含干物质约21%，其中淀粉占绝大部分，含B族维生素和维生素C较多，熟饲料可提高消化率。

三、粗饲料

干草　青草晒干或烘干即成干草，干燥造成部分营养丢失，所以干草不如青草营养价值高，豆科类干草，含干物质85%～90%，其中约有15%～20%是蛋白质，赖氨酸、色氨酸含量较多，品质较好，干物质中30%～50%是淀粉和糖，粗纤维占25%～38%，无机盐，尤其是钙和磷含量丰富，除含胡萝卜素以外，还含较多的维生素B_1、B_2和烟酸等。

四、无机盐饲料

1. 食盐

大多数植物中含钠和氯较少，故常用食盐代替。给量一般占日粮的0.3%，在缺碘地区常用碘化食盐。

2. 钙、磷

钙磷饲料种类很多，含钙磷多少也各不相同，在饲养过程中，可根据目标具体情况选用适当的钙磷饲料。

五、饲料添加剂

饲料添加剂是指为满足畜禽的营养需要，完善日粮的全价性以及某些特殊需要而向饲料中添加的一类微量物质，可分为营养性添加剂和非营养性添加剂两类。

1. 营养性添加剂

（1）微量元素　猪日粮中一般添加的微量元素有铁、锌、硒、锰、碘等矿物质。如氧化锰、碳酸锰等。

（2）维生素　指人工合成的各种维生素。作为添加剂的维生素有维生素E、K、B_1、B_2、B_6、B_{12}，氯化胆碱、尼古酸、泛酸钙，叶酸、生物素等。一般多采用添加复合维生素或多维素的形式。

(3) 氨基酸　在日粮中添加合成氨基酸，除了有补充日粮中不足的必需氨基酸，提高日粮中蛋白质的利用效率的作用外，大量试验表明饲料中添加赖氨酸，不但可以促进生长和泌乳，而且还可以降低2% ~4%的粗蛋白质的含量。

2. 非营养性添加剂

(1) 生长促进剂抗生素　大量的试验及生产实践证明，抗生素有促进生长和提高饲料利用率的作用。平均效果能促进生长2% ~8%，提高饲料利用率2% ~4%，特别是畜禽处于较差环境条件下，效果更加明显，目前市售抗菌素有：杆菌肽锌、硫酸锌杆菌素、土霉素钙盐和北里霉素等。

(2) 有机酸类　有机酸可增加消化道酸度，提高胃蛋白酶的活性，加速蛋白质分解。在初生仔猪人工乳或仔猪饲料中添加有机酸可改善仔猪的发育状况，常用的有柠檬酸、延胡索酸、甲酸钙等。

(3) 酶制剂　酶制剂可辅助、促进饲料消化，吸收，对早期断奶仔猪尤为重要，仔猪本身酶系统发育不全，有必要在人工乳或饲料内添加酶制剂，如蛋白酶、淀粉酶、脂肪酶、纤维酶等。以提高营养物质的利用率。

(4) 微生态生物菌制剂　生物菌制剂也称为益生素，最近几年来才应用于饲料内的添加剂。我国生产的有乳康生、促菌生和调痢生，是由乳酸杆菌与无毒的蜡样芽孢杆菌等制成的活菌制剂，其作用是调整猪消化道内的菌群，使有益菌迅速占优势，抑制致病菌。

第二节　饲养标准与日粮配制

一、饲养标准的概念

饲养标准是指不同类型和不同生理状态的猪每日所应该获得的养分数量或其日粮所应具有的养分含量，饲养标准是生产实践经验与大量科研成果的总结。猪的饲养标准包括消化能、粗蛋白质、钙、磷、食盐、各种氨基酸、微量元素和维生素等共计30余种基本指标，分别以焦耳（或千克、克、毫克）等为单位表示。

二、日粮配合

1. 日粮配合的意义

日粮配合指根据猪的营养需要和饲料的养分含量拟定科学配方。日粮配合工作应遵循以下基本原则。①选用适宜的饲养标准作为日粮养分供给水平的依据；②选择原料时应该尽力做到兼顾日粮的养分含量、消化性、适口性和成本诸因素，充分利用本地原料，做到在保证养分的前提下尽量降低饲料成本；③日粮的体积应与猪的采食能力相适应。

2. 全价饲料

全价饲料指根据一定的饲料配方，采用多种饲料原料配制而成的日粮，其中所含的能量和各种养分均与猪的营养需要相符合，因此具有优良的饲养效果。

浓缩料的特点是蛋白质、无机盐和维生素含量高，与能量饲料配合后即为全价饲料。

预混料的主要成分为微量元素、维生素、微量添加剂，和非营养物质添加剂，并以石粉或小麦粉为载体按照规定量进行预混合的一种产品，与能量饲料、蛋白质饲料及其他饲料混合后可制成全价饲料。

思考与实践

全价饲料、浓缩饲料和预混合饲料的区别是什么？

第五章　猪的饲养管理

第一节　种猪的繁殖与饲养管理

一、种公猪的繁殖与饲养管理

配种是搞好养猪生产的重要环节，是增加产仔头数，提高仔猪健壮性、降低生产成本的第一关。在本交情况下，1头公猪可负担20～30头母猪，一年可繁殖500头小猪。如采用人工授精，1头公猪一年可繁殖仔猪万头左右。因此，要特别注意加强公猪的选种、培育、合理利用和饲养管理。

养好公猪，提高精液品质和配种能力，必须经常保持营养，运动和配种三者之间的平衡，否则就会产生不良影响。

公猪射精量比其他家畜都多。在正常饲养条件下，成年公猪一次射精可达200～400毫升。经分析，其中水分占97%，粗蛋白为1.2%～2%，脂肪为0.2%，灰分为0.9%。并且公猪交配时间也比其他家畜长，一般为5～10分种，有时可达20分种以上，体力消耗较大。因此，对公猪必须保证供给足够的营养物质。

蛋白质对增加射精量、提高精液和配种能力以及延长精子存活时间，都有重要作用。如果蛋白质不足，易使与配母猪受胎率降低，严重时公猪失去配种能力。所以公猪日粮中，一般应含有15%左右的粗蛋白质（如果不集中配种，蛋白质饲料的量酌情减少）。要求蛋白质饲料种类多样化，以提高氨基酸的互补作用。一般青绿饲料如苜蓿、苕子、紫云英和聚合草等，都含有丰富的蛋白质；此外，各种饼类饲料，豆科籽实，槐树叶粉和动物性饲料所含蛋白质更丰富。在解决动物性饲料上，可因地制宜，利用小鱼、小虾、蚌肉、蚕蛹、鱼粉、肉骨粉作为蛋白质补充饲料。

维生素A、维生素D、维生素E等是公猪不可缺少的营养物质。当公猪缺乏维生素A时，睾丸机能衰退，不能产生正常精子；缺乏维生素D，会影响机体对钙、磷的利用，间接影响精液品质；若缺乏维生素E，睾丸发育不良，精原细胞退化，所产生的精子衰退或畸形，受精力降低。

公猪所需要的维生素，在夏秋季节可通过喂给青饲料解决。在冬季和早春，青绿饲料缺乏时，应喂胡萝卜等根茎类饲料和青贮饲料。必要时，还可加喂麦芽补充。大麦芽对提高精液品质有良好作用。钙、磷矿物质对精液的品质也有很大影响。缺乏时，发育不全和活力不强的精子就会增加。在公猪日粮中应含有0.15%的钙，而钙磷比例一般保持（1～2）:1。

1. 饲养公猪

应根据公猪的体重、年龄和配种忙闲，区别对待。并随时注意它的营养体况，使它终年保持健壮，性欲旺盛，精神活泼的体质。

此外，在常年分散产仔时，公猪配种任务比较均匀。因此，全年各月都要均匀地保持公猪配种期所需要的营养水平；而采用季节集中产仔猪，则需要在配种开始前一个月，逐渐增加公猪营养，做好配种前的准备工作，等到配种季节过后，再逐渐降低营养水平。

公猪的管理工作，除了经常保持圈舍清洁、干燥、阳光充足、空气流通、冬暖夏凉外，还应注意以下管理工作：

（1）加强运动　公猪的运动很重要，如缺乏运动，会发生虚胖，后肢软弱、性欲下降、配种效率降低，甚至失去利用价值。所以，公猪在非配种期和配种准备期要加强运动，在配种期也要适度运动。一般要求上午、下午各一次，每次约1小时，里程约2公里；也可进行单圈饲养，合群运动，但必须从小就合群并钳掉犬齿，冬季宜在中午进行，如遇酷热严寒、大风雨天气可停止运动。

（2）保持猪体清洁　在炎热的夏季，每天可让公猪在浅水池内洗澡或用水管淋浴1～2次，其余季节每日用刷子擦1～2次，除能防止皮肤病及体外寄生虫外，更重要的是促进血液循环，增强性机能，提高精液品质和配种能力。

（3）定期检查精液品质和体重　公猪应每日称重一次，成年公猪应保持中等营养水平，体重无大的变化。2岁以内的青年公猪，要求体重逐月增加，但不要过肥。

（4）防止公猪自淫　在养猪生产上，常遇到有些公猪发生自淫的恶癖，造成性早衰，阴茎损伤，体质虚弱，甚至失去配种价值。为防止公猪自淫的关键是要杜绝公猪不正常的性刺激。

2. 公猪的合理利用

公猪精液品质的好坏和利用年限的长短，不仅与饲养管理有关，而且很大程度上决定于对公猪的合理利用。

我国猪种性成熟早，公猪在3～4个月龄性机能就开始活动，睾丸开始产生精子，但这时不能使其配种。因为此时公猪正处于发育阶段。配种后往往影响生长发育和缩短种用年限。因此，小公猪断奶后应和小母猪隔离，分圈饲养。

适宜的初配年龄和体重，我国地方猪种一般在8～10月龄、体重60～70千克；培育品种则在10～12月龄，体重90～120千克。配种开始时的体重最好能达到成年体重的50%～60%，但是早熟品种可稍高些，晚熟品种可稍低一些，但过晚初配对生产也不利，除了提高培育成本外，还会造成公猪的性情不安，影响正常发育，有的甚至造成自淫的恶癖。

公猪的合理使用。公猪的利用要根据年龄和体质强弱以及精液品质来合理安排。在一般情况下，1～2岁的幼龄公猪，每周可配2～3次。2～5岁的壮龄公猪，在较好的营养条件下，每日可早晚各配1次，间隔最低不少于6～8小时，如公猪连续配种1周则应休息1天。5岁的老龄公猪，可每隔1～2天用2次。

此外，如公猪长期不配种，附睾丸内储存的精子就会衰老，用这样的精液配种，受胎率会降低。所以久不配种的公猪开始配种时，必须进行复配。如采用人工授精，则应把第一次采出的精液废弃不用。

二、种母猪的繁殖与饲养管理

猪群繁殖力是养猪生产水平高低和是否以获得较高经济效益的核心。母猪群年生产力，主要表现在年提供断奶仔猪的能力上，应了解母猪的繁殖过程，进行针对性地挖掘生产潜力。

（一）加强配种期母猪的饲养管理

1. 掌握母猪适宜的初配年龄，防止早配

后备母猪的性成熟，随品种、气候、饲养管理条件而有所不同。极早熟品种一般在3月龄就发情，培育品种及杂交种在4～5月龄左右。刚达到性成熟的小母猪，虽有受胎可能，但配种过早，不仅使产仔少而弱，而且会严重影响小母猪本身的发育。但是配种过晚，也由于每次发情不配，造成母猪情绪不安，影响发育和性机能活动，因此，在正常的饲养管理情况下，后备母猪适宜的初配年龄，但体重尚未达到要求则应以体重为主，后备母猪的体重应占成年体重50%左右开始配种为宜。性情受阻的母猪，应酌情淘汰。

2. 加强母猪配种准备期的饲养

猪是多胎动物，它的繁殖力很强。一般成年母猪在一个发情期内可排卵20～30枚，但在生产上一般只有65%～75%的卵子能够受精并正常发育。这主要是由于在饲养管理不当的情况下，部分卵子不能受精或受精后死亡。

因此，母猪在配种前要具有不肥不瘦的中等营养体况，即一般所谓的八成膘。它是防止母猪空怀增加窝仔数的重要条件。在一般情况下，如饲养得当，母猪经过上次产仔的哺乳，体重约减轻25%～30%。如能保持七八成膘，断奶后10天之内就能正常发情配种，只要合理搭配饲料，就能获得良好效果。蛋白质、矿物质和维生素对排卵数量、卵子品质和排卵一致性以及正常受精都有很大影响，应注意充分供给。青绿多汁饲料富含有上述营养物质。

卵子的大小、形状和所含的营养是否齐全，对卵子能否正常受精和受精卵正常发育都有决定性的作用。因为受精卵发育的初期是处于游离状态，发育所需营养主要靠卵子本身的营养来维持。发育好的卵子易受精，所以，对配种准备期的母猪饲养一定要重视，要实行短期的优质催情，以配种前半个月加强营养最为有效。

断奶前后的母猪一般都表现为食欲旺盛，采食量大，不择食，饲料中可搭配较多的青绿饲料和适当优质粗饲料，但精饲料也不能一断奶马上就降低，特别是饲料一定要多种搭配，保证各种养分的平衡供给。这样母猪才能及早发情，多排健壮的卵子。

实行季节产仔的母猪，断奶后不一定马上就配种，如果在配种前有过肥过瘦的现象，则应做好及时调整，对过瘦的母猪应提高营养水平，过肥的母猪及时拉膘，促使母猪在配种前达到适宜膘情，以利于正常发情和排卵。

在配种前，对群养母猪要加强发育观察，以免使个别发情不明显的母猪错过配种时间，此外每日给母猪多晒太阳加强运动。对提高繁殖力有重要作用。

3. 促使母猪正常发情排卵的措施

母猪性成熟后，卵巢周期而有规律地进行着卵泡成熟和排卵过程。在正常饲养条件下，母猪断奶10天内，一般都能发情排卵，但也有个别母猪断奶后长期不发情或屡配不孕，这大多是饲养管理不当或生殖器官有病所造成的，为了能让不发情的母猪恢复发情或要求一群母猪同时发情，同时配种，应在加强饲养管理基础上，采用以下办法人工催情：

（1）用试情公猪逗情　用试情公猪追逐久不发情的母猪，或每日把试情公猪关在母猪圈2～3小时，由于母猪与公猪接触，通过公猪的爬跨等刺激，使脑下垂体产生促卵泡成熟激素，促使发情排卵。另一种是利用录音磁带的公猪声音代替发情公猪的生物模似作用，效果亦较好。

（2）并圈　将久不发情的母猪调到一圈内，让它与正在发情的母猪合圈饲养，通过发情母猪的爬跨，促使其发情。

（3）并窝或控制仔猪哺乳时间　如有多数母猪产仔日期比较集中，则可根据情况，把部分产仔少或泌乳差的母猪所生的仔猪全部寄养给其他母猪哺乳，可让母猪提早发情。

（4）运动　加强母猪运动，实行放牧放青，有利于促进母猪发情。据试验，一般膘情正常而不发情的母猪效果显著。

（5）注射激素　常用的激素有以下两种：①绒毛膜促性腺激素，对促进母猪发情和排卵效果较为显著。注射量按每10千克体重注射100单位，一般体重100千克左右，可肌注1 000单位。②孕马血清，含有促性腺激素，可促进滤泡成熟和排卵。使用时每次皮下注射5毫升，一般注射后4～5天即可发情。

4. 掌握母猪发情规律，适时配种

在提高公猪精液品质和促进母猪正常发情的同时，还必须掌握其规律和适宜配种时间，才能保证母猪受胎、高产。

母猪发情周期为20～23天，平均21天，一般地方品种的发情持续期约为3～5天，培育品种为2～3天。

母猪发情外部表现的征状，阴门潮红、肿胀。食欲减退，行动不安。随着阴门肿胀，阴道内逐渐流出透明稍呈白色的黏液，这时常会躲避公猪。到发情中期，食欲显著下降或不食，起卧不安，跳圈，鸣叫，排尿频繁，爬跨其他母猪，允许公猪接近和爬跨，用手按压腰或臀部仍呆立不动。发情后期，阴门逐渐消肿，公猪爬跨表示厌烦，食欲逐渐恢复。

5. 正确掌握适宜的交配时间

公、母猪交配时间是否适当，是决定受精和产仔数多少以及仔猪健壮性的关键，一定要在精子和卵子的生活力最旺盛的时候相遇受精，才能达到目的。

研究证明，公、母猪交配后，卵子要经过2～3小时的游动才能到达输卵管。精子在母猪生殖道内，一般存活10～20小时。另一方面发情母猪排卵的时间，一般是母猪接受公猪爬跨后平均31小时开始排卵。发情期短的，排卵早。发情期长的，排卵晚。母猪持续排卵时间在10～15小时以上。据此推算，配种的适宜时间应在母猪排卵前2～3小时，即发情开始后19～30小时。如交配过早，卵子尚未排出，等卵子排出，精子已经死亡，便达不到受胎目的。相反，如交配过迟，卵子排出很久，精子才进去，这时卵子已经衰老失去受精能力，也同样达不到受胎目的。因此，必须时刻注意母猪状况，及时找出发情母猪，适时配种。就品种来说，本地母猪发情时间正常3～5天，配种时间宜在发情后当天下午和第二天上午；杂种母猪发情多为3～4天，配种可在发情开始后的第二天下午。就年龄来说，应按“老配早，小配晚，不老不小配中间”的原则来配种。

（二）妊娠母猪的饲养管理

妊娠母猪的饲养管理重点：一是做好母猪的保胎工作，减少胚胎及胎儿的死亡；二是保证母猪有良好的体况，以应付以后的泌乳需要。日常的工作：一是防流保胎；二是采取“步步高”的饲喂方式，分阶段饲喂料。

1. 猪妊娠表现

（1）猪妊娠期　为108~120天，平均114天，即：“三月三周又三天”，青年母猪稍短。

（2）妊娠前期诊断　配种后注意观察18~24天，34~44天的母猪，若两个发情期均不发情，可初步诊断怀孕。

（3）怀孕表现　疲倦贪睡不想动，性情温顺动作稳，食量增加长膘快，皮毛发亮紧贴身，尾巴下掉很自然，阴户缩成一条线。怀孕2个月后，腹围增加，乳腺发育，乳头粗长，向外伸展；3个月后，可摸到胎动。

2. 妊娠诊断

根据母猪表现，另结合议器诊断。目的是及早发现未孕猪，及早采取措施，促其发情，减少损失。妊娠期内胚胎和胎儿生长发育特点：①胚胎或胎儿易受子宫内环境影响。②母猪怀孕后，胚胎或胎儿要经过3个死亡高峰期。第一高峰期：为配种后1个月内，占30%，主要是受精后9~13天（合子附值期）和21天左右（器官形成期）。具体原因有：受精卵先天性缺陷（如近交、多精入卵、染色体缺陷等）等；饲料营养元素不足或不平衡；饲料变质、发霉、有毒等，怀孕初期采食能量过高；高温影响，母猪有热性疾患，咬架，剧烈运动或其他应激因素。第二高峰期：在配种后60~70天，占30%以上，主要原因，胎盘停止生长，而胎儿到了快速生长时期，供需出现矛盾，另外，打架、剧烈运动等应激因素，使子宫内血液循环下降，胎儿养分供给不足。主要原因，由于中期营养不足而发育不足的胎儿或临产前剧烈运动，造成分娩前脐带断裂，胎儿死亡。第三高峰期：胚胎2/3的体重是在怀孕后期的1/3时间内生长的，即80天后是胎儿生长发育的高峰期，故应增加饲料量，但在产前一周应减料。

3. 妊娠母猪的饲养管理

主要目标是保证母猪健壮，胎儿发育正常，无早产、死胎和流产等，每一繁殖周期获得数量多，质量好，生活力强的仔猪。

（1）临产膘情　经产母猪保证七八成膘，后备母猪八成膘。如过肥产弱仔多，产后多不吃料，便秘，缺乳，断奶发育不正常。易压死仔猪，如过瘦，胎儿发育不良，产后掉膘快，泌乳少，胎儿存活率低，产后生长速度慢。

（2）饲养方式　应“依膘给料，看食欲给料”。精料用在“刀刃上”，达到保胎、壮胎、高产、节粮、降低成本的目的。① 妊娠前期（配种后1个月）给料量在2.0千克/（天·头），有研究报道，在配种后15天增加采食量从2.0千克/（天·头）提高到2.8千克/（天·头），胎儿存活率下降36%~50%。因此，头1月避免能量过多，防止胎儿死亡。②妊娠中期（配种后2个月）给料量在2.5千克/（天·头），限制精料量，防止过肥，并增加青饲料量。③妊娠后期（配种后3个月）给料量在2.8~3千克/（天·头），这时猪除负担胎儿生长和发育外，自身也在生长，饲料量应逐渐递增。④在产前1周应降低喂量10%~30%左右，同时降低青饲料或不喂，以免压迫腹腔而造成胎儿早产或死亡。

（三）哺乳母猪的饲养管理

1. 哺乳母猪的饲养管理

一是保证泌乳正常，加强对出生仔猪的护理，保证全活全壮；二是少掉膘，体况好，便于断奶后正常发情配种。

（1）产房的准备　采用封闭式产房，高床漏缝地板，排气通风换气，全进全出工作方式，栏舍清洁消毒。空栏1周后进猪；舍内空气干燥、卫生、保温。

（2）临产母猪的管理　母猪产前1周全身清洁消毒进入产房，同时减少喂量，提供洁净饮水。

2. 母猪临产状态

在生产上常采用“三看一挤”的方法判断临产时间。一看乳头，产前3～5天，乳房胀大，乳头粗长外伸明显。“奶头炸，不久就要下。”二看尾，产前母猪尾根下陷，松驰，阴户红肿。三看表现，产前6～12小时，母猪坐立不安阴户流出稀薄黏液（破羊水），说明快要产仔，“母猪频频排尿，产仔就要到”。一挤，指挤乳头，一般前面乳头出现乳汁，则24小时内产仔，中间出现乳汁，则12小时产仔，若最后乳头有乳汁，则3～6小时产仔，同时根据产期加强观察。

3. 接产

接产准备：关闭门窗，准备洁净的毛巾、碘酊、剪刀、助产绳等。助产员要剪平指甲，消毒手臂，母猪乳房和阴部用0.1%的高锰酸钾消毒，同时拖净产床，保持舍内外环境安静、卫生。母猪破水后一般0.5小时内会产生第一头，为加快产程，可肌内注射50单位的催产素。仔猪产出后，生产中常用“掏、擦、理、剪、烤”五个字即用布将其嘴、鼻中黏液掏出，以免堵塞气管。“擦”即用毛巾将仔猪身上的黏液擦干，促进血液循环。“理”即仔猪刚出生进脐带未脱离母体，不可硬拉，防止出血，需轻轻理出。“剪”即理出脐带，在4～5厘米处扎结剪断，碘酒消毒。“烤”即将仔猪放在保温箱中烘干身体，并训练其常卧保温箱的习惯，防冻死、压死。

4. 假死和难产的处理

发现假死及时抢救，将仔猪四肢向上，一手托肩一手托臀，然后两手一伸一屈反复进行，或倒提仔猪并用手轻轻拍其背部，帮助其呼吸。若有羊水排出，强烈努责1小时仍未有仔猪排产或间隔超过1小时，即视为难产，应进行人工助产。助产员用肥皂，来苏尔消毒，并用润滑剂涂抹，趁努责间歇，五指呈锥形伸入产道，感觉胎位，胎儿过大时用产科绳，顺母猪努责方向慢慢将仔猪拉出，若转为顺产，不必助产。当母猪子宫收缩无力时，可肌内注射催产素每100千克体重2毫升。难产后母猪连用3天青霉素，外阴部黏膜注射1毫升律胎素，阴道内注入青霉素。

5. 分娩母猪的护理

产后母猪疲劳，口渴，体虚，除消毒外阴部，头两天注射青、链霉素，让其充分休息，只饮水，不能大量给料，第二天逐渐增加料量，每天增加15%～20%，少喂多添，1周后恢复正常，日喂3～4次，喂量达到6千克/天以上。母猪产后食欲下降，应及时查找原因，尽快解决，方法是每天察看粪便，看是否便秘，查看外阴乳房，看有无子宫炎、乳房炎或其他疾病。对食欲不振的要对症治疗，并给于助消化的药品。

6. 母猪的泌乳规律

（1）母猪的乳头各自独立　一般前部乳头比后面乳头必乳量大。母猪乳房没有乳池，不能随时排乳，仔猪也就不能在任何时候都吃到母乳，只有在母乳排乳时才能吃到，母猪放乳的时间较短，一般在10～20分钟之间，最长可40～50分钟，所以一昼夜哺乳次数多达20

余次，母猪的泌乳量较大，一般体重150~200千克的母猪，全哺乳期60天共产乳200~600千克。

(2) 影响泌乳的因素　影响母猪泌乳的因素很多，如品种，年龄，泌乳期的饲养水平及管理条件，气候环境等因素，胎次不同泌乳量也有很大差别。一般情况下，初产母猪的乳腺发育尚未完全，又缺乏哺乳经验，排乳较慢，泌乳量低于经产母猪，第三、第四胎泌乳量上升，第三至第六胎保持较高水平，第六、第七胎后呈下降趋势。

7. 泌乳期母猪饲养管理

一是为仔猪提供优质，量多的乳汁，保证仔猪正常生长发育；二是维持母猪良好体况，保证断奶后能正常发情配种。分娩初期，食欲低需限料，1周后恢复正常，初期饲料使用容体大，并有轻泻性的饲料，提高适口性，同时喂以促进消化的添加剂，如消化酶、活性酵母等。管理中注意事项：①保持良好的环境条件，及时清除粪便，保持舍内干燥卫生，防寒防暑。②保护好母猪乳头。③随时观察粪便、采食、行为等异常情况，判断猪群健康状况。

第二节　仔猪的饲养管理

仔猪是发展养猪生产的基础，是生长发育最快，可塑性最大，饲料利用率最高，最有利定向培育的阶段，是培育优良种猪和育肥猪奠定基础的重要时期。

培育仔猪的任务是获得较高的成活率，最大的断奶窝重和个体重。首先，要从合理的选种、选配和正确饲养怀孕母猪开始，为它奠定的优良的遗传基础和在子宫期获得良好的发育，有高的初生体重和旺盛的生活力，在它出生后，则必须根据仔猪的生长发育规律及其生理特点和营养需要，采取相应的技术措施，进行合理培育。

一、哺乳仔猪的生长发育和生理特点

1. 代谢机能旺盛，利用养分能力强，生长发育快

仔猪出生体重小，不到成年体重的1%，但出生后生长发育特别快，一般仔猪出生时1千克左右，10日龄时增长10~13倍，高的可达30倍。

仔猪的物质代谢旺盛，特别是蛋白质代谢和钙、磷代谢，比成年猪高得多。一般20日龄仔猪，每千克重要沉积0.3~0.4克，相当于成年猪的30~35倍，每千克体重所需代谢净能是301千焦，是成年母猪的3倍，矿物质代谢也比成年猪高，每千克增重含量钙7~9克、磷4~5克，可见，仔猪对矿物质的需要，无论在数量和质量上都高，对营养不全的反应特别敏感。因此对仔猪必须要保证全价营养的提供。

猪体体内水分、蛋白质和矿物质的含量是随着年龄的增长而降低，形成蛋白质所需要的能量要比形成脂肪所需能量约少40%，因此小猪要比大猪长的快，能更经济有效地利用饲料，所以，对仔猪的哺乳期除应充分的利用母乳外，还要进行合理的补料，加强培育，以充分发挥仔猪最大的生产潜力，对提高饲料利用率，缩短育肥期，提高胴体瘦肉率和提高种用价值都有特殊重要意义。

2. 消化器官不发达，消化机能不完善

仔猪的消化器官在胚胎期虽形成，但容积很小，且机能不完善。如初生时，胃重仅35

克左右，容积为30～40毫升，20日龄时，胃重达35克，容积扩大3～4倍，小肠长度增长4～5倍，容体增大40～50倍，大肠长度增长4～5倍，容体增大40～50倍，仔猪的胃容体小，排空快，因此每日伺喂次数要多，以适应它的生理特点。

仔猪消化器官的晚熟，导致消化腺分泌及消化机能的不完善，初生仔猪胃内仅有凝乳酶，胃蛋白酶很少，并且由于胃底腺不发达，缺乏游离盐酸，胃蛋白酶没有活力，不能消化蛋白质，特别是植物性蛋白质，这时，只有肠腺和胰腺发育比较完善，胰蛋白酶，肠淀粉酶和乳糖酶活性较高，食物主要在小肠内消化，因此，初生仔猪只能吃奶而不能利用植物性饲料。

在胃液的分泌上，由于仔猪的神经系统之间的联系还没有完全建立，缺乏条件性胃液分泌，只有当饲料直接刺激胃壁时才能分泌少量胃液。

随着日龄的增长和食物对胃壁的刺激盐酸分泌量增加。到35～40日龄时，胃蛋白酶才表现出消化能力，仔猪才能利用其他饲料，并进入旺食阶段。直至2.5～3月龄，盐酸的浓度才接近成年猪的水平。

食物通过消化道的速度快，食物进入胃内排空的速度，15日龄时为1.5小时，30日龄时3～5小时，60日龄时为16～19小时。哺乳仔猪消化器官不发达，消化腺机能不完善，构成了仔猪对饲料的质量、形态、饲喂方法和次数等饲养上的特殊要求。

3. 缺乏先天性免疫力，容易患病

因为母猪血管与胎脐带血之间被多层组织隔开，限制了母猪抗体向胎儿转移，使仔猪出生时缺乏先天性免疫力。只有当仔猪吃初乳后，靠初乳把母猪的抗体传递给仔猪，并过渡到自体产生抗体时才能获得免疫力。

初胎中免疫球蛋白的含量虽高，但降低也快，仔猪10日龄才开始产生免疫抗体至30～35日龄前数量还很少。因此，仔猪在出生后21日龄内最易下痢，这一时期是最关健的免疫期，并且此时仔猪已开始吃料，胃液又缺乏游离盐酸，对随饲料、饮水时入胃内的病原微生物没有抑制作用，从而成为仔猪多病，易死亡的原因。

4. 调节体温的机能发育不全，对寒冷的应激能力差

仔猪初生时，大脑皮层发育不全，因此，调节体温适应环境的应激能力差，特别是生后第一天，在寒冷的环境中，不易维持正常体温，易被冻僵、冻死。当环境温度低于临界温度（35℃）下限时，体温靠物理调节来维持，但初生仔猪被毛稀疏，皮下脂肪少，保温能力差，一般不能维持正常体温。体温就靠化学调节增进脂肪的氧化和甲状腺素的分泌等，以提高物质代谢，增加产热量，但由于仔猪大脑皮层调节体温的机制发育不全，不能协调进行化学调节，因此，也难依靠化学调节来维持正常体温。同时，初生仔猪内的能源储备有限，每100毫升血液中，血糖含量只有100毫克，如吃不到初乳，就会发生低血糖症，出现昏迷现象，化学调节机制要到20日龄才能接近完善，所以对初生仔猪要加强保温措施，是养好仔猪的又一特殊要求。

二、养好仔猪的关键时期

仔猪出生后，生活条件发生了巨大变化，由原来通过胎盘进行气体交换，摄食营养和排泄废物，转为自行呼吸，独立生活，直接与外界多变的环境接触。如果饲养管理稍不注意，就容易引起死亡。

实践证明，仔猪越小，死亡率越高，尤其以生后 7 天内为最多，死亡的主要原因是下痢。发育不良，压死或冻死，因为这个时期仔猪体弱，行动不灵活，抗病和抗寒能力差，所以加强仔猪 7 天内的保温，防压和吃好母乳的护理是第一个关键时期，从生后 10 ~ 25 天，由于母猪泌乳一般是 21 天左右达到高潮后逐渐下降，需乳量与泌乳量下降发生矛盾，则造成仔猪瘦弱发育不良，容易患病死亡，这是第二个关键时期，仔猪 30 日龄后，食量增大，是仔猪由吃奶过渡到吃料独立生活的重要准备期，这是第三个关键时期。

在生产实践中，根据仔猪的生理特点和几个关键时期的主要矛盾，总结出了养好仔猪要注意做好“抓三食”（奶食、开食、旺食）过三关（初生关、补料关、断奶关）的重要措施。

三、保证仔猪全活全壮的措施

1. 抓三防，过好初生关

为了提高仔猪成活率，仔猪出生后获得充足的母乳，是保证仔猪健壮发育的关键，防寒、防压、防病是提高成活率的根本措施。

①固定乳头，吃好初乳。初乳对仔猪有特殊的生理功能，初乳中含有丰富的蛋白质、维生素、免疫抗体和镁盐等，能增强仔猪的抗病力和具有轻泻性，可促进胎便排出，而且初乳酸度高，有利于消化道活动，初乳中的各种营养物质，在小肠内几乎能全部吸收，初乳是仔猪不可缺少和取代的。为使全窝仔猪生长均匀健壮，应在仔猪生后 2 ~ 3 天内进行人工辅助固定乳头让仔猪吃好初乳，即在母猪分娩后，将仔猪放在母猪身边，自寻乳头，待多数仔猪找到乳头后，对个别弱小或强壮争夺乳头的仔猪再适当进行调整，将弱小的放在前面乳汁多的乳头上，强壮的放在后面的乳头上。如果仔猪少，乳头多，可让它吃两个乳头，这样，既可满足其对乳量的需要，又能不留空乳头，有利促进乳腺发育和全窝仔猪的均衡发育。

②保温、防寒。仔猪适宜温度是，生后 1 ~ 3 日龄 30 ~ 32℃，4 ~ 7 日龄 28 ~ 30℃，15 ~ 30 日龄 22 ~ 25℃，2 ~ 3 月龄 22℃（成年猪 22℃）。保温措施很多，可根据具体条件因地制宜，首先调节产仔季节，采用春、秋季节适宜月份产仔，如全年产仔，应设产仔房，堵塞风洞，加铺垫草，保持舍内干燥使舍温保持在 8℃以上，在仔猪躺卧处加铺垫草。天冷时，可在仔猪钻在干草下面取暖，这种方法简便效果好，有条件时，可采用红外线灯保温法，一般用 150 ~ 250 瓦红外线电灯泡，吊在仔猪躺卧处，调节距离地面的高度控制温度，如高 40 ~ 50 厘米，可使床温保持 30℃左右，如用木栏或铁栏为隔墙时，两窝仔猪共用一个灯炮，设备简单方便，保温效果好。

③防压。仔猪出生后一周内，压死的一般要占总死亡数的一大部分，这是因为初生仔猪行动不灵活。对复杂的外界环境不适应，加之母猪产后疲乏，行动缓慢或母性不强所致，一般防压的措施有：

第一，保持母猪安静，减少母猪压死仔猪的机会。首先固定乳头。是防止仔猪争夺乳头的有效措施。其次剪獠牙。仔猪出生后，应用钳子或剪子将仔猪獠牙剪掉，注意断面要剪平整。然后保持环境安静，避免母猪受惊踩压仔猪。最后摸透母猪生活规律，脾气和个性特点，采取相应措施。

第二，设置护仔间或护仔栏，在猪圈的一侧或一角，用木栏、铁栏或砖墙隔开留有仔猪出口，栏内铺垫厚而柔软的垫草，对初生仔猪防压保温，以后可做为补料间，仔猪生后即可放入护仔间内取暖、休息，每隔1～1.5小时放出哺乳一次，经2～3天训练，仔猪即可养成自由出入的习惯。

2. 防病

防病主要是预防仔猪下痢。仔猪下痢多见于3～7日龄和15～20日龄期间，尤其是7日龄以内更为严重，死亡率最高，造成仔猪下痢的原因很多，并且极为复杂，如母猪过肥，造成初乳过浓，脂肪含量过高，不易被消化，或者母猪饲料突然变化，引起乳汁改变，因而引起仔猪下痢；天气骤变，气温变化，圈舍潮湿，卫生不良，病原微生物增多，仔猪啃食脏物或供水不足喝脏水，尿液，引起下痢。

3. 抓好补料关　提高断奶窝重

仔猪的生长发育极为迅速，与其他家畜的同龄幼畜相比是最快的，但是，也只有充分满足其营养要求，才能达到快长的目的，从母猪泌乳的规律看，泌乳高峰是在3～4周内，随后泌乳下降（见下表）。

母猪泌乳量与仔猪营养需要量

仔猪周龄	3	4	5	6	7	8
母猪乳汁满足仔猪营养（%）	97	84	56	50	37	27

仔猪在两周龄前，母乳基本上能满足仔猪的营养需要，但3周以后就难以满足其营养需要，如不及时补料仔猪生长发育受阻，断奶体重降低。另外提早补料，还可以锻炼仔猪的消化器官功能，促使胃肠发育。降低下痢并为安全断奶奠定基础，因此，引导仔猪开食补料的时间早在母乳量下降之前开始。

（1）矿物质的补充　仔猪生后2～3天应补充铁。铁是造血和防止营养性贫血的必要元素。仔猪出生时，体内储存约50毫克，铁每日约需要7毫克，而母乳中含铁量很少，每100毫升乳中仅含铁0.2毫克，仔猪从母乳中每天只能获得约1毫克铁，因此，仔猪体内储存的铁很快就会耗尽，如果得不到补充，在舍饲条件下，一般1～2周龄就可能会出现缺铁现象。

铜也是造血和酶的主要原料，有促进生长的作用，给仔猪补铁的同时也要补铜。补充铁、铜最常用的方法是补给铜铁溶液。即用2.5克硫酸亚铁和1克硫酸铜溶于1 000毫升水中，装入棕色瓶中，当仔猪哺乳，将溶液滴入母猪乳头上让仔猪吸吮或用奶瓶喂给，每天1～2次，每天每头喂溶液10毫升，当仔猪吃料时拌入料中给予仔猪，1个月后浓度提高1倍。

另外，也可采取铁结合剂注射法，即是仔猪生后3天，肌注或皮下注射右旋糖酐铁钴合剂1～2毫升，7天后再注射2毫升即可。为满足仔猪对多种矿物质和微量元素的需要，可在仔猪5日龄开始在补料间内放置盛有骨粉、食盐、木炭土、拌上铜、铁溶液的小槽，让仔猪自由添食。

近几年来，人们重视了对硒的补充，特别缺硒地区，可在母猪产前1个月肌内注射0.1%亚硒酸钠溶液5毫升，或仔猪生后3天内肌注0.1%亚硒酸钠溶液0.5毫升，可防止下痢，肝坏死和白肌病的发生，断奶再注射1次，对已吃料的仔猪，按每千克饲料中加入65～125毫克铁和0.1毫克硒，即可防止铁、硒缺乏症。

（2）水的补充　仔猪生长迅速，代谢旺盛，需要水分很多，如果不供给清洁饮水，仔猪就会喝脏水尿液，从而引起下痢。因此，仔猪在3～5日龄起，就应在补料间设置饮水槽，保证清洁饮水的供给。

（3）饲料的补充 应根据仔猪不同时期的特点采取不同方法。一般可分为调教期、适应期和旺食期。

调教期：从开始训练到仔猪认料，约需 7 天，即仔猪 7～15 日龄。这时，仔猪特点是消化器官处于强烈生长发育阶段，消化机能不完善，母乳基本上能满足仔猪生长发育需要，但是，仔猪开始出牙。四处活动，啃食异物，补料目的是训练仔猪认料，锻炼仔猪咀嚼和消化能力，并促进胃中盐酸的分泌，避免仔猪啃食异物，防止下痢，为此后打下基础，训练采取强迫性的方法，每天数次，把仔猪放在拌有香甜可口的干粉料补料间内，并安置饮水槽，让其自由采食，另外，也可根据仔猪好奇、模仿与争食的习性，让仔猪跟随母猪学习吃料。

适应期：从仔猪认料到能正式吃料的过程为适应期，一般约需 10 天，即仔猪生后 15～30 日龄，这阶段仔猪对植物性饲料有一定的消化能力，母乳不能满足仔猪的营养需要。补料目的在供给部分营养物质和使仔猪消化器官能适性植物饲料为旺食期奠定基础，训练仍具有强迫性，在饲料种类上应尽量挑选仔猪爱吃的香甜可口饲料，保证饲料的全价性，每天可适当增加饲喂次数或让其自由采食。

旺食期：从仔猪正式吃料到断奶的这一段时期，这段时间仔猪能大量采食和消化植物性饲料，补料目的在于补充仔猪的营养需要，应尽量设法让仔猪多吃快长。

以上 3 个时期，主要要求让仔猪尽早认料，缩短适应期，延长旺盛期限，增加采食量，达到多吃快长，提高断奶窝重的目的，因此必须抓好以下几项工作：

第一，根据仔猪采食的习性，应选择香甜适口性好的饲料，如前期供给新鲜的苜蓿、胡萝卜、大麦芽，以及其他青绿饲料和疏松可口的颗粒饲料，并经常更换，对缩短训练过程和适应期起重要作用。

第二，补料方法应循序渐进，逐渐过渡，由少到多，使仔猪逐渐适应，不感到突然，达到旺食的目的。

第三，饲料要多种搭配，营养丰富，仔猪生长迅速，需要营养丰富的全价饲料，每千克混合饲料中含消化能不应小于 13.8 兆焦，粗蛋白不少于 30%，并应注意蛋白质的品质。仔猪最需要的赖氨酸、蛋氨酸和色氨酸不能全靠植物饲料供给，应给一定量的鱼粉等动物性蛋白质。仔猪需要的饲料少，利用率高，给于优质饲料不但非常重要，而且也非常经济。

第四，补料次数要多，以适应仔猪消化系统的生理特点。由于仔猪胃的容积小、排空快，要摄取大量的营养物质，必须增加补料次数。仔猪补料最好采取自由采食，不能断水，断料，以防饥饿过食引起消化不良，造成拉稀。对定时喂食的补料次数要多，一般每天 5～6 次，其中一次宜在夜间，每次喂量不宜过多。

第五，注意饲料调制，加强饲养卫生，对仔猪饲料调制的方法以生干粉料或生湿拌料饲喂效果最好，日增重比生稀粥料提高 20.2%。比熟粥料提高 22.9%。但生喂干粉料，一定要保持清洁饮水和青饲料的供应。也可采取白天湿拌料限量饲养和夜间干粉自由采食充分相结合方式，注意饲料、饲槽和用具的清洁卫生。

第六，增加采食量，提高断奶窝重。抓好旺食增加采食量，是养好仔猪提高断奶窝重的关键。至于补料量应给多少，可根据仔猪计划增重所需要的消化能减去母猪乳供给的能量，即可算出应补饲的消化能，如已知某一补料的消化能，即可算出应给的补料能量（见下表）。

母奶的消化率按97%计算，补料按每千克风干饲料含消化能13.35兆焦计算，钙、磷按1∶0.75计算，与母乳相同。哺乳期平均每头仔猪补料23千克。

哺乳仔猪耗料量（单位：千克）

日龄	10～20	21～30	31～40	41～60
每日头食量	少量	0.1～0.25	0.3～0.55	0.6～1.2
旬食量	少量	1.75	4.25	7～10

4. 抓好断奶，过好断奶关

小猪断奶后掉膘，减重，体质变弱，生长发育受阻形成僵猪，甚至死亡，是生产上比较普遍存在的问题，常会造成重大损失，其主要原因是：第一，仔猪哺乳期有营养丰富的母乳和补给的饲料，以及生长发育所需要的各种营养，基本上能得到满足。断奶后，不仅没有了奶，而且饲料也差了，变化剧烈，小猪适应不了。第二，仔猪原来由母猪培育，圈内环境安静，管理细致，断奶后突然变为群养，还经常互相咬架，环境变化太大。第三，仔猪断奶前，一般是按窝补料，少吃多餐，直到自由采食。断奶后马上实行群饲，饲喂顿数少，饲料质量差，加上相互抢食，采食必然减少，影响生长发育。因此，抓好断奶，过好断奶关，是培育仔猪的又一关口，要做好以下工作。

（1）仔猪断奶 仔猪断奶的时间应根据猪场的性质，仔猪体质，母猪利用强度和饲养条件而定，一般是45～60日龄断奶，也可采用20日龄或30日龄断奶效果也较好。断奶方法有：

一次断奶，当仔猪达到预期断奶日期即将母仔分开，由于断奶突然，易使母猪乳房胀痛不安或发生乳房炎，对母仔均不利。所以，在断奶前几天应减少母猪精饲料和青饲料用量，以降低泌乳量，并应加强仔猪护理。但对泌乳量已经少的母猪，也可采用一次断奶。

分批断奶，即按仔猪的发育、采食情况和用途分批断奶，将发育较好，采食性强拟作肥育用仔猪先断奶，将发育弱或拟作种用的后断奶，但对先断奶留下的乳头应让仔猪吸吮，免患乳房炎。

逐渐断奶，即在预定断奶前几日，将母猪赶到离原圈较远的圈隔开，每日定时放回原圈，逐渐减少哺乳次数，在断奶过程中，应让仔猪先吃料后吃奶，一般经3～4天即可断奶，这样可避免母猪感到突然，所以也称安全断奶，多被采用。

（2）断奶仔猪饲养 仔猪断奶后，往往由于生活条件的突然改变，食欲不振，增重缓慢甚至减重，尤其是补料晚的仔猪。更为明显，为了过好断奶关，应做到饲料制度和生活环境“两维持，三过度”即维持在原圈管理和维持原饲料饲养，做好饲料、饲养制度和环境的逐渐过渡。

饲料过渡：首先在断奶的准备工作中，让仔猪习惯采食断奶后的饲料，并在旺食时期锻炼仔猪耐粗饲能力。在补料中适量加入优质干草粉，使它有较大采食量和耐粗饲的能力。断后半个月保持饲料不变，过后再逐渐改喂断奶仔猪饲料。

为了充分促进仔猪肌肉和骨骼迅速发育，应保证蛋白质、矿物质和维生素等养分的供应。饲料粗蛋白质的含量不应少于18%，同时限制含粗纤维和碳水化合物过多的饲料喂量，以免影响仔猪的消化和早期过肥，每千克饲料所含的消化能应在13.81兆焦左右。

饲养制度过渡：稳定的生活制度是促进仔猪生长的保证。断奶仔猪应先用原来的哺乳料，待环境熟悉后再逐渐更换小猪料，更换原则和更换时间看情况而定，一般在断奶后 10 天开始，在 1 周内将饲料转为小猪料，中间一旦出现消化紊乱，下痢等情况，应立即停止换料，好转后再继续进行。

环境过渡：①断奶最好是原栏养 3～5 天；②保育舍需要良好的小环境条件，温湿度易控制，卫生条件好；③刚断奶猪 10 天内勿注射疫苗避免应激；④断奶仔猪怕冷，有一个掉膘、体质下降的过程，要求舍内温度 27℃，以后每周下降 1～2℃，至 22℃恒定，昼夜温差不宜过大，无穿堂风，舍内干燥，清洁，通风良好，现代化猪场多采用全进全出，高床漏缝地板，空栏 1 周，进猪前消毒等措施，避免不同批次仔猪间的互相感染。

第三节　育肥猪的饲养管理

肉猪饲养是养猪生产的最后一个环节，其目的是生产一定规格的商品肉猪，该阶段的中心任务是利用猪的生长发育规律，应用先进的科学技术和生产工艺，以最少的投入，最大限度的增加猪肉产量，提高肉的品质，从而提高养猪生产效益，增加经济收入。

一、影响猪育肥的因素

1. 品种和类型

猪的品种和类型对肥育的影响很大，不同品种的猪，由于其培育条件，选择程度和生产方向不同，形成了遗传差异，即使是在相同的条件下，其生长速度和生产效益也不相同。一般优良早熟品种比晚熟品种增重快、省饲料、屠宰率高。品种和类型不同，胴体品质也有差异，对饲养条件要求也不同。

2. 经济杂交

在猪的品种和品系间采用经济杂交，利用杂交优势，是提高肥育效果很有成效的效果之一。杂交效果决定于品种配合力，由于配合力不同，各种杂交组合的杂种优势存在着很大差异，因此为避免盲目杂交，须经配合力测定试验，筛选出最优秀的杂交组合，在生产中推广应用。

3. 性别

性别对肥育效果有影响，公母猪经去势肥育，性情安静，食欲增进，增重速度提高，脂肪沉积增强，肉的品质改善。瘦肉型猪性成熟后，不去势公猪生长速度和胴体瘦肉率高于母猪，也高于去势猪。但公猪肉因雄性激素而带有臊味。

4. 仔猪初生重与早期发育

猪初生重与断奶体重大小与肥育期增重呈正相关，初生重大，早期发育好。断奶体重大，肥育期生长发育快。

5. 营养与饲料

猪的肥育在很大程度上受营养因素的制约，各种营养物质缺一不可，特别是能量水平的高低更为重要，能量是生长育肥猪的第一营养要素，能量水平影响日增重，而肌肉，骨骼并不随能量水平的变化而变化，因此，要求蛋白质水平要高，矿物质全面平衡，饲料的品质对肉脂品质也有影响，为获得优质胴体，应注意饲料种类，避免使用产生黄膘肉的饲料。

6. 饲喂方法

猪的饲喂方式有限量饲喂和自由采食两种，自由采食对生长速度有利，但对胴体品质不利。限量饲喂使日增重降低，乃致饲料增重比上升，但胴体瘦肉比率增加。但是全程限量对肌肉增重不利，会使肥育效率下降。

7. 居住环境

（1）温度与湿度　在舍饲条件下，温度是影响肥育猪生产性能的主要环境因素，湿度要求范围较宽，但高湿会加剧高温与低温对猪的不良影响。生长肥育猪最大临界温度是18～20℃，要做好夏季防暑，冬季防寒保暖，尽量减少环境温度对肥育猪的影响。

（2）空气　猪舍内有害气体及恶臭物质，对人和猪都有危害。主要引起呼吸道炎症和感染其他疾病，因此应加强猪舍通风换气，保持空气新鲜。

（3）光照　阳光有利于猪的健康和生长发育，特别是阳光中的紫外线和红外线的影响很大。

（4）圈养密度和猪群大小　圈养密度与舍温、湿度、通风、有毒有害气体含量关系甚大，也影响猪的采食、饮水、排便、活动和休息。同一圈舍猪群的大小，直接影响猪的咬斗行为和猪之间的相互干扰。猪群太大，不易建立固定的位次关系。

8. 抗生素、酶和激素

抗生素具有预防疾病和促进生长的作用，另外，控制蛋白质和脂肪酶，对猪的肥育有重要作用。

9. 屠宰时期与屠宰体重

按照猪的生长发育规律，在不同时期的生长发育不同，饲料转化率，胴体品质均有差异，为了达到以最少的投入获得大量优质猪肉的目的，就应确定屠宰时期和适宜屠宰体重。商品肥猪适宜的屠宰体重的确定，要从提高胴体品质和养猪效益出发，兼顾瘦肉率，屠宰率，增重速度和饲料效率3项指标，一般小型早熟品种体重在70～80千克，大型晚熟品种在90～110千克时屠宰为宜。

二、猪的肥育方法

1. “吊架子”肥育法

“吊架子”肥育法是我国传统的肉猪饲养方式之一。具体做法是按猪生长规律分几个阶段，给予不同的营养水平，以达到节省蛋白质饲料，获得兼用型或脂肪型胴体的目的，具体方法如下：

①小猪阶段（3～4月龄）　从断奶体重10千克养到25千克左右，这个阶段小猪生长速度相对较快，对营养要求高，日粮中蛋白质约16%，到4个月龄降为15%，逐渐向架子猪阶段过渡。

②架子猪阶段（5～8月龄）　体重从25千克养到50千克左右。这时猪消化系统已经发育完善，主要喂粗饲料，要求骨骼、肌肉得到充分发育，长大架子，此期日增重较慢约为150～200克。

③催肥阶段（5～8月龄）　体重从50千克养到80～90千克，由架子猪转入肥育时，逐步增加日粮中能量饲料，减少粗料喂量，逐步过渡。

总之，“吊架子”肥育法，猪增重速度慢，饲料利用率低，胴体脂肪含量高，经济效益低，但该方法可利用大量青粗饲料，有利于积肥，在不少青粗饲料丰富的地区被广泛的采用。

2. 直线育肥法（一贯肥育或一条线肥育法）

直线育肥法是精料型肥育法，其本质是在于短期内获得腌肉型或鲜肉型的屠体。本法在仔猪断奶后，即用全价高蛋白质的配合饲料喂养，使早期生长的瘦肉部分得到充分发育，在生后6月龄，最多不超过8月龄，体重达90~110千克。采用一贯肥育法的肉猪，增长速度快，精料喂量大。

3. 快速育肥法

就是按照猪生长发育规律进行饲料配合，并结合干湿生喂，当猪长到一定时期，再在日粮中增加饲料添加剂，从而达到猪生长快、出栏早的一种饲喂方法。

按照猪的生长发育规律，在实际生产中，有人提出了“三节”饲养法，20~40千克阶段，40~68千克阶段，68千克至出栏（105~113千克）阶段，在这3个阶段中，分别应用3种不同的日粮。在肥育早期让猪自由采食氨基酸平衡的高能量饲料，肥育中后期根据肌肉增长规律分档次人工控制饲喂，可得到较好肥育效果。

三、肉猪的管理

1. 合理分群、大栏群养

根据断奶仔猪体重、品种、体质等大体一致的条件编群，每群30~50头，猪群的大小，视圈舍的面积和猪的体重而定，为了提高猪舍的利用率、密度不易过稀，一般每头猪占1~1.2平方米为宜，猪栏面积一般40平方米，每栏可养30~40头肥猪，在人工饲养的条件下，定额饲养肥猪250~300头。

2. 加强调教与管理

训练猪群在固定地点吃食，睡觉与排粪，这样不仅有利于保持猪舍清洁干燥，创造良好的居住环境，而且也可减少劳动强度，便于日常管理。同时要抓好两项调教工作。①防止争强夺食；②固定生活地点，使采食，睡觉排便三角定位，保持猪圈干燥与清洁；③创造适宜环境，保证安静、充分休息、就必须创造适宜的环境，要求肥育猪舍清洁干燥、空气新鲜、温度和湿度适宜。肉猪吃食后，特别是催肥期间，必须养成安静休息和睡眠的习惯，在适宜的环境中，能减少热能消耗，达到增膘长肉的目的。

3. 供给充足而清洁的饮水

水是机体所有细胞的组成成分，它对调节体温，养分的转运，消化和吸收废物的排泄等生理功能极为重要。

4. 防疫驱虫，保持健康

传染病和寄生虫对猪的健康和增重有很大影响，定期对猪进行疫苗注射和投药，预防常见的多发性传染病和寄生虫。

5. 适时去势

供肥育用的公猪要进行去势，我国地方品种性成熟早，一般在35日龄左右，体重5~7千克时去势，对生长快，性成熟晚的瘦肉型品种及其杂交母猪都可以不去势肥育，但公猪一般要去势，去势后性情稳定，易于肥育。

6. 月底称重，分析生产情况

对肉猪每月底逐头称重，大群猪抽样称重，计算增重速度，饲料消耗，料肉比与成本，根据这一数据，再衡量生产水平，及时发现问题，酌情调整，达到以最小的投资，获得最佳的养猪效益。

思考与实践

1. 种猪的饲养管理原则是什么？
2. 幼猪培育的关键是什么？
3. 猪的肥育方法有哪些？并举例说明。

第六章 工厂化养猪技术

一、工厂化养猪的意义

工厂化养猪是集约化养猪的最高形式，它综合应用了一切有关的现代化科技成果，以工业化生产方式来安排生产，生产程序化，流水作业化，连续地、均衡地、有节律性地成批量生产商品猪的一种经营方式。工厂化养猪生产密度高、产品规格化、生产周期短，它是以先进生产技术和设备条件，现代化的生产工艺和劳动者的专项劳动素质作为可靠保证的。

集约化，工厂化养猪生产，由于机械化，自动化程度高，劳动操作循环重复，减轻了劳动强度，简化了劳动操作，劳动生产率大大提高，由于应用了先进的生产工艺充分地发挥了养猪生产的潜力，猪群标准化，商品肉量多，猪群生长迅速、出栏周转快，增重消耗少，房舍利用率高，加之规模大，所以可提供更优质的商品肉猪，经济效益明显。

我国是目前世界养猪最多的国家，但是工厂化养猪占的比重相当小，为满足社会需要，提高经济效益，有待大力发展集约化、工厂化养猪。

二、生产工艺

集约化、工厂化养猪的生产工艺流程和生产周期的设计，必须使各生产阶段有计划、有节奏地进行流水作业，实行常年连续性、均衡性、节奏性地成批生产，采用“全进全出”等管理新工艺，把整个生产过程分化成若干单元，并依此来划分车间，流水作业、分工合作，即从配种—妊娠—分娩—育成—肥育各个环节有机的联系，仔细分工，精细生产，这是工厂化养猪的核心。目前采用的饲养工艺流程有3种：

1. 四阶段法（三次转群）

是把生产过程划分为5个环节，生产分5个车间进行，以年产10 000头肥猪为例：①繁殖车间，在种猪组。②母猪分娩哺乳后，转回第一车间种猪组，不适宜用作繁殖者淘汰转入育肥车间。仔猪3周断乳后，原圈饲养1周，转入保育车间。③在保育车间饲养40天后转入育成车间。④在育成车间饲养120天后转入肥育车间。⑤肥育达到6月龄出栏上市。

2. 三阶段饲养（二次转群）

它是将保育车间和育成车间合二为一的饲养工艺流程。

3. 二阶段饲养（一次转群）

它是将分娩车间和保育车间并成一个车间，育成和育肥合二为一的饲养工艺流程。

在上述3种工艺流程中第一种生产更加程序化，厂房利用率最高，但转群应激影响较大。

三、技术指标及工艺技术要求

1. 工厂化养猪的主要经济技术指标

（1）繁殖力　一头母猪年繁殖2～2.5窝，每窝成活仔猪8头以上，年繁殖成活16～25头，仔猪采用4周龄断奶。

（2）肥育速度　170～180日龄，体重90～100千克。

（3）饲料利用率　肉料比为1:(2.8～3.5)。

（4）每头猪占用的建筑面积及生产成本　生产每头肥猪用的建筑面积1.0平方米以下。1千克商品肉猪的生产成本相当于5.6～6.6千克配合饲料价格，饲料成本占总成本的75%左右。

（5）劳动生产率　按全员计算劳动生产力年生产肉猪在250～1 000头。

2. 工艺技术要求

（1）猪群标准化及产品规格一致化　养猪工厂的标准化猪群是实现高效率养猪生产的基础。由于工厂化养猪工艺流程完整，各环节联系紧密，所以需要有一个标准化猪群，即主要经济性状一致的猪群，为使各车间能严格分工、精细生产、紧密联系，就必须做到全进全出，连续性、均衡性、节律性的生产，从而保证最高的经济效益。

（2）饲养管理及日粮标准化　工厂化养猪实行封闭式饲养，猪只处于人类严格控制的生活环境之中，按照人们安排的适合其生长的生产工艺，受到自然界的作用越来越少，同时各类猪处于强度生产状态下，要求周转快、耗料少、生产效率高。因此，必须给各类猪群配制全价营养的日粮，实行标准化日粮及各车间严格按照程序实行标准化饲养。

（3）卫生防疫制度化　工厂化养猪的饲养密度高，如果卫生防疫不好，一旦发生疫情，后果不堪设想，所以要严格卫生防疫制度并切实执行。包括：①定期进行消毒，净化环境，防止病原入侵和繁殖。②制定合理的免疫程序，定期实行免疫注射。③定期驱虫及进行药物防治。④一旦疫情发生，要及时确诊，采取果断措施，扼制疫情发展并尽力消除。

（4）管理科学化　工厂化养猪规模大，程序严谨、环节多、分工细、流水作业、联系紧密、衔接要求高、周转快、生产精细，所以要有严格的科学管理体系以协调人力、物力等各方面的因素，保证生产的顺利进行。首先，要根据生产程度编制生产计划，包括配种、分娩、转群、饲料供应、资金流通、产品销售等，各部之间紧密合作，顺利完成生产计划。其次，要建立具体的生产工作程序。由于各车间管理人员少，劳动效率高，生产节律强，工作内容固定，劳动操作循环，所以要制定每个车间的工作和具体任务定额。

思考与实践

工厂化养猪的饲养工艺流程包括哪些技术指标？

第七章　猪常见病的防治

第一节　猪病防治的基础知识

一、猪的疾病现状及流行特征

疫病一直是养猪生产的大敌，是制约养猪业生产效率和经济效益提高的关键因素。控制疫病，消灭疫病，战胜疫病是广大养殖户的梦想和目标。尤其是目前猪病存在复杂化，危害加重，“猪病多，养猪难”，不仅影响养猪经济效益，还影响农户投资养猪的积极性，甚至打击正在从事养猪行业人员的自信心。另外动物疫病，尤其是人兽共患病的发生和流行，也严重地危害人类的健康。

（一）老病未灭，又添新病，使疫病更加复杂化

一些老的烈性传染病，如猪瘟、口蹄疫没有被消灭，猪丹毒、猪肺疫仍然存在，附红细胞体病、链球菌病等以往认为不会构成危害的疫病，已上升到造成猪群大面积发病，并成为死亡率较高的严重疫病，如蓝耳病、圆环病毒病相继进入我国，对养猪业的危害日渐加大。老病加新病，使得临床疫病趋于复杂化，这就是目前猪病发生和流行的现实情况。

（二）疫病传播的速度和流行的规律均有改变

由于我国养猪业的发展，种猪、商品猪、饲料、兽药等投入商品流通频繁，养猪技术人员流动性强，导致了猪群疫病传播速度加快，缩短了疫病在不同地域传播时间，地域性逐渐弱化。如夏秋发生的附红细胞体、弓形体病，在冬季也有发生，在冬春季发生的口蹄疫，在夏天也能见到。

（三）混合感染的增多，加大了治疗的难度

近年来，猪病的又一大特征是混合感染的病例增多，使诊断、治疗难度增大，治疗成本上升而治愈率不高。混合感染主要表现有二重感染（如猪瘟——伪狂犬病、猪喘气病——猪瘟、圆环病毒——伪狂犬病、圆环病毒——猪瘟病等）、三重感染（如猪瘟——伪狂犬病——圆环病毒病、蓝耳病——圆环病毒病——伪狂犬病、圆环病毒病——猪瘟——蓝耳病、附红细胞体病——猪瘟——蓝耳病等）、四重感染（如蓝耳病——猪瘟——伪狂犬病——圆环病毒病、蓝耳病——伪狂犬病——猪瘟——传染性胸膜肺炎等），个别极端病例

甚至呈现5~9重感染。由于条件所限、投入能力、诊断处理技术等方面因素的制约，在处置中经常出现一边治疗，一边发病的现象，不但治疗时间长，用药品种多，治疗费用高，而且极易发生用药组合不当，导致药效降低、药物中毒、治疗效果差，损失加大。

二、猪群疫病频发的原因

（一）管理措施不当

①缺少新进种猪隔离观察制度。②没有严格的消毒管理制度。③病猪隔离治疗制度不健全。④没有限制饲养人员流动的规定，导致人为传播疫病。

（二）防控措施不健全

防控管理措施执行力度不够，危害最大，也最为常见。由于防疫制度混乱，没有建立合理的免疫程序，甚至出现人为兽药和疫苗丢弃或注射剂量不足，也可最终导致疫病防控失败。

（三）环境因素的影响

①局部地区猪群密度过大。②相邻养猪场（户）距离近。③猪舍圈内设计不合理，建筑不规范，超负荷装猪，这种猪舍是多重感染的重要因素。一旦发生传染病，很快蔓延至全场猪群。

（四）投入药品混乱的原因

（1）在饲料和饮水中投入防控兽药种类繁多、剂量过大、重复添加，导致抗药及抗病力下降。

（2）目前，假兽药、假疫苗、对肌体影响的违禁药物屡禁不止，疫苗保存不当，技术人员素质不高，也是导致猪病防控失败的主要原因。

三、猪病的诊断与治疗操作方法

（一）流行病学调查

流行病学调查，主要通过现场观察，查阅材料，询问饲养人员和经诊兽医调查了解猪群发病的整体情况，在掌握第一手材料的基础上，查明以下问题：

1. 发病情况

最初的发病时间及蔓延情况，发病头数和死亡头数，发病前的日粮构成，饲养管理条件和气候变化情况，猪的免疫情况，周边地区的疫情等。

2. 疾病原因

如果是群发性疾病，可针对中毒性疾病、传染性疾病或寄生虫病这3个方面进行区分。

（二）临床检查

在临床观察和诊查中，要求全面检查。首先是测温，猪正常温度为38.5~40℃，多为39.5℃，再进行可视黏膜和皮肤检查，眼结膜是否潮红、苍白、黄染、紫绀、出血；皮肤是否紫绀、出血斑或出血点；然后观察呼吸频率是否加快、困难或喘，是否存在腹式呼吸、犬坐姿势；再看饮食、饮水、排粪情况，最后看体态姿势，走路是否打晃或卧地不起，是否有神经症状等进行全面系统检查。

（三）剖检诊断

主要是通过对病死的或濒死的猪尸体进行剖检，观察各个器官所发生的病理变化达到诊断的目的。

（四）实验室检验

包括血液、粪、尿的实验室化验；抗原、抗体血清学检查；细菌分离建立培养、病毒分离鉴定。

（五）基本治疗方法

1. 口服给药法

口服给药是治疗猪病常用的给药方法，是将药物喂服或从口灌入。口服的药物，依据药物的性状、气味、形态及剂量的不同，采用混饲、饮水、胃管投服几种方法给药。

2. 注射给药法

注射给药法是治疗猪常用的给药方法，分为皮下注射、肌内注射、静脉注射、腹腔注射等。

3. 灌肠给药法

灌肠是将药物（液）通过橡皮导管经肛门灌入大肠内的给药方法，此法适用于便秘类病症、母猪子宫炎症。

第二节　猪常见病毒性传染病

一、猪瘟

猪瘟是由猪瘟病毒感染引起的猪的一种急性、高度接触性传染病，其严重危害养殖业，我国将其列为一类动物传染病。

1. 病原特征

猪瘟病毒只有一种血清型，抵抗力很强，但能被2%氢氧化钠，1%福尔马林等消毒剂来灭活。

2. 流行特点

该病没有明显的季节性，主要经消化道、眼结膜和呼吸道感染，怀孕母猪感染后可通过胎盘垂直感染胎儿，产生弱仔、死胎和木乃伊胎。

3. 临床特征

自然感染潜伏期一般为5～7天，短的2天，长的可达21天，可分为急性型、慢性型和迟发型3种类型。猪瘟典型症状是体温突然升高到41～42℃，精神不好，不食，拉稀，急性者很快在腹下、耳朵、四肢内侧有出血点，出现神经症状，以败血症衰竭而死，尸体皮肤多呈紫色。慢性多由急性转变而来，体温升高到40℃以上，拉稀，出现皮肤发绀，眼结膜发炎。公猪包皮缩尿，症状时好时坏，病程可达20多天，最后衰竭而死，病愈者也呈僵猪。母猪感染弱病毒猪瘟后，不表现出明显症状，但引起繁殖障碍症状。

4. 病理变化

急性猪瘟表现为败血症病变群。全身淋巴结肿胀，外观呈深红色到紫红色，周边出血严重，切面呈大理石样。

5. 诊断

根据临床症状和病理变化可作出初步诊断，温和型猪瘟临床很难确诊，必要时可进行实验室检测。当出现败血症，应与沙门氏菌病、巴氏杆菌病、链球菌病、猪丹毒和副猪嗜血杆菌病相鉴别。当出现繁殖障碍时，应注意同猪繁殖与呼吸综合征、猪伪狂犬病和细小病毒病等疾病相区别。

6. 预防

加强饲养管理，坚持自繁自养，或到无疫区引种选购。接种疫苗是预防此病最重要、最有效的手段。母猪、公猪可用猪瘟单联苗每年预防 2 次。仔猪可在 21 日龄、60 ~ 65 日龄两次免疫。

7. 治疗

前期症状不明显者可用抗菌消炎、退热、抗病毒等药物治疗。症状明显者用大剂量猪瘟疫苗 + 转移因子治疗有一定的效果。

二、猪伪狂犬病

猪伪狂犬病是伪狂犬病病毒感染引起的一种急性传染病。

1. 病原特征

猪伪狂犬病病毒（PPV）属于疱疹病毒科成员，有囊膜。该病毒对外界环境抵抗力很强，许多脂溶性消毒剂能杀灭该病毒。

2. 流行特点

该病一年四季都可发生，但以冬春两季和产仔旺季多发。病猪、带毒猪以及带毒鼠类是该病的主要传染源。该病通过直接接触、空气和交配等传播。

3. 临床症状

①断乳仔猪最为敏感，主要表现为体温升高、拉稀、发抖、步态不稳、运动失调、流涎、倒地抽搐、四肢做划水样运动，转圈、无目的向前冲，或出现呈八字形站立，后躯麻痹，最后昏迷衰竭死亡。15 日龄以前的仔猪死亡率达 100%。②3 ~ 4 周龄仔猪，主要症状同新生仔猪，病程略长，多便秘，有时出现顽固性腹泻。③2 月龄以上猪症状轻微或隐性感染，表现为一过性发热，咳嗽、便秘，有的猪呕吐、腹泻。④母猪妊娠初期发生流产，妊娠后期产死胎和木乃伊胎，或产弱仔。种公猪睾丸肿胀、萎缩、丧失配种能力。

4. 病理变化

病猪肺水肿，扁桃体出现灰白色小坏死灶，全身淋巴结肿胀、出血肾布满针尖样出血点，胃底黏膜出血。有神经症状的仔猪脑膜充血、出血和水肿。流产胎儿脑和臀部皮肤有出血点，肾和心肌出血，肝和脾有灰白色坏死灶，胎盘绒毛膜有凝固性坏死。

5. 预防

应从无疫区引种，建立无病猪群。同时按期进行疫苗接种。

6. 治疗

该病无特效药物治疗，紧急情况下采用伪狂犬活疫苗 2 ~ 4 头份 + 大连三宜产转移因子+头孢菌素肌内注射治疗，有一定治疗效果。

三、猪繁殖与呼吸综合征

猪繁殖与呼吸综合征俗称蓝耳病，是由猪繁殖与呼吸综合征病毒引起的猪的一种急性、高度接触性传染病。不同年龄，品种和性别的猪均可发生，但以母猪和仔猪最为常见。主要特征是妊娠母猪流产、产死胎和木乃伊胎；仔猪表现呼吸和神经症状。

1. 病原特征

猪繁殖与呼吸综合征病毒分为欧洲型和美洲型2个血清型。我国目前流行的毒株属美洲型。常用的消毒药能杀死该病毒。

2. 流行特点

不同年龄的猪均可发生，主要侵害怀孕母猪和1月龄以内的仔猪，主要经呼吸道、精液水平传播和生殖垂直传播。某些禽类带毒，也是重要的传播媒介。该病传播迅速，一年四季均可发生。

3. 临床特征

①怀孕母猪病初体温高达40℃以上，流产、早产、产死胎、木乃伊和弱仔。少数母猪耳部发紫，皮下出现淤血斑，或有肢体麻痹性神经症状。②种公猪精液品质严重受损，性欲降低。公猪无发热现象。③仔猪28日龄前感染，猪表现为严重呼吸道症状，如呼吸迫促，咳嗽、腹式呼吸及眼睑水肿，体温在40~41℃，腹泻，耳尖至耳根皮肤发绀，病猪也可能出现神经症状，如肌肉震颤、呆立、前肢呈八字脚，或运动失调、后躯麻痹。此阶段病猪的死亡率高达80%。④保育猪和生长猪以30~90日龄最易感染。体温升高至39.5~42℃呈稽留热。精神沉郁和食欲不振，扎堆；多数猪呼吸困难，有的腹泻或四肢关节肿胀；皮肤发红，后期两耳尖，臀部皮肤发紫；迅速消瘦，多数死亡或成僵猪，少数康复。⑤育肥猪感染初期出现呼吸系统症状，随后眼睑肿胀、结膜炎，体温升高到41℃左右，全身皮肤发红，双耳背面、边缘及尾部皮肤出现蓝紫色斑块，死亡率较低。

4. 病理变化

病死猪肺脏出现弥漫性出血，肺间质增宽，表面呈红白相间的花斑状。淋巴结轻度肿大、出血，腹股沟和肺门淋巴结最明显。心包内和胸腔内有大量清亮的液体。

5. 预防

加强饲养管理，实行全进全出的生产方式，限制病猪与健康猪接触，保持猪场和猪舍良好的卫生环境，同时采用蓝耳疫苗定期预防接种。

6. 治疗

该病尚无特效的治疗方法，给仔猪注射抗生素并配合支持疗法，防止继发感染，但是，使用能提高机体免疫力的中药制剂、电解多维等，可促进机体尽快康复，减少损失，降低病死率。

四、口蹄疫

口蹄疫是由口蹄疫病毒引起的急性、热性、高度接触性传染病。易感动物为偶蹄兽，人对该病也具有易感性，是我国规定的一类动物传染病。

1. 病原特征

口蹄疫病毒有 7 个血清型和多个亚型，该病毒对酸和碱都很敏感，2% 氢氧化钠、3% ~ 4% 甲醛、1% 过氧乙酸、30% 热草木灰等消毒剂能杀死病毒。

2. 流行特点

猪对口蹄疫病毒特别具有易感性。不同年龄的猪易感程度不完全相同，一般是越年幼的仔猪发病率越高，病情越重，死亡率越高。多发生于秋末、冬季和早春。畜产品、人、动物、运输工具等都是该病的传播媒介。

3. 临床症状

口蹄疫主要症状表现在蹄冠、蹄踵、蹄叉、吻突皮肤。仔猪感染时，水疱症状不明显，主要表现为胃肠炎和心肌炎，致死率高达 80% 以上。妊娠母猪感染可发生流产。

4. 病理变化

在患病动物的口腔、蹄部、乳房、咽喉、气管、支气管和前胃黏膜发生水疱、圆形烂斑和溃疡。胃和大小肠黏膜可见出血性炎症。心肌切面有灰白色或淡黄色的斑点或条纹。

5. 诊断

鉴别诊断应与猪水泡疹、水疱性口炎、水疱病区别开来。

6. 防制措施

我国对该病实行强制性免疫。一旦发现疫情，应立即上报有关部门并迅速采取隔离、封锁、消毒等措施。病猪及同群猪应扑杀或急宰，并做无害化处理。对受威胁地区的易感猪群进行紧急预防接种。

五、猪细小病毒病

猪细小病毒病是由猪细小病毒引起的一种猪的繁殖障碍性疾病。以初产母猪产生木乃伊胎、畸形胎、死胎及病弱仔猪、偶有流产，而母猪自身并无明显症状。

1. 流行特点

该病常见于初产母猪，一般呈地方流行性或散发流行。感染该病毒的公猪和母猪是主要传染源。通过胎盘感染、精液传播（交配感染）。不同年龄、性别、品种的猪都可以感染，易感猪群初次感染后可呈现急性暴发，出现大量的流产、产死胎等。

2. 防控措施

①加强饲养管理和消毒措施，坚持自繁自养的原则。如需引种，应从未发生过该病的猪场引进，隔离饲养半个月后，进行疫苗接种。②后备母猪配种前一个月注射细小病毒疫苗，间隔 2 周再注一次。③配种前一个月喂经产母猪粪便，使其自然感染细小病毒，产生自动免疫。配种后严禁感染此病。④该病无特效药治疗，应用对症疗法，可减少仔猪死亡率，促进康复，同时预防和治疗母猪的子宫内膜炎。如用头孢塞呋 + 鱼醒草肌内注射，连用 3 ~ 5 天。

六、猪流行性感冒

猪流行性感冒，简称猪流感，是由 A 型流感病毒引起的人和多种动物的一种急性、热性、高度接触性呼吸道传染病。

1. 流行特点

发病急骤、传播迅速、感染谱广、流行范围大，可传染各种年龄、各种品种的猪，主要经呼吸道传播，并有明显的季节性，常见于温差较大的春、秋和寒冷的冬季。该病的发病率较高，一般在2~3天可使100%的猪发病。但死亡率较低，若治疗及时，几乎无患病猪死亡，该病的死亡是因为继发感染其他病原菌。

2. 临床症状

发病突然，3天内波及全群，病猪体温升高到41~42℃，有的甚至更高。呼吸急促，呈腹式呼吸，阵发性痉挛咳嗽，流鼻涕，结膜潮红肿胀、流泪、眼睛有黏性分泌物，食欲减退或废绝，喜卧懒动。病程3~7天，大部分猪可自行康复，病死率为1%~4%。若继发感染则病情加重，病程延长，死亡率升高。

3. 病理变化

鼻、咽、喉头、气管黏膜充血、肿胀、出血、被覆黏液，主要病变是病毒性肺炎，呼吸道内含有血色、纤维蛋白性渗出物，肺部淋巴结和纵隔淋巴结明显增大、水肿。

4. 鉴别诊断

该病应与猪肺疫、猪气喘病、猪传染性胸膜肺炎、猪传染性萎缩性鼻炎等病相区别。

5. 治疗

可对症治疗。发热用30%安乃近、安基比林、茶普生等解热镇痛；抗病毒可用板兰根、黄芪多糖；用抗生素、青霉素、链霉素等防止继发感染，降低死亡率。平常注意加强饲养管理，保持畜舍清洁卫生，增强抗病能力。进入冬季做好保暖防寒、防应激，以防猪流感疾病的发生。

七、猪传染性胃肠炎

猪传染性胃肠炎是由猪传染性胃肠炎病毒引起的一种急性、高度接触性传染病。10日龄以内的猪发病率和死亡率高，可达100%，但断乳猪、育肥猪和成年猪病后呈良性经过。以呕吐、严重腹泻、脱水和以2周内仔猪高度死亡为特征。现已成为世界性猪的疫病，我国近年来有进一步流行的趋势，尤其是冬季和早春寒冷季节常呈地方性暴发流行，给养猪业造成极大危害。

预防和治疗：①加强防疫工作，防止该病传入；严格消毒；平时做好猪传染性胃肠炎弱毒冻干苗免疫接种。②做好冬季保温工作，为仔猪提供温暖、干燥、无漏风的环境。③发病后及时补充葡萄糖生理盐水，防止病猪脱水。

八、猪圆环病毒病

猪圆环病毒病，又称断奶仔猪多系统衰竭综合症，由猪圆环病毒2型引起一种新的传染病。其临床表现特征主要为体质下降、消瘦、贫血、黄疸、生长发育不良、腹泻、呼吸困难、母猪繁殖障碍、内脏器官及皮肤的高度肿大、出血和坏死。该病还可导致猪群产生严重的免疫抑制，从而容易导致继发或并发其他传染病。

防治措施：①加强饲养管理，尽量减少仔猪哺乳阶段免疫次数，减少各种应激，定期消毒。②加强免疫预防，控制继发感染和混合感染。③该病无特效药物治疗，应对症治疗，可以减少仔猪死亡率，促进康复。

第三节　猪细菌性传染病

一、猪丹毒

猪丹毒是由猪丹毒杆菌引起的一种急性、热性传染病。主要特征为高热、急性败血症、亚急性皮肤疹块、慢性疣状心内膜炎及皮肤坏死与多发性非化脓性关节炎。人感染丹毒杆菌后，称为类丹毒，以局部创伤感染为主，以指、手皮肤出疹、刺痛、剧痒、不化脓等为特征。一年四季都可发生，夏季多雨季节流行最盛。架子猪多发，母猪及哺乳仔猪发病率低。

防治措施：定期预防接种。常用的有猪丹毒弱毒疫苗、猪丹毒氢氧化铝甲醛菌苗和猪瘟+猪丹毒+猪肺疫三联冻干苗。发病后，应立即隔离治疗，全群用药，可有效控制疫情。早期治疗效果较好，目前仍以青霉素的疗效最好，再配加解热药、强心药、地塞米松等。直至体温、食欲恢复正常再停止用药，以防复发，或转为慢性。

二、猪肺疫

猪肺疫，又称猪巴氏杆菌病，是由多杀性巴氏杆菌引起的一种急性、热性、出血性败血症。是多种动物共患的传染病。其特征为最急性呈败血症变化，咽喉部急性肿胀，呼吸极度困难，又称“锁喉风”；急性型呈纤维素性胸膜肺炎；慢性型主要表现慢性肺炎或慢性胃肠炎。

防治措施：①实行封闭式生产，坚持自繁自养的原则，防止引入隐性感染猪。②建立防疫管理制度。定期对猪群进行监测防疫，及时淘汰感染猪。对圈舍，环境定期消毒。③加强饲养管理，增强机体的抗病力，消除可能降低抵抗力的一切不良因素。④可应用抗菌药进行治疗，有一定疗效，磺胺药治疗急性型的猪肺疫有效。

三、猪沙门氏菌病

猪沙门氏菌病，又称猪副伤寒，是沙门氏菌引起仔猪的一种传染病。急性型为败血症，慢性型为坏死性肠炎，有时以卡他性或干酪性肺炎为特征。1～4月龄仔猪对该病易感性较高，6个月龄以上的猪免疫系统逐步形成，感染后很少发病，但在相当一段时间内带有本菌。该病主要经消化道传播，无明显的季节性。

1. 临床症状

潜伏期2天至数周。根据病情长短分急性型和慢性型两种。①急性型：多见于断奶前后的仔猪，病猪突然体温升高达41～42℃，厌食，沉郁。后期下痢，呼吸困难，耳根、胸前和腹下等处皮肤有紫红色斑点。有的出现症状后一天内死亡，但多数病程为2～4天，病死率很高。②慢性型：病猪体温升高，寒战怕冷，精神沉郁。眼有黏性和脓性分泌物，初便秘后腹泻，排灰白色或黄绿色恶臭水样物。很快消瘦，生长停滞。病程持续数周，腹泻时发时停，有的在病的中、后期皮肤出现弥漫性湿疹，尤其在腹部皮肤可见到绿豆大干涸的覆盖物，揭开后露出浅表溃疡。病程2～3周或更长，最后衰竭死亡或成为僵猪。

2. 防治措施

①加强饲养和环境消毒，消除发病诱因；根据仔猪的强弱分圈饲养，提前补料，适当补

充矿物质和维生素，更换饲料应逐步进行。冬季和早春应做好保暖工作。②在饲料中添加抗菌药物，如环丙沙星、恩诺沙星等，有一定预防效果，但仔猪最佳预防措施是接种猪副伤寒菌苗。注射疫苗前后禁用抗菌药物。③发生该病时，选择有效的药物及早治疗，用药剂量要足，持续时间要长。有脱水的，可饮服口服补液盐或糖盐水静脉补液，心力衰竭时，用强心剂等。

四、猪气喘病

猪气喘病，又称猪支原体肺炎或地方流行性肺炎。是由猪肺炎支原体引起的一种接触性慢性呼吸道传染病，临床上以咳嗽、气喘和呼吸困难为特征。主要病变在肺部。

防治措施：①猪场应坚持自繁自养的原则，杜绝病源进入，引种时，应严格隔离检查，确认无病后，方可合群。②加强饲养管理，实施全进全出生产管理模式，对猪群要做好防寒保暖工作，并保持猪舍通风透气，干净舒适卫生的理想环境，定期对猪群进行消毒工作。③可用疫苗预防。对病猪应及时隔离治疗，逐步淘汰，建立无特定病原群。④药物治疗。A. 每吨饲料混入泰妙菌素或泰乐菌素 50 克，拌料全群预防，连喂 5～10 天。B. 氟苯尼考每千克体重 20 毫克肌内注射，每天 2 次连用 3～5 天。C. 氧氟沙星每千克体重 0.2～0.5 毫克，肌内注射，每天 1～2 次，连用 3～5 天。D. 联合用药。以 50 千克猪为例，卡那霉素注射液 4 克，地塞米 20 毫克，扑尔敏注射液 50 毫克，维生素 C 注射液 5 克一次肌注，每日 2 次，连用 3～5 天。治愈率极高。注射时，注意不要对猪强行保定和快速驱赶，防止虚脱死亡。

五、猪附红细胞体病

猪附红细胞体病是由附红细胞体寄生于红细胞表面、血浆和骨髓而引起的多种动物共患的一种热性、溶血性传染病，俗称“血虫病”。以发热、贫血、黄疸和怀孕母猪流产为特征。主要通过直接接触和吸血昆虫的叮咬等媒介间接传播。临床表现有急性型、慢性型。病猪主要病变为皮下黏膜和浆膜苍白、黄染，肠系膜、大网膜弥漫性黄染，全身性皮肤黄疸，皮下组织水肿，多数有胸水和腹水。

防治措施：①加强饲养管理，保持猪舍、饲养用具卫生，防止吸血昆虫叮咬猪群。在流行季节用药物拌料预防，如土霉素、四环素、强力霉素等。②药物治疗。用于治疗附红细胞体的药物很多，急性型可用贝尼尔、土霉素、解热剂等。慢性型可用强力霉素、磺胺间甲氧嘧啶，有发热的加退热剂。

六、猪痢疾

猪痢疾俗称“血痢”。是由猪痢疾蛇形螺旋体引起一种猪的严重的肠道传染性疾病。急性型以出血性下痢为主；亚急性型和慢性型以黏液性腹泻为主。多发于断奶后的育成猪，及时治疗，死亡率低。病理特症为大肠黏膜发生卡他性出血及坏死性炎症。具有易感性。病猪和带菌猪是该病的主要传染源，粪便、饲料、饮水、用具及运输工具，也是不可忽视的传染源。

防治措施：该病预防无有效菌苗，须采取综合防制措施。坚持自繁自养，加强饲养管理，保持圈舍清洁干燥，用药物预防净化猪群。

药物治疗：可用卡那霉素 + 维生素 K + 维生素 C 肌内注射，同时，配合 2% 痢菌净 + 链霉素口服（灌服）。

七、猪传染性胸膜肺炎

猪传染性胸膜肺炎是由胸膜炎放线杆菌引起的高度接触性、致死性呼吸道传染病。以急性出血性纤维素胸膜肺炎和慢性纤维素性坏死性胸膜炎为特征。

1. 病原特征

胸膜肺炎放线杆菌是革兰氏阴性细菌，分为 12 个血清型，我国以 5 型和 7 型居多。本菌对外界的抵抗力不强，干燥的情况下易于死亡，对常用的消毒剂敏感，均可将其杀死。

2. 流行特点

以 2 ~ 5 月龄仔猪最易感染，初次发病猪群的发病率和死亡率较高。该病有明显的季节性，一般在 4 ~ 5 月份和 9 ~ 11 月份发病较多，该病的感染途径是呼吸道，即通过咳嗽、喷嚏出的分泌物和渗出物而通过空气飞沫传播。饲养管理差，猪舍卫生不好，密度过大，空气污染严重，猪的抵抗力下降时，容易诱发此病。

3. 临床症状

根据该病的病程长短，临床上常分为最急性型、急性型、亚急性型和慢性型 4 种。①最急性型：多见于断奶的仔猪，同圈或不同圈的猪群中一头或几头突然发病，病情严重，并可在无明显征兆下突然死亡，随后疫情发展很快。病猪体温升高达 41.5℃以上，前期无明显的呼吸症状，只是心跳加快，后期呼吸高度困难，张口伸舌，呈犬坐姿势，死前口鼻流出大量带血性的泡沫样分泌物，一般在出现症状后 24 ~ 36 小时内窒息死亡，病死率 40% ~ 100%。②急性型：病猪精神沉郁，不愿站立，嗜睡，食欲不振或废绝，体温40.5 ~ 41℃，呼吸困难症状明显，常出现心衰和循环功能障碍，末梢部位充血，部分猪皮肤发红。如不及时治疗，通常于发病后 1 ~ 2 天出现窒息死亡。③亚急性型和慢性型：常由急性转化而来，临床症状较轻，一般呈慢性经过，病程长达 10 ~ 15 天，同一猪群可能出现不同程度的病猪，体温正常，或略有升高，食欲不振或废绝，有不同程度的间歇性咳嗽，喜卧、懒动，当环境改变时，病情有可能加重或转为急性。怀孕母猪有时还可能流产。

4. 病理变化

多数病猪表现为两侧性肺炎病变，肺炎区呈现出纤维素性炎症。肺门淋巴结肿大，气管、支气管内充满带血的泡沫黏性渗出物。

5. 防治措施

不要从疫区进猪，新引进的猪要进行隔离观察，加强饲养管理，消除诱发因素，提高猪的抗病能力防止诱发该病。定期投放保健药品和消毒工作。应选用广谱抗生素和抗革兰氏阴性细菌的药物进行治疗。

八、猪传染性萎缩性鼻炎

猪传染性萎缩性鼻炎是由支气管败血波氏杆菌引起的猪的一种慢性呼吸道传染病，主要表现为鼻炎、鼻梁变形、鼻甲骨萎缩，临床上常见打喷嚏，鼻塞、颜部变形或歪斜等症状。本菌抵抗力不强，常用的消毒药有效。

1. 流行特点

任何年龄的猪都可感染该病。仔猪最易感染。由于该病呈慢性经过，出现特征性临床症状的发病猪年龄一般较大。该病通过呼吸道传播，呈散发性。

2. 临床特征

病猪常见鼻炎，表现不安，摇头拱地，吸气困难，严重时呈张口呼吸。常见鼻孔流出黏液性、出血性或脓性带血的分泌物。特征性的症状是在内眼角下部皮肤由于鼻泪管阻塞和结膜炎流泪，形成半月状泪痕，称作“黑斑眼”。鼻炎之后出现鼻甲骨萎缩，使鼻腔和面部变形，这是该病的特征性症状。

3. 病理变化

鼻腔和鼻黏膜附有黏性、脓性至干酪样渗出物。鼻窦黏膜充血，窦内充满脓性渗出物。

4. 预防

培育健康猪群是消灭该病的根本方法。加强检疫，不从疫区进猪。在流行严重的地区，给初生仔猪注射弱毒疫菌，可减少仔猪的发病率。

5. 治疗

该菌对链霉素、土霉素、强力霉素、卡那霉素等药敏感。肌内注射，一天1~2次，连用3~5天。同时用卡那霉素、地塞米松、扑尔敏液混合滴鼻，一天两次，可增加疗效，提前康复。

九、猪链球菌病

猪链球菌病是由多种不同群链球菌引起的猪的多种疾病的总称。常见的有败血性链球菌和淋巴结脓肿两种类型。急性型常为败血症和脑膜炎，发病率高，死亡率也高，危害大。慢性型则以关节炎、心内膜炎及组织化脓性炎为特征，其中以淋巴结脓肿流行最广。

链球菌种类繁多，一部分对人畜有致病性，对热抵抗力不强，对一般消毒剂敏感，0.1%新洁尔灭，2%石碳酸，1%来苏尔均可在3~5分钟内杀死细菌。

预防措施：加强饲养管理，减少猪群应激。选择合适的灭活疫苗或弱毒冻干疫苗，或者敏感性药物进行预防。

治疗方法：猪群发病后，立即将病猪隔离，严格消毒。采用青霉素、阿莫西林、强力霉素、先锋霉素和磺胺类等敏感药物，连用3~5天，高热者加退烧剂，效果较好。

十、仔猪黄痢

仔猪黄痢又称早发性大肠杆菌病，是新生仔猪的一种急性传染病。该病主要侵害7日龄以内的新生仔猪，主要是带菌母猪传染，以剧烈水泻、排黄液状粪、迅速脱水和死亡为特征。发病快、病程短，发病率和死亡率都很高。

防治方法：(1) 保持母猪产房的清洁干燥和消毒工作。母猪产后把母猪的乳头，乳房及其周围皮肤洗净，用0.1%高锰酸钾水进行消毒、挤掉几滴奶后再让仔猪吃奶。争取新生仔猪尽早吃上初乳，获得母原抗体保护。

(2) 母猪产前21天注射k88、k99双价基因工程苗或三价灭活苗，对仔猪有较好的保护率。

(3) 药物治疗　硫酸卡那霉素1支，10%氟苯尼考1毫升肌内注射；一天一次，同时加用硫酸阿托品可提高疗效。同时口服补液盐，防止脱水。

十一、仔猪白痢

仔猪白痢又称迟发性大肠杆菌病，是10～30日龄仔猪常发生的一种肠道传染病。临床上以排出具有恶臭味，呈乳白色或灰白色糊状粪便为主要特征。发病率高，病死率低。

防治措施：加强饲养管理，避免仔猪受凉，及时补充铁、硒和维生素等营养物质。保持圈舍清洁干燥的消毒措施。疫苗预防措施同仔猪黄痢。

治疗方法：早期治疗可用乙酰甲喹注射液、庆大霉素注射液、卡那霉素注射液按常用量肌注，一日两次，连用3～5天。庆大霉素或氧氟杀星口服疗效较好。

十二、猪水肿病

猪水肿病是由致病性大肠杆菌引起的断奶后仔猪的一种肠毒血症。10～30千克的肥状仔猪最易感染、发病较多，以发病突然，头部水肿，共济失调，惊厥和麻痹，同窝猪最肥最大的先得病死亡为特征。该病发病率不高，病死率高。

防治措施：加强饲养管理，提前补料，健全胃肠消化功能，注意均衡营养。于出生14日龄时注射猪水肿疫苗。断奶仔猪不能喂的太饱，应少喂勤喂，每次只能喂7成饱，切忌一次饲喂太饱、采食量长期超出体重要求的正常需求量，也能减少该病的发生。

药物治疗：用庆大霉素、地塞米松、维生素C、50%葡萄糖注射液静脉推注，疗效可达90%以上。同窝猪发现1～2头病猪以后，其他健康猪用磺胺药物拌料饲喂预防，也能取得较满意的预防效果。

第四节 猪的普通病

一、弓形虫病

弓形虫病又称弓形体病，是由弓形虫寄生于猪等多种动物和人的有核细胞中的一种人畜共患的原虫病。以持续高热、呼吸困难、出现神经症状为临床特征。

流行病学：虫体寄生于全身有核细胞内，弓形虫传播过程中猫为终末宿主。不同发育期的弓形虫的抵抗力不同。对高温和消毒敏感。猫科动物为弓形虫的终末宿主和弓形虫病的主要传染源，含包囊或滋养体的动物肉也可成为传染源，人也可以经胎盘垂直传播。感染途径主要经消化道、呼吸道、损伤的皮肤、黏膜和眼等感染。动物年龄小，营养低下者易感。该病季节性不明显，但以秋末、春初、寒冷的季节多发。

1. 临床症状

猪对该病较为易感，以仔猪症状较为严重。急性发作时高热稽留，精神沉郁，食欲减退或废绝，便秘或腹泻，呕吐，呼吸困难，咳嗽，肌肉强直，体表淋巴结肿大，耳部和腹下有淤斑或较大面积发绀。怀孕母猪发生流产或死产。慢性感染的猪生长缓慢。

2. 病理特征

剖检胸腹腔内有黄色透明液体。全身淋巴结肿大，气管和支气管内有大量泡沫和液体阻塞，肺部高度膨胀，肝坏死。

3. 治疗

主要应用磺胺类药物。如磺胺嘧啶、磺胺六甲、敌菌净对弓形虫有效。(1) 20%复方磺胺间氧嘧啶钠注射液每千克体重0.15~0.2毫克，一天一次连用2~3天。(2) 20%磺胺嘧啶钠0.02~0.07/千克每日2次肌内注射，连用3~5天。(3) 敌菌净每千克体重1片(30毫克)，内服，可连用5~7天。

4. 预防

猪场不养猫，防止猫污染饲料、饮水，食堂、饭店的残羹、剩菜。肉食下脚料的泔水作饲料喂猪时，必须高温后再喂。同时应加强饲养管理，提高动物抗病能力。对猪舍应定期消毒。

二、猪蛔虫病

猪蛔虫病是由猪蛔虫寄生在猪小肠内所引起的一种猪的线虫病。集约化饲养的猪和散养的猪均广泛发生。对养猪业的危害非常严重，而且猪蛔虫的幼虫移行可造成人体幼虫移行症，如眼部、皮肤幼虫移行症。

病原特征：猪蛔虫卵有四层卵膜，对外界的环境具有较强的抵抗力，对一般消毒药有抵抗力，消毒效果不好，需使用较高浓度的强碱溶液，或者使用火喷干燥的方法消毒。

防治措施：(1) 预防加强饲养管理，注意环境卫生，定期清扫、消毒。春秋各驱虫一次，平均间隔一个半月至两个月再驱虫一次，效果更好。

(2) 治疗常用药物　①左旋咪唑，8~10毫升/千克拌料喂。②敌百虫，每千克体重0.1克，拌料喂服，总量应小于10克。③伊维菌素注射液，每千克体重0.2毫升，皮下或肌内注射。

三、猪霉玉米中毒

主要是玉米被赤霉菌污染而产生，动物采食含有玉米赤霉烯酮的发霉玉米而引起的中毒性疾病。临床上以母猪，尤其是3~5月龄青年母猪假发情为主要特征。

防治措施：①当怀疑因霉玉米中毒时，应立即停喂霉变的玉米，改喂多汁青绿饲料，一般停喂7~15天后，中毒症状可逐渐消失。②严重的霉玉米中毒；可加喂霉玉米脱霉剂和电解多维饮水，加快恢复健康。③对脱肛和子宫脱的母猪按外科处理，炎症明显者可肌注抗菌素药物治疗。

四、产后瘫痪

母猪产后瘫痪是母猪分娩后突发或渐进性发生的一种以知觉丧失和四肢瘫痪为主要特征的急性低血钙、磷比例失调，运动和光照不足、圈舍潮湿昏暗所致。该病多发生于泌乳量高的母猪，一般于产后12~72小时发病。

母猪产后瘫痪的原因很多，主要有营养因素、环境因素、母猪因素及胎儿因素等。

防治方法：①对处于怀孕期和哺乳期的母猪，按营养需求合理搭配日粮，使营养的种类齐全。保持猪舍卫生干净，防寒保暖。加强母猪的运动，补充光照时间。②该病的治疗原则是补钙、补液、强心、防止酸中毒及其他辅助疗法。

五、乳房炎

乳房炎是由机械性损伤和微生物感染所引起乳腺实质或间质性炎症。主要临床症状是乳汁及乳腺组织异常，并出现全身性反应。

治疗方法：①加强护理，暂时性减少或停止泌乳，促使炎症消散。减少日粮中精料和多汁饲料，限制饮水，每4小时挤奶一次，便于及时排出炎性产物。②合理选用抗菌药，或联合用药，剂量要足，每日用药次数以确保血液中的抑菌浓度为准，连用5～7天。对伴有全身性症状的病猪可为防止出现毒血症，应静脉注射大量的等渗液、抗菌素、抗组织胺药等支持疗法。③局部疗法。可采取乳房基部封闭，用0.5%普鲁卡因10～20毫升，或稀释青霉素50万～100万单位液，在乳房实质与腹壁之间的空隙，用注射器平行刺入，注射于乳房周围，2天后症状不减轻，可再注射一次。

预防措施：母猪在分娩前后3～5天内以及断乳前3～5天内，应减少精料及多汁饲料，以减轻乳腺的泌乳量。应注意维持母猪乳头的清洁，可在产前3～5天和产后哺乳期用0.01%高锰酸钾溶液擦拭乳房，避免受细菌及寄生虫的侵袭，预防和减轻母猪乳房炎的发生。

六、子宫内膜炎

产后子宫内膜炎为子宫内膜的急性炎症，常发生分娩后数天之内，如果不及时治疗，炎症易于扩散，引起子宫的浆膜层及子宫周围组织的炎症，并常能转为慢性过程，最终导致长期不孕。病猪表现为频频从阴门排出黏液或黏液脓性分泌物，重症者分泌物呈污红色或棕红色，且带有臭味；卧下时排出量增多，严重的出现全身症状，发热、不食、泌乳量减少。

防治方法：主要是应用抗菌消炎药，防止感染扩散，清除子宫内渗出物，并促进子宫收缩。

思考与实践

1. 熟记猪瘟、伪狂犬病、口蹄疫病、猪蓝耳病、猪细小病毒的临床症状。
2. 了解丹毒、猪气喘病、猪痢疾、猪传染性胸膜肺炎的病因及症状。
3. 了解产后瘫痪、乳房炎、子宫内膜炎的症状，霉玉米中毒的原因。

第三篇

中国北方万名农村技术人员培训教材

养鸡学篇

第一章　养鸡生产概述

养鸡是我国农村的传统家庭副业，在农村有广泛的散养基础。从20世纪50年代开始，世界发达国家的养鸡业由传统生产向现代化养鸡业发展。随着现代化养鸡业的蓬勃发展，带头从事专业化养鸡者逐渐富裕起来，使更多的人意识到养鸡是致富的途径之一。

畜牧业是国民经济的基础产业和农村经济的支柱产业，养鸡业是畜牧业的重要产业。而绿色养鸡业是未来养鸡业发展的必然趋势，其作用与地位日显突出。

现代化养鸡业就是用现代科学技术装备和管理养鸡业，使其实现专业化、社会化，更好地利用各种资源，以达到稳产、高产、优质、无公害及低成本的目标。因此，发展绿色养鸡业对扩大人类的肉蛋来源，改善我国国民膳食结构具有重大作用。

我国自然资源丰富，劳动力充足，充分利用自然资源和农业副产品发展绿色养鸡业生产，对实现农民增收、农业结构调整和农村经济振兴具有重要意义。

现代化养鸡业的发展需要综合运用多种科学的现代化技术和手段。相关学科（育种、营养、传染病）和相关产业的发展、大大地推进了现代化养禽业的专业化、商品化、产业化的进程，与其最密切的有以下5个方面。

一、育种产业化与良种

近半个世纪以来，由于充分利用杂种优势理论和育种技术，育种专家已培育出著称世界的许多高产品种与品系，育种已产业化。值得一提的是他们利用快慢羽和羽色的伴性遗传规律培育出大量自别雌雄的良种，使父母代种鸡场能专门供应1日龄母雏（商品代），降低了母鸡的育成成本。

二、营养学科的发展与饲料工业

随着从散养、平养转变为以工厂化笼养为主的方式，蛋肉鸡对营养的供应更为苛求。在对鸡生理特性和高产的营养物质需要研究的基础上，分别制定了蛋肉鸡的饲料标准，促进了饲料工业的发展。

三、鸡传染病防治

由于工厂化养鸡密度相对高于平养，加之通风等问题，为传染病的传播提供了有利的条件。目前，鸡的病毒性传染病都能通过接种疫苗得到有效控制，而细菌病对养鸡业的危害更大而且较难控制。防疫体系是养禽生产的“生命线”，是提高养鸡经济效益的保障系统。因此，建立健全的传染病防疫体系，对养鸡业有不可估量的作用。

四、畜牧工程措施

就是在研究鸡的习性、经济生物学特性和环境因素对鸡生长和生产影响的基础上，规划与设计养鸡场，为鸡生活和生产提供最佳与最舒适的环境，使养鸡生产不受季节影响。采用先进科学技术控制温度、湿度、通风等饲养环境，来保证养鸡业的高产与稳产，这也是现代养鸡业必不可少的条件。

五、科学的经营管理

工厂化、规模化养鸡业有着严格的生产流程，各个生产环节环环相扣，像一根完整的链条。生产链条中任何一环出现问题，都会产生不良影响。因此，养鸡业必须有一套完整的、先进的、科学的管理制度。

第二章　鸡的生物学特性

第一节　鸡的外部结构与解剖结构

鸡由鸟类训化而来，外部结构与解剖结构与鸟类相近，与其他家畜有很大不同，学习和掌握好鸡的外部结构与解剖结构是学好鸡的饲养管理和疾病诊断防治的基础和前提。本节学习应理论和实践结合、教学挂图和生物标本相结合，重点学习鸡的外部结构，尤其是与鸡的饲养管理有关联的结构知识，如鸡的胫骨、胸骨等，学习鸡的解剖结构要掌握其各个组织器官在正常状态下的基本情况，以便与发病鸡的组织器官比较，为疾病诊断打好基础。

1. 鸡的外部结构

包括：头、喙、冠、肉垂、耳、鼻、颈部、背部、翅膀、羽毛、胸部、尾部、肛门、腿部、胫、爪。

注意以下几点：

(1) 羽毛、翅膀、冠、肉垂与鸡的饲养状况、疾病的关系。

(2) 头、鼻、口腔、肛门与疾病诊断的关系。

(3) 胫骨、胸骨、耻骨与产蛋性能的关系。

(4) 肌内注射、刺种部位。

2. 鸡的解剖结构

消化系统：口腔、舌、食道、嗉囊、腺胃、肌胃、十二指肠、小肠、空肠、回肠、盲肠、大肠、泄殖腔、肛门和胰脏、肝脏、胆囊。

呼吸系统：喉头、气管、肺、气囊。

生殖系统：睾丸、卵巢、输卵管和输精管。

其他主要器官：脾、肾、心、胸腺、法氏囊、扁桃体。

主要疾病各组织器官特征性变化要有大概了解。

第二节　鸡的生理特点

一、新陈代谢旺盛

鸡具有生长快、繁殖力强，新陈代谢旺盛的特点。

1. 体温高

鸡的标准体温41～42℃，猪、牛、羊等其他家畜体温常在36～39℃。

2. 心跳快

血液循环快，鸡的平均心率在300次/分钟以上，而其他家畜不超过80次/分钟，此外，心率还受环境影响，如气温增高、惊吓、噪音等都会使其心跳加快。心跳快，随之血液循环也快。据专家测定，白来航鸡平均2.8秒钟血液循环一周。

3. 呼吸频率高

鸡正常呼吸在30～50次/分钟。鸡的呼吸受气温影响，当环境温度达43℃时，其呼吸频率可高达155次/分钟，以水蒸气形式散发热量，受惊吓时也可加大呼吸频率。另外，单位体重需氧量和二氧化碳排出量均为大家畜的2倍，因此，对通风换气、环境条件等也有较高的要求。

二、体温调节特点

鸡是恒温动物，依靠产热、隔热、散热维持体温的恒定。鸡可以直接利用消化吸收的葡萄糖产热能，也可以分解体内储备的糖原体、脂肪释放热能，或在一定条件下利用蛋白质通过代谢产生热能。鸡皮下脂肪和覆盖全身的厚羽毛形成一个良好的隔热层，特别是贴身的绒羽，形成一层不流通的空气层包围身体，产生良好的隔热效果。鸡通过辐射、传导、对流和蒸发散热的方式进行散热。当温度不太高时，鸡主要以辐射、传导、对流散热。当环境温度高于16℃时，由于鸡皮肤没有汗腺，又有羽毛紧密覆盖构成保温层，必须靠呼吸排出水蒸气散发热量来调节体温，随着温度的升高，呼吸散热更为明显。当气温超过30℃时，散热量小于产热量，体温调节系统已无法维持正常功能，体温逐渐上升。当鸡的体温升高到45℃时，鸡的健康和生产性能受到严重影响，直至昏厥死亡，应及时采取降温措施。

雏鸡调节体温努力差，育雏阶段应特别注意保温。

三、消化特点

鸡的口腔没有牙齿，没有咀嚼行为。鸡的味蕾数量少，味觉能力差，寻找食物主要靠视觉和嗅觉。无软腭和颊，饮水靠仰头，借助重力流入食道，没有吞咽动作，鸡利用圆锥形角质的喙，啄食细碎的粒状食物。鸡的食道中间膨大成球形的素囊，弹性很大，可储存饲料，并分泌湿润黏液，起到软化饲料的作用。胃分为腺胃和肌胃。腺胃较小，但消化腺特别发达，能分泌大量的消化液，饲料在此停留时间短，与消化液混合后进入肌胃。肌胃壁特别发达，由坚厚的肌肉构成，肌胃内表面覆盖坚实的角质膜。没有经过咀嚼粉碎的食物进入肌胃，靠角质膜和采食时积存的沙砾，通过肌肉强有力收缩运动来磨碎饲料，起到咀嚼作用。鸡的泄殖腔是直肠、输尿管、输精管或输卵管的共同开口。所以，鸡粪上面常有一层灰白色的尿酸盐结晶。

鸡的消化道容积小，不可能在短时间内容纳大量饲料。消化道短，饲料通过消化道速度较快，一般饲料采食后4个小时排出，24个小时排泄不可消化部分，故对营养物质的消化吸收不完全，为使鸡获得足够的营养物质，应该增加喂料次数或延长采食时间。

鸡的消化道内没有消化吸收粗纤维的酶，在盲肠内有分解粗纤维的微生物，所以盲肠有消化粗纤维作用，但从小肠来的食物只有6%～10%进入盲肠，盲肠所起的作用是有限的，因此，对粗纤维的消化能力比其他家禽低得多。鸡饲料中应特别注意粗纤维的含量不能过高，否则会因不易消化的粗纤维降低饲料的消化率，造成饲料浪费。

四、鸡的繁殖特点

鸡的繁殖能力很强，高产蛋鸡年产蛋可以达到 300 枚以上，经孵化如果有 70% 成为雏鸡，则每只母鸡一年可以获得 200 多个后代。公鸡精力旺盛，一天可以交配 40 次以上，每天交配 10 次左右很平常。而且精子在母鸡输卵管内可以存活 5 ~ 10 天，个别可以存活 30 天以上。可用人工孵化法来进行大量繁殖。鸡的性成熟早，也是繁殖力高的因素。

鸡的繁殖力除与自身的营养状况有关外，还与外界环境条件如光照、温度、饲料等因素有关，在自然条件下，以光照影响鸡的生殖性能和生产性能明显。光照促使鸡的生殖器官发育，性成熟提前，并且影响蛋重，产蛋时间。光照使鸡的繁殖性能表现为一定的季节性。因此，通过人工光照控制和改变鸡的繁殖季节性为全年产蛋。

鸡的抱性是自然条件下繁殖后代的一种基本方式。但在现代养鸡生产中，人们希望去掉抱性，提高生产性能。因此，可以通过选种育种减轻或去掉抱性，笼养鸡，通风良好，光线充足，可以减轻抱性。

五、鸡的抗病力特点

鸡的抗病力较差，容易发生各种疾病，特别是疫病，与其解剖结构有密切关系：

①鸡的肺脏很小，但连接很多气囊，气囊充斥于体内各个部位，通过空气传播的病原体可沿呼吸道进入肺和气囊，从而进入体腔肌肉骨骼之中，为病原体的侵入提供了便利。②鸡的生殖孔和排泄孔都开口于泄殖腔，产出的蛋最易污染。③鸡没有横膈膜，胸腹腔容易互相受感染。④鸡无淋巴结，缺少阻止病原体在体内通行的关卡。

因此，鸡的抗病力差，呼吸道传播的疫病多、快、严重，死亡率高。

鸡的敏感性强，也是抗病力差的重要原因。鸡对药物比较敏感，因此，在用药预防或治疗时一定要注意方法和剂量，在饲养管理时，光照和温度一定要适宜，不能忽强忽弱、忽高忽低、防噪音和高强音刺激，减少应激等。

思考与实践

1. 了解鸡有哪些生活习性？
2. 鸡为何抗病力差？

第三章　鸡的品种

鸡的品种是指通过育种形成的具有一定数量、相同外貌和生产性能基本一致的一个鸡群。不同品种有不同的生产潜力、适应能力和抗病能力。优良品种是指适合一定地区、一定饲养环境条件和一定市场需求的能够获得高产的品种。现代育种一般原则是父系生长快，母系繁殖力强。

一、鸡的品种分类

鸡的品种分类方法多种多样，现多采用现代化养鸡分类法。现代化养鸡分类法根据鸡的经济用途将其分为蛋用系和肉用系。

1. 蛋用系

该鸡种具有产蛋量高、蛋重大等特点。根据蛋壳颜色的不同分为白壳蛋鸡、褐壳蛋鸡、浅壳蛋鸡和绿壳蛋鸡。

（1）白壳蛋鸡（轻型鸡）　这类鸡种体型小，耗料量少，饲料利用率高，适应性较强，适合于笼养。一般20～22周龄开产，72周龄产蛋量为290～300枚，蛋重61～63克，料蛋比（2.3～2.5）:1。我国培育的有北京白鸡、滨白鸡等。引进的有加拿大的星杂288。

（2）褐壳蛋鸡（中型蛋鸡）　这类鸡种体型稍大，性情温顺，生长发育快，饲料利用率高，抗逆性较强，多数能自别雌雄。一般21～23周龄开产，72周龄产蛋量为270～300枚，蛋重63～64克，料蛋比（2.2～2.5）:1。我国培育的有北京红鸡、农大褐1号；引进的有德国罗曼褐、法国伊萨褐、荷兰海赛克斯、美国海兰褐、迪卡褐、巴布考克B－380等。

（3）浅壳蛋鸡　利用轻型白来航鸡与中型褐壳蛋鸡正交或反交而成。既具有白壳蛋鸡饲料消耗少、适应性强，又有褐壳蛋鸡性情温顺、蛋重大、蛋壳质量好的优点。壳呈淡棕色，因而称为浅壳蛋鸡。雏鸡可通过快慢羽区别雌雄。缺点是蛋壳褐颜色不好销售。

（4）绿壳蛋鸡　是利用我国产绿壳蛋的地方品种选育出来的抗病力强、食性杂、易饲养、营养价值高的新品种，对高血压、冠心病、糖尿病、气管炎有保健作用。缺点是年产蛋量少。

2. 肉用系

某些鸡的品种或品系被育成肉用而不用于产蛋，使其后裔具有生长速度快、饲料转化率高等优点。根据其肉质和生长速度不同分为快大型肉鸡和优质肉鸡。

（1）快大型肉鸡　是利用选育的专门化父系和母系进行杂交生产出来的。早期生长速度快，饲料利用率高，7周龄体重达2.5千克，料肉比为（1.8~2.0）:1，适合高密度大规模饲养。优点是：整齐一致、生长快、耗料少、成活率高、肉用种鸡繁殖率高。缺点是肉质差。如艾维因、AA肉鸡等。

（2）优质肉鸡　利用国内地方优良品种进行纯系选育或不同品系进行杂交或与外来品种杂交而成。通过杂交生长速度比传统品种有较大提高，有的60天体重达2千克，饲料转化率也有较大提高，黄羽肉鸡肉质细嫩味道鲜美，在市场上有较强竞争力。

（3）肉杂鸡　用肉鸡（爱拔益加、艾维因）作父本与中型高产蛋鸡（罗曼褐海兰褐）作母本杂交。生长速度赶不上大肉鸡，比蛋公鸡快，肉质较好，饲养成本较低。鸡苗价格为大肉鸡苗的1/3，适应能力较强，但没有形成稳定的品种。

二、鸡的主要品种及特点

（一）国内的标准品种及特点

地方品种是指在特定地区的自然条件、农业生产、饲养管理方式和社会需要等条件下，经过长期选育出来的品种。各具有一定的优良特性，特别是具有良好的适应当地环境条件、耐粗饲、抗病力强和肉质好等优点，但生产性能较低，缺乏市场竞争力。我国这类鸡种很多，其中比较著名的品种有仙居鸡、浦东鸡、萧山鸡、惠阳鸡、桃源鸡、鹿苑鸡、固始鸡、寿光鸡、庄河鸡、北京油鸡等。

（二）国外的标准品种及特点

1. 白来航鸡

白色单冠来航鸡为来航鸡的一个品种，原产于意大利，是世界著名的蛋用型品种，也是现代化养鸡业白壳蛋系使用的鸡种。白来航鸡体型较小，全身羽毛洁白，冠大鲜红，公鸡直立，母鸡倒向一侧。耳叶白色，喙、脚及皮肤呈黄色。性成熟早，无就巢性，母鸡开产日龄为140天，72周龄产蛋220枚以上，高产的可超过300枚。蛋重56克以上，蛋壳白色。成年公鸡体重2.5千克，母鸡1.8千克。

2. 洛岛红鸡

育成于美国洛德岛一带，属兼用型，有单冠和玫瑰冠两个品变种。羽毛酱红色，尾羽黑色。母鸡开产日龄平均为180天，年产蛋量180枚，蛋重58~62克，蛋壳褐色。成年公鸡体重3.7千克，母鸡2.75千克。

3. 白洛克鸡

属洛克品种，兼用型，原产于美国。体型稍大，全身羽毛白色。喙、胫和皮肤均为黄色。开产日龄180~200天，年产蛋量170枚，蛋重58克左右，蛋壳褐色。成年公鸡体重4.15千克，母鸡3.25千克，本品种早期生长速度快，胸、腿肌发达，饲料利用率高，已成为现代养鸡业中有名的肉用鸡母系鸡种。

三、现代品种及特点

1. 伊沙巴布考克B—300白壳蛋鸡

法国伊沙公司培育的，是目前世界著名的蛋鸡品种，生产性能高，死亡率低，高峰期产蛋率93%，72周龄产蛋290枚，平均蛋重62克。

2. 海兰褐壳蛋鸡

美国海兰公司培育的品种，具有抗马立克和白血病的基因，18 周龄成活率 97%，耗料 6.8 千克，22 周龄开产，72 周龄产蛋 300 枚，平均蛋重 66.8 克。

3. 新罗曼褐壳蛋鸡

由德国罗曼公司培育。商品蛋鸡生产性能：开产日龄 155 天，72 周龄产蛋 300 枚，平均蛋重 64 克，料蛋比 2.2:1，体重 2 千克，成活率 95%。

4. 爱拔益加肉鸡（AA 肉鸡，俗称双 A 加肉鸡）

其是由美国育成的快大型肉鸡品种。白羽，生产性能稳定，增长快，胸肌率高，成活率和饲料报酬高，抗逆性强。种母鸡 66 周龄产蛋 193 枚，种蛋平均孵化率 80%。商品代鸡 42 日龄体重 2.36 千克，49 日龄体重 2.94 千克，成活率 95.8%。料肉比 1.9:1。

5. 艾维因肉鸡

是由美国育成的快大型肉鸡品种，白羽，体型饱满，胸宽，腿短而粗，黄皮肤，腿、喙多为黄色。增重快，成活率高，饲料报酬高，适应性较强，抗病力好。种母鸡 41 周龄可产蛋 187 枚，种蛋 177 枚，最高孵化率 91% 以上。商品代鸡公母混养 49 日龄体重 2.6 千克，料肉比 1.89:1，成活率 97%。是我国当前饲养快大型肉鸡最多最普遍的品种。

6. 优质黄羽鸡

广东及港澳地区主要饲养和消费优质黄羽鸡。分别有快大型、节粮型和青脚型配套系。其父母代具有体型小，产蛋率高，羽毛黄色，受消费者欢迎。商品代鸡早熟，35 天时冠大而红，羽毛丰满黄麻色，黄脚黄皮，42 日龄公母平均体重 1.9 千克左右，料肉比 2.04:1。青脚型商品代鸡体型紧凑，胸肌丰满，羽毛黄色，似土杂鸡，肉质较好。

7. 丝羽乌骨鸡

属药用品种，是我国地方品种鸡。头小颈短，脚矮，结构细致紧凑，体态小巧轻盈，遍体羽毛白色，紫冠、五爪、毛脚、乌皮、乌骨、乌肉、内脏及脂肪为黑色。药用和保健价值高。成年公鸡体重 1.8～2.3 千克，母鸡 1.0～1.5 千克，年产蛋 80～120 枚，蛋重 40～45 克，蛋壳为白色和绿色。母鸡抱性较强。

思考与实践

了解当地蛋、肉鸡品种及特点有哪些？

第四章 鸡的饲养管理

第一节 鸡生长的生态环境

鸡生长的生态环境包括影响鸡生长、发育、繁殖、生产等一切外界环境条件。也就是家禽所处的小气候环境，包括气温、湿度、空气、灰尘、微生物、光照等。

一、主要环境对家禽的影响

（一）环境温度

温度主要影响家禽的生长、产蛋、蛋重、蛋壳品质、受精率、饲料转化率、孵化效果等。当环境温度高达37.8℃时，鸡有发生热衰竭的危险；温度超过40℃时导致心血管发生衰竭死亡。产蛋家禽适宜的环境温度为13～20℃。产蛋鸡经常处于22℃以上的环境时，易引起蛋重下降、蛋壳变薄。产蛋鸡经常处于29℃以上的环境时产蛋量下降。产蛋鸡最佳产蛋率的生活环境温度范围13～18℃，饲料转化率最好的环境温度范围15.5～20℃。

（二）环境湿度

对家禽适宜的相对湿度为60%～70%。如果温度适宜，即使相对湿度低至40%，高至72%，对家禽均无影响，但如低于40%时，就会产生不良影响，如羽毛生长不良，皮肤干燥，易诱发呼吸道病，湿度过低家禽易发生脱水，对雏鸡尤其不利。如果相对湿度高于72%，家禽羽毛粘连、污秽，关节炎增多，如果通风不良，禽舍易于潮湿。高温高湿的环境利于微生物的繁殖。导致疾病发生。低温高湿易使家禽失热过多而受寒。

（三）空气成分

鸡舍内空气的成分受通风情况、鸡的数量和密度及舍温等而变化。在不通风情况下，舍中的有害气体浓度上升，有害气体包括氨、二氧化碳和硫化氢等。

1. 氨

舍中的氨主要来源于厌气菌分解粪便、饲料及垫料中的含氮等有机物所产生的。20毫克/千克氮持续6周以上会引起家禽肺充血、肺气肿、传染病发生率增高，80毫克/千克氮导致气管炎发生。氨含量达50～80毫克/千克的环境中生活2个月的鸡，产蛋量可下降9%。肉用仔鸡处于25毫克/千克环境中，增重及饲料效率明显下降，引起眼结膜和呼吸道上皮炎症。

2. 二氧化碳

由家禽呼吸和好气菌分解粪便等而产生。禽舍的 CO_2 允许量为0.15%，二氧化碳偏高，空气质量差，氧含量下降，影响正常代谢。

3. 硫化氢

为厌气菌分解破蛋、饲料、粪便中含硫有机物所产生。硫化氢毒性大，可引起中毒。

4. 空气中灰尘与微生物

包括饲料、垫草与土壤微粒和羽毛、皮肤的碎屑。灰尘浓度大，易引起呼吸道感染。应尽量避免用土地面，防止舍内过于干燥，同时适当通风。

（四）通风

气流速度直接影响鸡体的散热。舍内在任何季节都要有一定的气流速度，并均匀地流经全舍，无死角也无贼风。冬季在保证禽舍温度的条件下，应保持通风，以降低有害气体对鸡的影响。

（五）噪声

噪音的刺激会引起啄斗、飞腾、惊恐等。噪音标准以不超过85分贝为宜。

二、鸡舍环境的控制

（一）温度控制

对温度的控制主要通过调节通风量来实现。通风换气是调节鸡舍空气环境主要手段。冬季应尽量减少通风量，以保存鸡体热量。夏季加大通风量，尽量控制不使舍温过高。在炎热季节还要辅以空气冷却、屋顶喷水等措施以降低温度。

通风方式有自然通风和机械通风。自然通风是依靠空气自然流动，使舍内外空气得以交换。机械通风是依靠机械动力强制进行舍内外空气的交流。一般使用轴流式通风机。有正压通风、负压通风、横向通风、纵向通风等。

（二）湿度、有害气体控制

加强监测，保持适宜的通风。

（三）光照控制

应选择适宜的光照时间和光照量，光照不足时，要补充人工光源。

第二节　鸡免疫程序的制定与免疫

一、鸡免疫程序制定的原则

免疫程序的制定依据疫病流行情况、鸡群健康状况、母源抗体水平、免疫用疫苗的性质和鸡的种类不同而异，不可千篇一律。在免疫接种前应根据鸡的种类、日龄、生产性质以及疫病流行情况和是否进行紧急接种等因素选择疫苗。目前，用于预防鸡传染病的疫苗有两大类，即灭活苗和弱毒苗。

二、鸡常用免疫程序

（一）肉鸡免疫程序

包括乌骨鸡、雉、鹌鹑、珍珠鸡等。

1 日龄：出壳 24 小时内马立克活苗皮下注射。

4 日龄：肾传支弱毒菌苗、传支 H120，2 倍量饮水或点眼。

7 日龄：接种新城疫疫苗，接种方法是点眼或滴鼻。

14 日龄：接种法氏囊疫苗，接种方法是饮水或滴口（2 倍量）。

21 日龄：接种鸡新城疫疫苗，接种方法是点眼或滴鼻或饮水（2 倍量）。

28 日龄：接种鸡法氏囊疫苗，接种方法是饮水（2 倍量）。

饲养周期在 40 日龄以上的肉鸡需注射禽流感（H5N1）疫苗。

（二）蛋鸡、种鸡免疫程序

1 日龄：预防马立克氏病，用马立克氏病双价苗，颈部皮下注射 0.2 毫升。用单价苗或发病严重鸡场应在 10 日龄重复免疫 1 次。

7 日龄：预防新城疫，用Ⅳ系苗，点眼滴鼻。

11 日龄：预防传染性支气管炎，用传染性支气管炎 H120，滴口、滴鼻。

14 日龄：预防法氏囊炎，用中毒株疫苗，滴口。

18 日龄：预防传染性支气管炎，用呼吸型、肾型、腺胃型传染性支气管炎油乳剂灭活苗 0.3 毫升，肌内注射。

22 日龄：预防法氏囊炎，用中毒株法氏囊炎疫苗，饮水给予。

27 日龄：预防新城疫、鸡痘，同时用活疫苗与灭活苗（新城疫活苗 2 头份饮水，新城疫油乳剂苗为 0.2 毫升肌内注射）。在接种新城疫苗同时，用鸡痘苗于翅膀下穿刺接种。

50 日龄：预防传染性喉气管炎（没有发生过的鸡场不用）用鸡传染性喉气管炎活疫苗，滴鼻、滴口、滴眼。

60 日龄：预防新城疫、传染性支气管炎，用新城疫——传染性支气管炎油乳剂灭活苗 0.5 毫升，肌内注射。

90 日龄：鸡大肠杆菌灭活苗 1 毫升，肌内注射。

120 日龄：新城疫、传支、减蛋综合症油乳剂灭活苗 0.5 毫升，肌内注射，同时新城疫Ⅰ系肌内注射。

第三节　蛋鸡饲养技术

蛋鸡的饲养管理分为 3 个主要阶段，即雏鸡（0～6 周）、育成鸡（7～20 周）、产蛋鸡（20～71 周），在饲养管理的过程中，主要包括温度、湿度、光照、通风、消毒等环境因素的调控及蛋鸡特有的管理技术如断喙、强制换羽等。

一、雏鸡的饲养管理

1. 进雏前的准备

鸡舍及周围环境打扫干净后，硬地面和道路喷洒火碱消毒，绿化区用甲醛溶液消毒。新盖鸡舍先冲洗，然后喷洒过氧乙酸、百毒杀等消毒。进雏前3～5天，闭门窗和通风孔，用福尔马林熏蒸消毒，用药量按每立方米空间42毫升福尔马林、21克高锰酸钾计算。进雏前一天再次喷雾消毒。旧鸡舍应空舍1周以上，再消毒，方法同前。

2. 雏鸡的饲养管理

（1）温度　刚出壳的雏鸡，必须保持较高的环境温度，育雏温度：第一周33～35℃，第二周31～33℃，每周下降1～2℃，最后保持在25℃左右。

（2）湿度　以相对湿度表示，一般1～7日龄为60%～70%，以后为55%～60%。

（3）换气　在保证温度的前提下，及时排除室内污浊空气，吸入新鲜空气，以便给雏鸡创造良好的生长环境。

（4）光照　正确的光照能促进雏鸡的骨骼发育，增强食欲，利于消化。光照的原则是：采用弱光，避免强光以防发生恶癖；光照时间为前两天24小时光照，而后逐步减少，至3周龄时每天15小时，3～6周龄每天10～12小时。

（5）密度　笼养一般30～60只，网上平养每平方米20～50只。

（6）开饮、开食　进雏后鸡群稍稍休息恢复后开始饮水，2～3小时后开始喂料，让鸡自由采食，饮水中加入抗应激药物。

（7）断喙　断喙最好在7～10日龄时进行。断喙前后2天要在饮水中加入抗生素和维生素K，起消炎和止血作用。

（8）转群　雏鸡6～7周龄时转入育成鸡舍，到17～18周龄时转到产蛋鸡舍。在转群前6小时应停料。转群当天24小时光照，保持鸡有足够时间采食和饮水。混合转群时对鸡群进行清理和选择，淘汰不合标准的次鸡、劣鸡。转群时不能增加断喙、免疫等应激。

二、育成鸡的饲养管理

1. 脱温

当温度稳定在18℃以上时即可撤温。

2. 饲料的过渡

育成料取代育雏料要循序渐进，逐渐过渡，以减少应激。每当饲料变更时都应有过渡期，不能突然变换饲料。

3. 控制体重和体型

为防止早熟及体重过大，要有意识地限制饲养。可通过限制饲喂次数、限制日粮营养浓度及限制日粮饲喂量来实施（喂量限在全量的80%～90%）。

4. 育成期的光照

6～18周8小时光照。育成期光照管理原则是光照时间保持恒定或逐渐缩短，切勿增加。育成期常采用的光照方法有3种，即自然光照法、恒定光照法和渐减光照法。

三、产蛋前期的饲养管理

1. 上笼日期

后备鸡转入产蛋舍时间在16~18周龄为合适。

2. 上笼鉴定

上笼时应对育成鸡进行一次选择，上笼时应按体重发育情况分层、分群饲养，发育早的放在底层，发育晚且体重较轻的放在上层，同时淘汰体重过小、病弱残鸡。

3. 上笼前免疫和给药

上笼前应做完免疫接种和驱虫工作。在上笼前、中、后3天时间给鸡在饮水中加入电解多维以缓解转群应激，转群应在安静与暗光下进行。

4. 转群后的换料和光照补充

18周龄至产蛋率达5%时要用预产期料，同时可增加光照。产蛋率在5%之前时，饲料的蛋白质应在16.5%左右，产蛋率5%以上时蛋白质应达到17.5%。

四、产蛋高峰期的饲养管理

1. 满足高产期营养需求

从开产到产蛋高峰是饲养蛋鸡的关键阶段。设计饲料配方时要按鸡的营养需要标准计算。营养浓度根据产蛋率（65%以下、65%~80%和80%以上3个主要阶段）和采食量来调整。调整措施有：①夏季，由于气温升高，鸡采食量下降，因此在此阶段要提高饲料能量浓度，降低蛋白质含量，以减轻机体的代谢负担。②蛋壳质量下降时，调整日粮中的钙及有效磷含量和钙磷比例，保持钙和磷的日进食量3.5克和有效磷0.4克。增加维生素D的含量。③发生啄羽、啄肛等行为时，增加日粮中粗纤维的含量。

2. 创造高产期的有利环境

①保持鸡舍的安静与稳定，尽量避免噪音，饲养人员固定不变，杜绝猫、狗和老鼠等动物进入鸡舍。②供给充足洁净的饮水，饮水器具和水槽应定期消毒。③产蛋期的光照只能增加不能减少。从18周龄开始，逐渐增加光照时间和光照强度，至16个小时，然后采用恒定法固定光照时间和光照强度，持续到产蛋期末，尤其产蛋高峰期不能随意变动、减弱光照时间和光照强度。对于开放式鸡舍，受自然光照影响，鸡舍的光照时间应尽量接近最长的自然光照时间，不足部分用人工光照补充。④温度、湿度和通风。产蛋鸡适宜温度约为13~27℃。冬季注意保温，夏季要采取相应防暑降温通风措施。日粮中增加多维素给量、特别是维生素C的给量，防止热应激。产蛋鸡舍最佳湿度为55%~65%，在生产中应尽量降低鸡粪的含水量，不仅可以降低湿度，也可以降低空气中有害气体的含量。产蛋鸡舍的通风必须与温度、湿度指标进行综合考虑，在保证温度的情况下尽量通风，避免高温、高湿的环境。

3. 日常管理

要勤观察鸡的食欲和精神状况。每日早晨观察鸡的粪便，晚上听鸡的呼吸，发现异常时及时找出原因。挑出病鸡，并解剖分析病因。

4. 人工控制饲养，促进同步换羽

为使蛋鸡同步换羽，可将光照时间由原来的16小时减为8小时，将强光改为弱光，将配合饲料改为米糠、秸秆饲料，并在饲料中加拌1%～1.5%生石膏代替矿物质，7～8天就可换羽；恢复光照12～16小时，4～5周就可长出新羽，7～8周鸡群即可产蛋。

第四节 肉鸡饲养技术

一、肉鸡的生理特点

肉鸡具有生长迅速、饲料转化率高及生产周转快的特点。正因为生长速度快，机体的生理调节系统很难和体重增长匹配，因此造成肉鸡对环境的敏感性。

肉鸡的快速生长，大部分营养都用于肌肉生长方面，抗病能力相对较弱，容易发生慢性呼吸道病、大肠杆菌病等一些常见性疾病，一旦发病不易控制。肉鸡对疫苗的反应也不如蛋鸡敏感，常常不能获得理想的免疫效果，稍不注意就容易感染疾病 。在饲养后期，由于部分肉鸡骨骼生长不能适应体重增长，出现腿病和胸囊肿。

二、肉鸡饲养管理

1. 选择健康的雏鸡

肉鸡主要饲养品种有艾维茵、AA、科宝系列等。影响雏鸡健康和成活率的因素有种鸡场对疾病净化不好，种鸡的免疫、营养水平和雏鸡孵化等细节。因此，选择大规模、信誉好、饲养管理严格的种鸡场的鸡苗是保证雏鸡健康的关键。从外观方面鉴别，应该选择活泼、体力充沛、叫声有力、羽毛干净、肛门清洁的雏鸡，卵黄吸收要好。

2. 肉鸡场环境及鸡舍要求

鸡舍场址应选择在干燥、背风、向阳的地方，鸡舍应远离其他养殖场，距离公路不少于100米，大型鸡场建设前应该对水源水质进行化验，鸡场附近要有合格的水源和排污排水通道。要坚持统一进雏，统一防疫，实行全进全出制，以防疾病传播。

鸡舍应有良好的保温隔热性能，肉鸡饲养的后期，舍内环境控制的主要手段是通风换气，还要考虑到肉鸡地面平养的饲养特点，要保持一定速度的均匀气流。

3. 饲养方式和垫料

现代肉鸡采用厚垫料地面平养法。地面饲养比笼养有更好的饲料转化率，但比笼养时胸囊肿的发病率高，球虫容易爆发。常用的垫料有锯末、刨花、稻壳、花生壳、麦秸，夏季可用河沙。垫料应用消毒液喷湿，防止鸡舍灰尘过多。

4. 鸡舍设备要求

（1）饮水器　育雏用真空饮水器每50只鸡一个，10千克真空饮水器每80只鸡一个，每千只鸡需准备20个小饮水器和15个大饮水器。

（2）料桶　开食时可直接将料撒在塑料布上，塑料布每半天更换清洗消毒一次，晾干后再用。一周后改用中型、大型料桶，每35只肉鸡用一个10千克左右的料桶，每千只鸡需准备30个料桶。

（3）取暖设备　每1 000只鸡需砌1～2个火墙或烟道，或2～3只煤炉。鸡舍不推荐地下火道，冬季使用火道会加快地面水分的蒸发，提高鸡舍湿度和有害气体的含量。

(4) 干湿温度计 每500只鸡有1支干湿温度计。

5. 鸡舍环境指标

温湿度主要参数如下表所示，但具体的舍温调节应根据鸡群状况调整，雏鸡需要较高的湿度，有利于卵黄吸收和防止脱水。通风与温度控制应注意协调。在冬季，许多饲养者在育雏初期往往只重视温度而忽视通风，严重时会造成肉鸡中后期腹水症增多。2周龄、3周龄、4周龄时通风换气不良，有可能增加鸡群慢性呼吸道病和大肠杆菌病的发病率。中后期的肉鸡对氧气的需要量不断增加，同时排泄物增多，必须在维持适宜温度的基础上加大通风换气量，此时通风换气是维持舍内正常环境的主要手段。长时间光照是为了刺激肉鸡采食，在雏鸡前3天，一般采用24小时光照，以后每天光照为22小时，主要是为了提供肉鸡休息的时间，并可防止农村短时间停电现象。在冬季和夏季，为了防止猝死和腹水症，可在2~3周采用16小时左右的光照，以控制肉鸡生长过快。光照应遵循前期（1周）强，以后弱的原则。强光是为了刺激雏鸡采食，弱光有利于鸡群安静，一般1周后采用15瓦普通灯泡。肉鸡的饲养密度，1.8千克前地面平养夏冬季每平方米10~12只，春秋季节12~14只；1.8千克以后，夏冬季每平方米12~14只，春秋季14~16只（见下表）。

肉鸡的温度、湿度要求

鸡	休息处温度（℃）	室温（℃）	相对湿度
1~3天	34~36	24~27	70%
4~7天	31~33	24~25	60%~70%
2周	27~30	24	60%
3周	24~26	20~24	自然湿度
4周	21~23	20	自然湿度
5周以后	20~21	20	自然湿度

6. 饲养管理细节

(1) 饲喂管理 1~3日龄可将饲料撒在塑料布上饲喂，每2小时喂一次。每次的饲喂量应控制在使雏鸡30分钟左右采食完，从每只鸡0.5克开始，逐渐增加。如使用粉料，则应拌入30%的饮水，拌匀后再喂。4日龄开始逐步换用料桶喂料，可逐渐减少饲喂次数，每隔4~6小时喂一次，22日龄后每隔4小时喂一次，但多采取自由采食。记录每日的饲喂量，计算每只鸡每日的大致采食量。注意经常调整料桶高度，使其边沿与鸡背高度相同，减少饲料浪费。

(2) 饮水管理 肉鸡的饮用水不能被大肠杆菌和其他病原微生物污染。3日龄内饮水用20℃左右的温开水，以后可用自来水或深井水。接雏后先饮水，2~3小时再开食，饮水中加入5%葡萄糖和电解多维，使雏鸡恢复体力和减少应激。饮水器应该摆放均匀，不能断水，经常调节饮水器高度，使其边沿与鸡背同高。除了饮水免疫、饮水投药、补充维生素等，其他时间饮水应按说明书添加消毒药，以保持饮水卫生。消毒药的添加量必须正确。饮水器必须每天清洗、消毒两次。应记录肉鸡每日采食量，通过采食量推算肉鸡饮水量。

第五节 养鸡机械的使用与维护

养鸡机械设备除一般的饲喂器具、保温器具和消毒器具外，经常使用及需要维护的是饮水装置、照明装置、通风设备和种禽厂的孵化机等，在此做一简单介绍。

1. 乳头式饮水器

在选择乳头式饮水器时应注意以下问题：①以养禽的种类确定乳头式饮水器的性能　开阀力 40 克左右的适用于成年鸡，开阀力 10 克左右的雏鸡、成鸡都能用。②检验产品质量　饮水器设计有密封垫，密封垫的质量是决定饮水器质量的关键。检验密封垫质量的办法很简单，用火柴或打火机烧一下，凡表面变黏的不能使用。③乳头式饮水器安装　一是装在笼子上方；二是装在笼子前边，食槽的上方。装在笼子前边的因水滴滴在食槽里，可保证鸡粪干燥，而且维修方便，但饮水器下面的饲料易被浸湿。

2. 光照设备

人工光照的最大优点是能做到人为控制，使光照强度和光照时间达到最适宜的程度。①鸡舍光照设备选择和安装　最常见的人工光照设备是白炽灯及其控制装置。日光灯光照强度要比白炽灯大 4 ~ 5 倍，应首选。在多层笼养鸡舍，灯的安装位置最好应在鸡笼的上方，两排鸡笼的中间也行，各层都能得到适宜的光照度。②鸡舍光照设备的使用　开放式、半开放式鸡舍，当地白天的自然光照时间充足时，无须人工光照。当地白天的自然光照时间不足时，用人工光照补充。产蛋鸡可采用天黑后天亮前两次补充光照的方法，具体做法是：每天早上 5 点开灯至天亮关，每天天一黑就开灯至晚上 21:00 时关，每天保持光照 16 小时。但比较好的方式是天亮前补充光照，它符合鸡的生理特点，还能使鸡每天的产蛋时间提前。

3. 风机

①风机的选择　影响风机性能的关键部件有机壳、进风罩、电机、风叶、转动轴承、自动开启装置、百叶窗。②风机的使用与维护　使用前对风机进行一次全面检查维护，轴承勤加润滑剂，扫除风叶、百叶窗、电机等部件上的积尘。

风机在正确使用时，电压上下偏差不得超过额定电压的 10%。风机停机时严禁外力开启百叶窗，以避免破坏百叶窗的密合性。风机长期不用时，应封存在干燥环境下，以免生锈，严防电机绝缘受损。

思考与实践

1. 养鸡场建设选址应考虑的因素有哪些?
2. 温度、湿度和通风对鸡生活环境的调节作用有哪些?
3. 产蛋鸡的光照作用及控制原则有哪些?

第五章　鸡的营养与饲料配合

第一节　鸡所需物质的营养成分

鸡的生长繁殖和生产等生理活动离不开营养物质，营养物质来源于饲粮。饲料中包含鸡需要的40多种营养，其中有水、能量、蛋白质、维生素、矿物质、微量元素等。

1. 水

水是鸡生长发育必需的营养素，对鸡体内正常物质代谢有特殊作用。鸡体内含水60%，它是各种营养物质的溶剂。鸡的新陈代谢、血液循环、体温调节都离不开水。

2. 能量

能量对鸡具有重要的营养作用。鸡的一切生命活动都离不开能量。饲料中的有机物——蛋白质、脂肪和碳水化合物都含有能量，饲料中各种营养物质的热能总值称为饲料总能。总能减去粪能为消化能，消化能减去尿能和产生气体的能量就是代谢能。

3. 蛋白质

蛋白质是构成机体最重要的基本营养物质。日粮中若缺少蛋白质会影响鸡的生长、生产和健康。相反过多也是不利的，不仅造成浪费而且会引起机体代谢紊乱，出现痛风中毒等。所以饲料中蛋白质含量必须适宜。

构成蛋白质的氨基酸有20多种，这些氨基酸分为两类，一类称为必需氨基酸，是鸡体内不能合成或虽能合成，而合成的速度及数量不能满足鸡的需要，必须由饲料供给的氨基酸。另一类称为非必需氨基酸，是机体需要量较少或可在体内由其他含氮物质合成的，不需要依靠饲料来供给的氨基酸。

根据目前知道的鸡的必需氨基酸有13种，这些氨基酸是精氨酸、赖氨酸、组氨酸、脯氨酸、蛋氨酸、缬氨酸、色氨酸、苯丙氨酸、酪氨酸、亮氨酸、异亮氨酸、苏氨酸、甘氨酸。如果鸡的日粮中缺少某些必需氨基酸或者必需的氨基酸含量不足时，则影响鸡体内蛋白质的合成，鸡就会发生生长发育停顿，体重减轻，体质衰弱，产蛋率下降及其他恶果。鸡必需的第一氨基酸是蛋氨酸，第二氨基酸是赖氨酸。

4. 维生素

鸡对维生素需要量虽然很少，但生理作用很大。主要以辅酶和催化剂的形式广泛参与体内新陈代谢的多种化学作用，从而保证机体组织器官的各项功能正常。散养鸡可以采食到各种饲料而且生产性能低，很少出现维生素缺乏。在集约化条件下，鸡的生产性能较高，同时鸡的正常生理特性和行为被限制，容易发生维生素缺乏症，必须添加各种维生素。根据各种维生素可溶于溶剂的不同，可分为脂溶性维生素与水溶性维生素两大类。脂溶性维生素包括维生素 A、D、E、K，它们溶于脂肪和脂肪溶剂（如乙醚、氯仿、四氯化碳等），而不溶于水。水溶性维生素包括维生素 B 族和维生素 C。B 族维生素在化学结构及生理功能上彼此不相同，但溶解性上大致相同，都溶于水。B 族维生素包括硫胺素、核黄素、烟酸吡哆醇、生物素、叶酸、维生素 B_{12}、胆碱和肌醇等。

5. 矿物质及微量元素

矿物质及微量元素是构成骨骼、蛋壳、羽毛、血液等组织不可缺少的成分。对鸡的生长发育、生理功能及繁殖具有重要作用。饲料中矿物质元素含量过多或过少都可能产生不良的后果。

第二节　鸡的饲养标准

饲养标准也叫营养标准。是根据鸡维持生命活动和从事各种生产等，对能量和各种营养物质需要量的测定，并结合各国饲料条件及当地环境因素，制定出鸡对能量、蛋白质、氨基酸、维生素和微量元素等的供给量或需要量，称为鸡的饲养标准（见下表）。

蛋鸡和种鸡的饲养标准表

营养成分	周龄			产蛋鸡和种母鸡的产蛋率（%）		
	0~6	7~14	15~20	>80	65~80	<65
代谢能（兆焦/千克）	11.92	11.72	11.30	11.52	11.51	11.51
粗蛋白（%）	18.00	16.00	12.00	16.50	15.00	14.00
纤维素（%）	3~5.00	3~5.00	3~5.00	—	—	—
钙（%）	0.80	0.70	0.60	3.50	3.40	3.20
总磷（%）	0.70	0.60	0.50	0.6	0.6	0.6
有效磷（%）	0.40	0.35	0.30	0.33	0.32	0.30
食盐（%）	0.37	0.37	0.37	0.37	0.37	0.37
蛋氨酸（%）	0.30	0.27	0.20	0.36	0.33	0.31
蛋氨酸+胱氨酸（%）	0.60	0.53	0.40	0.63	0.57	0.53
赖氨酸（%）	0.85	0.64	0.45	0.73	0.66	0.62

营养成分	周龄		产蛋鸡和种母鸡的产蛋率（%）	
	0~6	7~20	产蛋鸡	种母鸡
维生素 A（国际单位）	1 500.00	1 500.00	400.00	400.00
维生素 D_3（国际单位）	200.00	200.00	500.00	500.00
维生素 E（毫克/千克）	10.00	5.00	5.00	10.00
维生素 K_3（毫克/千克）	0.50	0.50	0.50	0.50
维生素 B_1（毫克/千克）	1.80	1.30	0.80	0.80
维生素 B_2（毫克/千克）	3.60	1.80	2.20	3.80
氯化胆碱（毫克/千克）	1 300.00	500.00	500.00	500.00

续表

营养成分	周龄		产蛋鸡和种母鸡的产蛋率（%）	
	0～6	7～20	产蛋鸡	种母鸡
维生素 B_{12}（毫克/千克）	0.009	0.003	0.004	0.004
铜（毫克/千克）	8.00	6.00	6.00	8.00
碘（毫克/千克）	0.35	0.35	0.30	0.30
铁（毫克/千克）	80.00	60.00	50.00	60.00
锰（毫克/千克）	60.00	30.00	30.00	60.00
锌（毫克/千克）	40.00	35.00	50.00	65.00
硒（毫克/千克）	0.15	0.10	0.10	0.10

第三节　鸡的饲料配制

一、鸡日粮配制原则

1. 营养原则

配制日粮时，必须以鸡的饲养标准为依据，合理应用饲养标准来配制营养完善的全价日粮。配制日粮时，应注意饲料的多样化，尽量多用几种饲料进行配制，这样有利于充分发挥各种饲料中营养的互补作用，提高日粮的消化率和营养物质的利用率，降低饲料成本。配制时，首先满足鸡的能量需要，然后再考虑蛋白质，最后调整矿物质、微量元素、维生素等。

2. 生理原则

根据各类鸡的不同生理特点，选择适宜的饲料进行搭配。如雏鸡的消化能力弱，高产蛋鸡和肉鸡需要的饲料营养多，易受应激，应选用优质的饲料原料配制饲粮；配制的日粮应有良好的适口性；配制日粮所用的饲料种类力求保持相对稳定，避免频繁变动引起应激。

3. 经济原则

充分利用饲料的替代性，就地取材，选用营养丰富、价格低廉的饲料原料来配制日粮，以降低生产成本，提高经济效益。

4. 安全性原则

饲料中含有的物质、品种和数量必须控制在允许的安全范围内。

二、不同类型鸡饲料配方设计的要点

1. 蛋用雏鸡饲料配方设计

蛋鸡育雏期和育成鸡营养状况，与产蛋鸡的性成熟、产蛋期产蛋率、蛋重和经济效益密切相关。育雏期（1～42 日龄）生长强度大，是一生性能的奠基时期，而其消化系统尚未发育完善，胃容积小且研磨饲料的能力很差，同时消化道内缺乏一些消化酶，所以消化能力差。因此配制雏鸡日粮时需注意：①营养水平高且平衡。②选用优质饲料原料。③饲料易消化吸收且无毒素，粗饲料一般不用。④注意钙的含量，钙含量严重超标会导致代谢紊乱，甚至发病，而且这种疾病无法用药物治愈。⑤适合体格发育，注意维生素 A 和维生素 D 等养分的补充。

2. 青年蛋鸡饲料配方设计

青年鸡（7~10周龄和11~18周龄）生长迅速，发育旺盛，各器官发育已健全，对外界适应能力增强，采食量增多。配制时要注意：①保证充足的维生素和微量元素的供给。②适量增加钙质含量。③日粮蛋白质含量应随体重增加而减少，但应保证氨基酸的供给和平衡，在保证胫长和体重生长达到正常标准的前提下，尽量用品质差、成本低饲料原料。

3. 开产前蛋鸡饲料配方设计

从开产前2~3周至开产后1周，母鸡体重增加340~450克，其后体重增加特别慢。适当增加营养，增加能量和蛋白质摄入量，钙和磷的浓度分别提高到2%和3.5%，为今后产蛋做好准备。

4. 开产后蛋鸡饲料配方设计

开产后的8~10周内，母鸡必须摄取足够养分使其产蛋增加到90%左右，且使体重增加25%。产蛋高峰期蛋鸡新陈代谢旺盛，应增加投入，尽量给予品质优良的配合饲料，既满足相应品种的饲养标准，营养浓度高而平衡，又易消化吸收，这是获得持续高产的关键。

5. 肉鸡饲料配方设计

（1）选用优质饲料原料　肉用仔鸡消化道容积小，肠道短，消化机能较为软弱，但生长速度快，所以生产上应多用优质饲料原料如黄玉米、豆粕、优质鱼粉等。

（2）使用油脂　为了达到饲养标准规定的营养浓度，通常在肉鸡配合饲料中添加动、植物油脂，前期加0.5%，后期加5%~6%。因油脂黏性大，所以添加时要先加热熔化，再由少到多加入粉料，均匀拌和，逐渐扩大稀释。切忌油脂直接与添加剂混合，以防结成球。要注意日粮营养平衡，特别是保持蛋白、能量比例不变。

（3）使用添加剂　肉鸡配合饲料中必须使用饲用添加剂才能达到较好效果。为了防止发生球虫病，饲料中应添加抗球虫药物。要注意停药期，以免因药物残留被拒绝收购。

（4）注意酸碱平衡和胴体质量　通过饲料控制腹水综合征、猝死综合征、腿病等。通过饲料控制腹水综合征的关键技术在于日粮的离子平衡，主要是钠、钾、氯的平衡，同时降低粗蛋白质浓度。添加维生素C可有效降低腹水综合征发生率。

思考与实践

鸡日粮配制原则是什么？

第六章　鸡的常见病及防治

鸡的疾病可分为传染性疾病、寄生虫疾病和普通病 3 种。传染病包括病毒性传染病，如禽流感、新城疫、法氏囊病、传染性支气管炎等；细菌性传染病，如大肠杆菌病、鸡白痢和支原体病等；寄生虫病有体外寄生虫病、体内寄生虫病和血原虫病等；普通病主要有营养病和中毒病。三类疾病各有不同的特点，在治疗和预防上应采取不同的方法，如病毒病以疫苗防疫为主，细菌病抗生素治疗效果好，寄生虫病以驱虫为主，营养病调节营养成分，中毒病以解毒和防止毒物进入为主。掌握总的原则后，再对每个病不同特点进行不同分析，鸡病诊断与防治并不难。

第一节　鸡常见传染病的防治

一、禽流感

禽流感又称欧洲鸡瘟或真性鸡瘟，是由 A 型流感病毒引起的一种急性、高度接触性传染病。属一类传染病。

(一) 病原

禽流感病毒是正黏科的 A 型流感病毒属的成员。目前已知有 16 个 HA 和 10 个 NA 类型，流感病毒的血清类型很多。所有的禽流感病毒均属 A 型。不同毒株的致病性有差异。H5 具有高致病力。

禽流感病毒对高温耐受力差，56℃，30 分钟；60℃，10 分钟；70℃，2 分钟即可灭活。直射阳光下 40～48 小时被灭活。氢氧化钠、消毒灵、百毒杀、漂白粉、福尔马林、过氧乙酸等多种消毒剂在常用浓度下可有效杀灭病毒。

(二) 流行病学

可经过多种途径传播。如消化道、呼吸道、眼结膜及皮肤损伤等途径传播，呼吸道和消化道是感染的最主要途径。

各种年龄、品种和性别的鸡群均可感染发病。一年四季均可发生，但多暴发于冬季、春季，尤其是秋冬和冬春交界气候变化大的时间，刮风对此病传播有促进作用。目前，鸭、鹅也可发生高致病力禽流感。

（三）临床症状

鸡感染禽流感的潜伏期由几个小时到几天不等，表现症状因鸡种、年龄、毒株致病力、继发感染与否而不同。

1. 急性型

发病急，死亡突然。病鸡精神高度沉郁，采食量迅速下降或废绝，拉黄绿色稀粪；产蛋鸡产蛋率急剧下降，由90%下降到20%，甚至无蛋。蛋壳变化明显，呼吸困难，鸡冠、眼睑、肉髯水肿，鸡冠和肉髯边缘出现紫褐色坏死斑点，腿部鳞片有紫黑色血斑。

2. 温和型

发病鸡群采食量明显减少，饮水增多，饮水时不断从口角甩出黏液。精神沉郁，羽毛蓬乱，垂头缩颈，鼻分泌物增多，流鼻液。眼结膜充血、流泪；鸡群发病当天或第二天即表现出呼吸道症状，呼噜、咳嗽、呼吸啰音，有呼吸困难，张口伸颈，每次呼吸发出尖叫声；有的症状较轻。病鸡腹泻，拉水样粪便，有未消化完的饲料，有拉灰绿色或黄绿色粪便；产蛋率下降，蛋壳质量差。病愈1～2周开始缓慢上升，恢复很慢。恢复期畸形蛋、小型蛋多，蛋清稀薄。

3. 慢性和隐性型

慢性禽流感传播速度慢，逐渐蔓延。出现轻微的呼吸道症状，采食量减少10%左右，产蛋率下降5%～10%，消化道症状不明显。褪色蛋和砂壳蛋增多；隐性型无任何症状，不明原因产蛋率下降5%～40%。

（四）病理变化

气管黏膜充血、水肿并伴有浆液性到干酪性不等的渗出物，气囊增厚，内有纤维样或干酪样灰黄色的渗出物。口腔内有黏液，嗉囊内有大量酸臭的液体，腺胃肿胀，乳头出血，有脓性分泌物，肠道充血和出血，胰脏出血坏死。严重病鸡群可见到各种浆膜和黏膜表面有小出血点，体内脂肪有点状或斑状出血。

（五）防制措施

1. 发病后措施

疑为高致病性禽流感要及时上报，确诊后，严格封锁、隔离疫区，病鸡坚决扑杀、焚烧，垫料、粪便、工具做无害化处理，鸡场全面清扫，消毒，空舍3个月后才能启用。

2. 预防

做好鸡免疫工作是防控禽流感最有效的措施。现将鸡的免疫程序介绍如下：鸡10日龄每只注射0.3毫升，30～40日龄、100～120日龄、250～260日龄鸡分别注射0.5毫升。

二、鸡新城疫

鸡新城疫俗名鸡瘟，是由副黏病毒引起的一种主要侵害鸡和火鸡的急性、高度接触性和高度毁灭性的传染病。

（一）病原

新城疫病毒是副黏病毒科副黏病毒属的成员，是副黏病毒9个血清当中的副黏病毒Ⅰ型。该病毒对乙醚、氯仿敏感；对热敏感，100℃经1分钟可使其灭活，60℃经30分钟灭活，但在阴暗潮湿、寒冷的环境中，可以生存很久，如－20℃经几个月，－70℃经过几年感染力不受影响。新城疫病毒只有一个血清型，这对该病防治比较有利。

（二）流行特点

病鸡是该病的主要传染源。传播途径是呼吸道和消化道，污染的饲料、饮水、空气和尘埃以及人和用具是主要传播媒介。不分品种、年龄和性别的鸡均可发生。

（三）临床症状

该病的潜伏期为2～15天或更长。根据病程长短和病势缓急，可分为最急性型、急性型、亚急性型和慢性型。

1. 最急性型

多见于流行初期，突然发病，只能见到病鸡精神稍显委顿，常无特征性症状而突然死亡。雏鸡和中鸡多见。

2. 急性型

病鸡体温升高至43～44℃，精神委顿，食欲不振，羽毛蓬松，闭目缩颈，呈昏睡状，冠和肉髯紫黑色。呼吸困难，时常伸展头颈张口呼吸，喉部常发出咯咯声。嗉囊内常充满液体和气体，口腔和鼻腔分泌物增多。病鸡为了排出其中的黏液，经常甩头和频频吞咽。病鸡下痢，排出黄绿色、黄白色恶臭稀粪，有时混有血液，有的病鸡出现神经症状，如两腿麻痹，站立不稳，共济失调或做圆圈运动，头颈向后仰翻，或向下扭转，有时置于背上。随着病情发展，病鸡极度虚弱，体温降至常温以下，虚脱而死。病程3～5天，雏鸡1～2天。

3. 亚急性或慢性型

病初和急性型大致相同，但症状较轻，且病情逐渐减轻，但出现神经症状。病鸡一腿或两腿或翅膀麻痹，有的运动失调，常伏地旋转，有的头向后仰或向一边弯曲。有的因吃食受到影响而逐渐消瘦，病程可达1～2个月，大多归于死亡。少数耐过的病鸡，其神经症状可达数月之久。

4. 非典型性新城疫病

主要表现出呼吸道症状和神经症状，病鸡张口伸颈，气喘咳嗽，气管发出呼噜声，口中有较多的黏液，委靡不振。接着出现神经症状，病鸡歪头、扭颈、站立不稳，翅下垂或腿麻痹。但成年鸡群中，病鸡很少出现神经症状。产蛋鸡群的产蛋量下降，并出现畸形蛋和软壳蛋。

（四）病理变化

该病的特征性变化表现为败血性的全身性出血性素质与消化道病变。出血见于胸腹腔浆膜、呼吸道黏膜、脑膜、心外膜和胃肠道黏膜。腺胃黏膜肿胀，表面附着有多量透明或脓样黏液，其乳头或乳头间有出血点，或有溃疡形成，用手挤压乳头，常流出白色豆渣样的坏死物质。肌胃角质膜下黏膜有出血斑点。

（五）防制措施

1. 加强卫生防疫工作

做好鸡场的隔离和卫生工作，严格消毒，减少环境应激，增强机体的抵抗力。

2. 预防接种

鸡7日龄首免可使用四系或四系加H120，同时选择多价新城疫灭活苗配合使用。28日龄进行二免，60日龄用新城疫I系进行免疫，90日龄再用克隆—30加强一次，120日龄再免疫一次。

3. 免疫监测

预防接种后，定期采血做血凝抑制试验，对鸡群抗体水平进行监测。

4. 新城疫暴发时的紧急措施

（1）紧急接种　2个月龄以内的鸡用新城疫四系2倍量滴鼻或点眼；成年鸡用新城疫四系4倍量滴鼻或点眼。还可用克隆I系3~4倍量肌内注射。

（2）紧急被动免疫接种　注射高免卵黄或高免血清。

三、鸡传染性法氏囊病

传染性法氏囊病是由传染性法氏囊病毒引起的一种主要危害雏鸡的免疫抑制性、高度接触性传染病。以突然发病、病程短、发病率高、法氏囊受损和鸡体免疫机能受抑制为特征。

（一）病原

传染性法氏囊病毒属于双核糖核酸病毒科、禽双核糖核酸病毒属。该病毒对乙醚氯仿和胰蛋白酶有抵抗力，耐热、耐酸、不耐碱，在56℃可存活5小时，60℃可存活90分钟。pH2.0的环境1小时能存活，在pH12时经1小时可灭活病毒。此病毒对消毒药抵抗力强，1%煤酚皂、石炭酸、福尔马林、70%酒精等需经过1小时将其灭活；3%煤酚皂、3%石炭酸、3%福尔马林、0.2%过氧乙酸、2%次氯酸钠、5%漂白粉等在30分钟内可使病毒灭活。

（二）流行特点

病鸡和隐性感染鸡是该病的主要传染源。该病通过呼吸道、消化道、眼结膜高度接触传染。污染的饲料、饮水和环境可引起传播，吸血昆虫和老鼠带毒也是传播媒介。主要侵害2~15周龄的鸡，尤其是3~6周龄最易感染。该病不受品种限制，不论肉鸡和蛋鸡均易感。

（三）临床症状

在易感鸡群中，该病往往突然发生，潜伏期短，感染后2~3天出现临床症状。病鸡下痢，排浅白色或黄色稀粪，粪便中常含有尿酸盐，肛门周围的羽毛被粪污染或沾污泥土。病鸡食欲减退，畏寒，精神委靡，头下垂，眼睑闭合，羽毛无光泽，严重脱水干瘪，最后衰竭死亡。鸡群呈尖峰式死亡过程。

（四）病理变化

病死鸡呈脱水，胸肌、腿肌出血，腺胃和肌胃交界处有出血斑或散在出血点，肠道内黏液增加，肾脏肿大，有尿酸盐沉积等症状。法氏囊浆膜呈胶冻样肿胀，有的法氏囊可肿大2~3倍，呈点状或出血斑，严重者法氏囊内充满血块或脓块，外观呈紫色葡萄状。病程长的法氏囊萎缩。

（五）防制措施

1. 预防

传染性法氏囊疫苗有活疫苗和灭活疫苗两种。首免应根据母源抗体测定的结果来确定，一般应在12~14日龄，用法氏囊多价弱毒疫苗2倍量滴口。二免应在18~21日龄进行中毒苗免疫。

2. 加强饲养管理

在免疫接种的同时，要严格执行综合防疫措施，加强隔离、消毒及卫生管理，加强对病鸡的护理，保持适宜的温度，提供充足的饮水或用4%的红糖水代替饮水，增加饲料中的维生素含量，注意保护肾脏，禁止使用磺胺类药物。

3. 治疗

①注射高免卵黄，20日龄以下0.5毫升/只；20～40日龄1.0毫升/只；40日龄以上1.5毫升/只。病重者再注射一次。②为防止大肠杆菌的并发和继发感染，在饮水中加入硫酸安普霉素或阿莫西林等药物。③在饮水中加入肾肿解毒药和速溶多维。④另外在饲料中加入囊复康、鸡囊温康散等中成药。

四、传染性支气管炎

鸡传染性支气管炎是由鸡传染性支气管炎病毒引起的一种急性、高度传染性的呼吸道传染病。幼龄鸡以喘气为突出症状，产蛋鸡出现产蛋率和蛋品质下降。

（一）病原

传染性支气管炎病毒属于冠状病毒科冠状病毒属。该病毒56℃经15分钟被灭活，在低温下能长期保存。常用消毒药在短时间将其杀死，如1%福尔马林、0.1%高锰酸钾、1%来苏尔及75%的酒精等可迅速将病毒杀死。该病毒对新城疫病毒有干扰作用，防疫时要注意。

（二）流行特点

该病只发生于鸡，无年龄限制，只要没有免疫力，任何鸡龄均可感染，但以雏鸡症状明显，死亡率可达15%～19%。该病主要通过呼吸道感染，病鸡从呼吸道排出病毒，经飞沫传给易感鸡。也可以通过被污染的饲料、饮水及用具，经过消化道传染。同舍易感鸡48小时内出现症状。康复鸡带毒，需排毒15周；鸡群拥挤、空气污浊、卫生不好、温度不稳定、营养不良等易诱发此病。患病的幼龄母鸡，其输卵管可以造成永久性的损害，成年后不产蛋，称作“假母鸡”。

（三）临床症状和病理变化

传染性支气管炎血清型较多，侵害不同部位，引起不同发病类型，有报道的类型有呼吸型、肾型、腺胃型、生殖道型和肠型。

1. 呼吸型

主要发生雏鸡。5周龄以下易发，发病率可达100%；初期表现为流鼻液、流泪、咳嗽、伸颈张口喘气。随着病情发展，精神委靡、缩头闭眼、羽毛松散无光、畏寒怕冷。产蛋鸡主要表现产蛋率下降，蛋壳变化明显。病程1～2周。气管有浆液性、卡他性和干酪性渗出物，气囊混浊、变厚，有渗出物。

2. 肾型

主要侵害30日龄左右的雏鸡；病毒株的毒力、营养、环境、品种等影响该病的发生和程度。开始有呼吸道症状，1周后进入急性肾病变阶段，有死亡。病鸡拉白色的稀粪，脱水。肾脏肿大苍白，输尿管变粗，内有大量的尿酸盐沉着。皮肤和肌肉不易分离。

3. 腺胃型

发病日龄为20～80天，20～40日龄是发病高峰。初期生长缓慢，继而出现精神不振，采食、饮水少，拉稀和呼吸道症状，后期精神沉郁，羽毛松乱，消瘦，衰竭死亡。前期气管有黏液，中后期腺胃显著肿大如乒乓球，壁厚，黏膜有出血和溃疡。十二指肠肿胀，卡他性炎症。有30%的鸡死于肾肿大。无混合感染、肝、脾等无明显变化。

4. 生殖道型

此型只发生于产蛋鸡，传统疫苗不能防止发生。各种产蛋鸡都可发生，初期“呼噜”声，无咳嗽和甩鼻，持续5～7天，采食减少5%～20%，粪便变稀或水样。刚开产鸡，产蛋率徘徊不前或上升缓慢；高峰期初期产蛋波动大，2～3天下降20%～50%；老龄鸡迅速下降。蛋壳质量变化明显，剖检无特征性。初期气管内有黏液，卵泡充血，输卵管水肿，肠道卡他性炎症。恢复后输卵管充血，水肿，卵巢萎缩。

（四）防制措施

1. 预防

①加强饲养管理、保持适宜温度、注意通风换气，避免和减少应激，保持环境清洁卫生，定期带鸡消毒。②免疫预防1～3日龄，多价传支H120点眼；7～10日龄四系H120点眼，同时新城和传支多价二联灭活苗颈部皮下注射；25～30日龄注射多价传支油乳灭活苗0.5毫升/只。

2. 治疗方案

提高机体免疫力，抑杀病毒，阻断病毒DNA复制，抗菌消炎。①饲料中加入金刚乙胺、中药喉支康、镇喘散、麻黄冲剂等。②饮水中加入肾肿灵或肾消丹等利尿保肾的药物5～7天。③饮水中加入速溶多维或维康等缓解应激，提高机体免疫力。

五、鸡痘

鸡痘是由鸡痘病毒引起的一种高度接触性传染病。特征是在无毛或少毛的皮肤上有痘疹，或在口腔、咽喉部黏膜上形成白色结节。

（一）病原

鸡痘病毒可抵抗乙醚，对氯仿敏感。对1%酚和1%福尔马林抵抗9天，但在游离状态下能被1%氢氧化钾、1%醋酸灭活，50℃经30分钟或60℃经8分钟病毒可灭活。在干燥痂皮中能存活数月或数年。冷冻干燥和50%甘油可使病毒长期保持活力达几年之久。

（二）流行特点

各种年龄、性别和品种的鸡都能感染，鸽有时也可发生，雏鸡和育成鸡多发且较严重，该病一年四季都能发生，秋冬两季最易流行，一般在秋季和冬初发生皮肤型鸡痘较多，在冬季则以黏膜型（白喉型）鸡痘为多。病鸡是主要的传染源，病鸡脱落和破散的痘痂，是散布病毒的主要形式。它主要通过皮肤和黏膜的伤口感染。库蚊、疟蚊和安蚊等吸血昆虫在传播该病中起着重要的作用。

（三）临床症状

潜伏期4～50天，根据病鸡的症状和病变，临床上可分为皮肤型、黏膜型、混合型和偶有败血症。

1. 皮肤型

皮肤型鸡痘的特征是在身体无毛或毛稀少的部位，特别是在鸡冠、肉髯、眼睑和喙角，亦可出现在泄殖腔的周围、翼下、腹部及腿等处，产生一种灰白色的小结节，渐次成为带红色的小丘疹，很快增大如绿豆豌豆大痘疹，呈黄色或灰黄色，凹凸不平，呈干硬结节，有时和邻近的痘疹互相融合，形成干燥、粗糙呈棕褐色的较大疣状结节，突出于皮肤表面，皮痂可以存留 3 ~ 4 周之久，以后逐渐脱落，留下一个平滑的灰白色疤痕。若痘痂发生在眼部，可使眼缝完全闭合。若发生在口角，则影响采食。严重病例，尤以幼雏表现精神委顿，食欲不振，体重减轻，生长受阻。产蛋鸡则产蛋减少或完全停产。

2. 黏膜型（白喉型）

此型鸡痘的病变主要在口腔、咽喉和眼等黏膜表面。口腔、食道或气管黏膜表层出现急性炎症，并形成白色不透明的纤维蛋白状奶酪样坏死痂膜，及时拨去痂膜，可见到出血糜烂性炎症，若痂膜增大可堵塞咽喉，致呼吸困难而憋死或吞咽困难而饿死。此型鸡痘多发生于小鸡和中鸡，死亡率高，小鸡死亡可达 50%。有些严重病例，鼻和眼部也受到侵害，产生所谓眼鼻型的鸡痘。

3. 混合型

具有皮肤型和黏膜型两种特征，病情严重，死亡率高。

4. 败血型

此型少见，一旦发生，先出现严重的全身症状，继而发生肠炎，病鸡可迅速死亡。有的病鸡急性炎症消失后，转为慢性肠炎、腹泻，长期不愈，最后可能死亡。

（四）防制措施

1. 免疫预防

免疫接种是控制该病的根本措施。使用鸡痘鹌鹑化弱毒疫苗接种，多采用翼翅刺种法。第一次免疫在 10 ~ 20 天，二免在 90 ~ 110 天。

2. 发病后措施

为防继发感染，大群鸡可内服抗生素 5 ~ 7 天，如环丙沙星、恩诺沙星或培氟沙星等药物拌料或饮水。

六、鸡白痢

鸡白痢是由鸡沙门氏菌引起的一种常见和多发的细菌传染病。该病特征为幼雏感染后常呈急性败血症，发病率和死亡率都高，成年鸡感染后，多呈慢性或隐性带菌，可随粪便排出，因卵巢带菌，严重影响孵化率和雏鸡成活率。

（一）病原

该病病原为白痢沙门氏菌。本菌为革兰氏阴性小杆菌，在有利环境中可以存活数年，但对热、化学消毒剂和不利环境的抵抗力低，常用消毒药可将其杀死。

（二）流行特点

各种品种的鸡对该病均有易感性，以 2 ~ 3 周龄以内雏鸡的发病率与死亡率为最高，呈流行性。随日龄的增加，鸡的抵抗力也增强。成年鸡感染常呈慢性或隐性经过。现在也常有中雏和成年鸡感染发病引起较大危害的情况发生。

该病可经蛋垂直传播，也可水平传播。种鸡可以感染种蛋，种蛋感染雏鸡。孵化过程中也会引起感染。病鸡的排泄物及其污染物是传播该病的媒介物，可以传给同群未感染的鸡。

（三）临床症状

感染种蛋孵化一般在孵化后期或出雏中可见到已死亡的胚胎和垂死的弱雏，出壳后表现衰弱、嗜睡，腹部膨大、食欲丧失，绝大部分经1～2天死亡。

出壳后感染的雏鸡，多在孵出后几天才出现明显症状，2～3周大量死亡。病雏表现精神委顿，绒毛松乱，两翼下垂，缩头颈，闭眼昏睡，不愿走动，拥挤在一起。病初食欲减少，而后停食，多出现软嗉症状。同时腹泻，排稀薄如浆糊状粪便，肛门周围绒毛被粪便污染，有的因粪便干结封住肛门周围，影响排粪。由于肛门周围炎症引起疼痛，故常发生尖锐的叫声，最后因呼吸困难及心力衰竭而死。

40～80天的青年鸡，在密度过大，环境条件恶劣，饲养管理粗放，气候突变，饲料突然改变或品质差等应激因素的影响下会突然发病，鸡群中不断出现精神、食欲差和下痢的鸡只，常突然死亡。

成年鸡白痢多是由雏鸡白痢的带菌者转化而来的，呈慢性或隐性感染，一般不见明显的临床症状，当鸡群感染比例较大时，明显影响产蛋量，产蛋高峰不高，维持时间短，种蛋的孵化率和出雏率均下降。有的鸡冠萎缩，有的鸡开产时鸡冠发育尚好，以后则表现出鸡冠逐渐变小、发绀。病鸡时有下痢。

（四）病理变化

早期死亡的雏鸡，肝脏肿大充血或有条纹状出血，有的病雏肝脏表面呈铜锈色，胆囊扩张充满胆汁，肺充血或出血。病程长的卵黄吸收不全，卵黄囊的内容物变成淡黄色并呈奶油样或干酪样黏稠物。

青年鸡白痢突出的病理变化是肝脏肿至正常的数倍，整个腹腔常被肝脏覆盖，肝的质地极脆，一触即破，被膜上可见散在或较密集的小红点或小白点，腹腔充盈血水或血块，脾脏肿大，心包扩张，心包膜呈黄色不透明。

成年鸡白痢表现为卵巢与卵泡变形、变色及变性，卵巢未发育或发育不全，输卵管细小，卵子变形如呈梨形、三角形、不规则等形状，卵子变色如呈灰色、黄灰色、黄绿色、灰绿色等不正常色泽，卵泡或卵黄囊内的内容物变性，有的稀薄如水，有的呈米汤样，有的较黏稠成油脂样或干酪状。有病理变化的卵泡或卵黄囊常可从卵巢上脱落下来，成为干硬的结块阻塞输卵管，有的卵子破裂导致卵黄性腹膜炎，肠道呈卡他性炎症。

（五）防制措施

1. 预防

种鸡场严格检疫，利用血清学试验，剔除阳性反应的带菌者。严格消毒，做好种蛋，孵化过程和雏鸡入舍前后的消毒工作，保持适宜的育雏温度，保持饲料和饮水卫生；可使用抗生素药物或微生态制剂进行预防。

2. 药物防治

①磺胺类　磺胺嘧啶、磺胺甲基嘧啶和磺胺二甲基嘧啶为首选药，在饲料中添加不超过0.5%，饮水中可用0.1%～0.2%，连用5天。②氨基糖苷类抗生素　如庆大霉素、阿米卡星、卡那霉素等，连用5天可有效控制鸡白痢病的发生和发展。其他抗菌药物如氟苯尼考、环丙沙星、氟哌酸等均有一定疗效。

七、大肠杆菌

大肠杆菌病是由大肠埃希杆菌的某些致病性血清型菌株引起的疾病总称。

（一）病原

大肠杆菌是一切温血动物肠道常在菌，适应性强，血清型极多。按照致病力大小可将其划分为致病性、非致病性和条件性3种类型。大肠杆菌在自然界中分布极广。在鸡舍内的水、粪便和尘埃中可以存活数周和数月之久。该菌对一般消毒剂敏感，对抗生素及磺胺类药物等极易产生耐药性。

（二）流行特点

大肠杆菌随粪便排出，可污染蛋壳使禽胚死亡或出壳时发病和带菌，是该病传播过程中的重要传播途径。带菌禽以水平方式传染健康禽，消化道、呼吸道为常见的传染门户。啮齿动物的粪便含有致病性大肠杆菌，可污染饲料、饮水而造成传染。

该病一年四季均可发生，当季节多雨潮湿，通风不良，积粪多，拥挤以及鸡群感染新城疫病毒，鸡传染性法氏囊病毒和思慢性呼吸道疾病时，常成为引起该病的主要诱因。蛋鸡在雏鸡阶段发生率较低，从育成鸡开始逐渐增高；肉鸡则以30～45日龄段发生较多。

（三）临床症状和病理变化

1. 急性败血型

病鸡不显症状而突然死亡，或症状不明显，部分病鸡离群呆立或拥挤扎堆，羽毛蓬乱，食欲减退或废绝，排黄白色稀粪，肛门周围羽毛污染。发病率和死亡率较高。主要病变表现为心包积液、心包膜混浊、增厚、不透明，甚至内有黄白色纤维素性渗出物，与心肌相粘连。肝脏不同程度肿大，表面有不同程度的纤维素性渗出物，甚至整个肝脏为一层纤维素性薄膜所包裹。腹腔有数量不等的腹水，混有纤维素性渗出物，或纤维素性渗出物充斥于腹腔肠道和脏器间，根据经验，这3种纤维素性炎症具有诊断意义。

2. 雏鸡脐炎

病雏软弱、腹胀、畏寒聚集。下痢（白色或黄绿色），有刺激性恶臭味。腹部膨大，直肠内积水样粪便，脐孔未闭合呈蓝黑色，卵黄囊不吸收或吸收不良，内有黄绿色、干酪、黏稠或稀薄的水样，脓样内容物。肝黄土色、质脆，有斑状或点状出血，死亡率达10%以上。

3. 气囊炎

表现咳嗽和呼吸困难。气囊壁增厚、混浊，囊内有白色的干酪样渗出物。心包腔有浆液纤维素性渗出物，心包膜和心外膜增厚。腹腔积液，肝脏肿大，肝周炎，有胶样渗出物包围，肝被膜混浊增厚，有纤维素附着。

4. 大肠杆菌性肉芽肿

外表无可见症状。可见盲肠、直肠和回肠的浆膜上有土黄色脓肿或肉芽结节，肝脏上有坏死灶。

5. 全眼球炎

舍内污浊，大肠杆菌含量高、年龄大、幼雏易发。单侧或双侧眼肿胀，内有脓性和干酪样渗出物，眼结膜潮红，严重者失明。

6. 卵黄性腹膜炎

病死母鸡，外观腹部膨胀、重坠；剖检可见腹腔积有大量卵黄，卵黄变性凝固，肠道或脏器间相互粘连。

7. 输卵管炎

多见于产蛋期母鸡，输卵管充血、出血，或内有多量分泌物，产生畸形蛋和内含大肠杆菌的带菌蛋，严重者减蛋或停止产蛋。

8. 生殖器官病

患病母鸡卵泡膜充血，卵泡变形，局部或整个卵泡红褐色或黑褐色，有的变硬，有的卵黄变稀，有的病例卵泡破裂，输卵管黏膜有出血斑和黄色絮状或块状的干酪样物；公鸡睾丸膜充血，交媾器充血、肿胀。

9. 肠炎

病鸡肛门下方羽毛潮湿，污秽、粘连，这是大肠杆菌引起腹泻的特征性症状。肠黏膜充血、出血，肠内容物稀薄并含有黏液血性物，有的腿麻痹，有的病鸡后期眼睛失明。

10. 关节炎

多见于跗关节和指关节，表现为关节肿大，关节腔内有纤维蛋白渗出或有混浊的关节液，滑膜肿胀、增厚。

(四) 防制措施

1. 预防

改善饲养管理，消除发病诱因，是控制该病的最有效的办法。包括种蛋、孵化器的消毒，适宜的孵化温度，改善通风，减少灰尘，勤于除粪，减少氨气的含量。加强对鸡慢性呼吸道病的控制也有助于减少禽大肠杆菌病发生的机会；因为这两种病易混合发生或继发感染。采用本地区发病鸡群的多个菌株制成大肠杆菌灭活苗（自家苗）进行免疫接种有一定的预防效果。蛋鸡需进行二次免疫，第一次 4 周龄，第二次开产前。

2. 治疗

多种抗菌药物如恩诺沙星、卡那霉素、新霉素、四环素、庆大霉素、阿米卡星、安普霉素和磺胺类药物对大肠杆菌都敏感。但需要注意的是：大肠杆菌很容易产生耐药性，在选择药物时尽可能做药敏试验，选择敏感性药物。药物内服优于注射，要连续使用 5 ~ 7 天，避免产生耐药性。喹诺酮类药物对治疗大肠杆菌病有效，且对产蛋期鸡的产蛋率影响不大，但对心包炎、气囊炎以及腹膜炎的病鸡治疗意义不大，效果也不好。

八、慢性呼吸道病

鸡支原体感染引起鸡呼吸道症状的一种疾病称为慢性呼吸道病。其特征是病程长，病理变化发展慢，是危害养鸡业的常见病和多发病。

(一) 病原

鸡支原体在分类学上属支原体科支原体属。鸡支原体对环境抵抗力较弱，一般消毒药物均能将其迅速杀死，但对青霉素有抵抗力。在水内立刻死亡，在 20℃ 的鸡粪内可生存 1 ~ 3 天。液体培养物在 4℃ 不超过 1 个月，在 −30℃ 可保存 1 ~ 2 年。

(二) 流行特点

该病主要感染鸡和火鸡，以 4 ~ 8 周龄最敏感，成年鸡常为隐性感染；一年四季均可发生，但以寒冷的季节流行较为严重。传播方式有水平传播和垂直传播，水平传播是病鸡通过咳嗽，喷嚏或排泄物污染空气，经呼吸道传染，也能通过饲料或水源由消化道传染，也可经交配传染。垂直传播是由隐性或慢性感染的种鸡经卵传递给后代，这种垂直传播可造成该病代代相传。隐性或慢性感染的种鸡所产的带菌蛋，可使 14 ~21 日龄的胚胎死亡或孵出弱雏，这种弱雏因带病原体又能引起水平传播。

（三）临床症状和病理变化

病鸡先是流稀薄或黏稠鼻液，打喷嚏，鼻孔周围和颈部羽毛常被沾污。其后炎症蔓延到下呼吸道即出现咳嗽，呼吸困难，呼吸有气管啰音等症状。病鸡食欲不振，体重减轻消瘦。到了后期，如果鼻腔和眶下窦中蓄积渗出物，就引起眼睑和眶下窦肿胀、发硬，眼部突出如肿瘤状。眼球受到压迫，发生萎缩和造成失明，可以侵害一侧眼睛，也可能两侧。同时发生病鸡食欲不振，体重减轻。母鸡常产出软壳蛋，同时产蛋率和孵化率下降，后期常蹲伏一隅，不愿走动。公鸡的症状较明显。该病在成年鸡多呈散发，幼鸡群则往往大批流行，特别是冬季最严重。

肉眼可见的病变主要有鼻腔、气管、支气管和气囊中有渗出物，气管黏膜常增厚。胸部和腹部气囊变化明显，早期为气囊轻度混浊，水肿，表面有增生的结节病灶，外观呈念珠状。随着病情的发展，气囊增厚，囊腔内有大量干酪样渗出物，有时能见到一定程度的肺炎病变。严重的慢性病例，眶下窦黏膜发炎，窦腔中积有混浊黏液或干酪样渗出物，炎症蔓延到眼睛，往往可见一侧或两侧眼部肿大，眼球破坏，剥开眼结膜可以挤出灰黄色的干酪样物质。病鸡严重者常发生纤维素性或纤维素化脓性心包炎，肝周炎和气囊炎，有的出现关节炎症，尤其是跗关节，关节周围组织水肿，关节液增多。

（四）防制措施

1. 预防措施

①加强饲养管理。从确定无该病的种鸡场和孵化场引种，鸡舍环境要清洁卫生，经常清扫、消毒，保持适宜温度和新鲜的空气，搞好局部免疫和呼吸道黏膜的保护，提高局部抵抗力。保持饲料营养全面平衡，使用抗应激添加剂，减少和避免应激发生。②疫苗接种。1 ~3 日龄用敏感药物防止鸡群感染，15 日龄用弱毒苗免疫，可以使鸡群得到良好的保护。种鸡群在弱毒苗免疫的基础上在产蛋前注射油乳剂灭活苗，可以大大减少经种蛋的传播。

2. 发病后措施

药物治疗。链霉素、土霉素、壮观霉素、林可霉素、四环素、泰乐菌素、泰妙菌素、红霉素治疗该病都有一定的疗效。喹诺酮类药物对该病也有疗效。注意有些鸡支原体菌株对链霉素和红霉素具有耐药性。此外，药物治疗效果与有关并发感染的关系很大，病鸡如果同时并发其他病毒病，疗效不明显。使用中药加味麻杏石甘汤（方剂：麻黄、杏仁、石膏、桔梗、黄芩、连翘、金荞麦根、牛蒡子、甘草）研成细末，混匀拌料，每只鸡每天 0.5 ~1 克，连续使用5 ~6 天，效果良好。

第二节　鸡常见普通病及寄生虫的防治

一、肠毒综合征

鸡肠毒综合征是一种混合感染性疾病，是由多种病因共同作用导致。近几年，该病普遍流行于30~40日龄鸡群中（特别是肉仔鸡多发）。以腹泻，粪便中含有没有消化的饲料，采食量下降，增重缓慢，脱水等为特征。有的地区称之为“过料”，有的地区称之为“肠毒”。

（一）发病原因

1. 小肠球虫的感染

小肠球虫的感染是该病的主要原因之一。小肠球虫主要寄生于肠黏膜上皮细胞中，当其大量生长繁殖时，必然导致肠黏膜增厚、水肿，严重脱落及出血等病变，则几乎使饲料不能被完全消化吸收，同时水分的吸收也明显减少，尽管鸡大量饮水，也会引起脱水现象，所以发病鸡群所排的粪便就很稀薄且不成形，内含有未被消化的饲料。

2. 肠道内环境改变

小肠球虫在肠黏膜上皮细胞内快速分裂生殖时，必然会消耗大量的氧气，导致肠黏膜组织分泌大量的乳酸，使肠道内pH值严重降低，肠道内环境发生改变，菌群平衡失调。有益菌减少，有害菌大量繁殖，又由于此时肠道处于厌氧环境，魏氏梭菌、肠梭菌等厌氧菌会大量繁殖，有害菌与球虫相互协调而加强了致病性，菌群所分泌的毒素增多，饲料通过肠道的时间缩短，消化不良，未消化的饲料随同脱落的黏膜一起排出体外，形成特征性的番茄样或鱼肠样粪便。

3. 饲料中维生素、能量和蛋白质的影响

大量的能量、蛋白质和部分维生素能促成细菌和球虫的大量繁殖，加重症状。所以营养越丰富，发病率越高，症状越严重。

4. 电解质的大量流失

在该综合症发病的过程中，球虫和细菌大量快速生长繁殖，导致肠道消化不良，吸收障碍，则电解质的吸收减少。同时，由于大量的肠黏膜细胞迅速破裂崩解，使电解质大量流失，出现生理生化障碍，特别是钾离子的大量流失，会导致心脏的兴奋性过度增强，这也是肉鸡猝死症明显增多的主要原因之一。

5. 自体中毒

在发病的过程中，大量的肠道上皮细胞破裂，在细菌的作用下，发生腐败分解，脱落的肠黏膜，死亡的虫体等在体内发酵分解产生大量有毒物质。同时，肠道内异常菌群分泌的毒素均会被机体吸收后发生自体中毒，出现兴奋不安、尖叫、瘫痪进而衰竭死亡等症。

（二）临床症状

该病在发病初期大群精神正常，食欲正常，死亡率也在正常范围之内，只是粪便中含有未消化的饲料，溏鸡屎增多，随着时间的延长，有的病鸡出现兴奋、不安、奔跑、颤抖、瘫痪等神经症状；粪便变稀，不成形、发黄、泡沫样，一般经过2~4天，大群采食量就会有所下降。

（三）剖检变化

十二指肠和空肠病变明显，肠壁增厚，剪开后自动外翻；肠壁上有弥漫性小米粒大小的出血点；肠黏膜颜色变浅且覆有一层麸皮样伪膜；肠道内有的无内容物，有的含有未消化的饲料，到了中后期，肠壁非常薄，肠黏膜严重脱落，肠管内含有烂柿子样内容物，呈黄白色黏脓样。

（四）防制措施

加强饲养管理和日常的卫生消毒工作，勤换垫料，降低饲养密度，减少各种应激因素的刺激和防止并发症的发生。结合其多病因共同作用的结果，按照不同日龄、不同阶段，对症对因治疗的原则，选用抗球虫、抗细菌药物和对症治疗药物进行综合治疗。处方：①肠普乐和甲硝诺分别饮水，连用 3 ~ 5 天。②用驱球磺和地克珠利分别饮水。③中药泻炎康拌料，肠毒星饮水，连用 3 ~5 天。

二、肉鸡腹水综合征

肉鸡腹水综合征又称“雏鸡腹水肿病”、“腹坠死”、“心衰综合症”、“肺动脉高压综合症”等，是危害快速生长幼龄肉鸡的以浆液性液体过多地聚积在腹腔，右心扩张肥大。肺部淤血水肿和肝脏病变为特征的非传染性疾病。主要危害 10 ~ 30 日龄快速生长的幼龄鸡。

（一）发病原因及机理

此病诱因至今仍不十分明了，倾向性看法是，当肉鸡快速生长而对氧的需要量过多时，不能及时供应充足的氧所致。由于缺氧致使肉鸡体内血液流量增加，或血液更加黏稠，从而造成血压升高，使肝脏内的压力增高，导致大量血浆从肝脏渗漏到腹腔中；同时通过渗透作用，从消化道和肠黏膜内渗出更多的液体，这些液体积集起来就成为腹水。具体原因主要有以下几个方面：

1. 生长过快

由于肉鸡育种以生长快为主导，而忽视了体重与机体组织器官的比例，特别是肺容量。为了满足快速增长，机体代谢率增高，对氧的需要量增加，而肺的容量与体重的增加不成正比，造成肺动脉压升高，心脏每搏输出量增加，负担加重，致使右心室肥大、扩张，引起肝脏淤血，进而导致大量腹水潴留。

2. 肉鸡的特殊生理解剖特性

肉鸡的肺与哺乳动物不同，其肺有 1/3 镶嵌在肋间隙，受胸壁骨限制，扩张性不大，肺内不形成支气管树而是以分支形成相互连通的管道，因此肺部毛细血管交换范围不充分，易引起肺高血压，致使心室肥大、扩张，进而引起肝淤血，渗出更多，腹水量增多。

3. 呼吸道疾病

如鸡支原体病，传染性支气管炎、新城疫等造成呼吸障碍，引起肺泡性缺氧，由霉菌性肺炎引起肉鸡的间质增生，毛细血管损伤，血流受阻，导致肺血压升高，引起腹水症。

4. 中毒性疾病

食盐中毒、痢特灵中毒、饲料毒素中毒等直接损伤肝脏，引起腹水潴留增多。

5. 缺氧

各种病因引起的缺氧，如高海拔、寒冷，特别是在北方，冬季寒冷，换气不良等都可以使心肌代偿性肥大，引起腹水。

（二）临床症状

病鸡精神委顿，羽毛蓬乱，发育不良，动作迟缓，腹部膨大，走路似企鹅状，冠及腹部皮肤发绀，有的发生腹泻，常突然死亡，死后两脚朝天，呈仰卧，颈部扭曲。腹水与血清成分相似。

（三）病理变化

1. 肝型腹水症

肝肿大、柔软、肝静脉明显扩张，腹水增多、黏稠，剖检可见肝小叶中心性淤血和中心变性、坏死。

2. 肺型腹水症

肺淤血肿胀，心肌柔软，右心扩张明显。肺小叶内毛细血管淤血；心外膜呈纤维性增厚，心肌变性坏死，有时心肌断裂；肝被膜增厚，中央静脉及门静脉明显扩张，肝细胞变性坏死。

3. 心型腹水症

纤维素性心包炎，肝周炎和腹膜炎变化。

（四）诊断

该病多发生于冬春季节，发病日龄多为10～30日龄。临床表现腹腔有多量积水和剖检病理变化可作出初步诊断。

（五）防制措施

选择优良品种，保持适宜温度、湿度和洁净空气；适当降低能量和蛋白质水平，保证营养素和电解质平衡。合理限饲，间歇光照。15～35日龄在鸡的饲料中加入0.25%去腹散或11～38日龄在饮水中加入0.15%运饮灵有良好的预防作用；在饲料中添加山梨醇、脲酶抑制剂、阿司匹林、氯化胆碱和除臭灵等可以减少腹水综合征的发生与死亡。

三、肉用仔鸡及新母鸡猝死症

肉鸡猝死症又称“翻跳病”、“急性死亡综合症”、“两脚朝天症”，是发生于肉用仔鸡的一种常见病。多发生于体型较大，肌肉丰满的鸡，是肉鸡生产中普遍存在的非传染性疾病。该病无明显季节性，一年四季均可发生，发病日龄为2～5周龄，但3～4周龄发病率最高。雄性较雌性易发病。病死率为0.5%～5%，最高可达15%。

（一）病因

肉鸡猝死症是一种引起心血管系统疾病（如心肌炎、心脏损伤），导致肺水肿，呼吸困难而死亡。有些则认为是一种营养代谢疾病，是肉鸡在消化吸收饲料中营养不适造成的疾病。

有人认为猝死综合症主要与饲料、周围环境、遗传因素、酸碱平衡、个体发育及使用药物有关。猝死症一般多发生在舍内温度过高、通风不良的午夜之后，或者是气压低的时候，尤其在做完法氏囊疫苗后，次日将明显增加。所以，此种疾病与法氏囊疫苗有直接连带关系。

该病最早在3日龄的肉鸡中发生，14日龄后呈直线上升，21日龄时达到发病高峰，以后逐渐下降。种鸡在幼龄阶段发病率不高，但在开产前后发病率高。

（二）临床症状

（1）发病鸡没有任何前兆，发病时很急，从发病到死亡平均只有几分钟。病鸡在发病后，行动突然失控，惊叫、前后跌倒、双翅剧烈扇动、肌肉痉挛、继而颈腿伸直，背部着地而死。刚死亡时腿向上弯曲，20 分钟后伸向后方。

(2) 蛋鸡猝死症又叫新母鸡病，发生于产蛋率在 20% ~70% 左右的鸡群，特别是气温较高时，发病率和死亡率较高。临床表现只见极少数鸡出现瘫痪或拉稀，大群精神状况良好，采食量无明显变化，到晚上常出现死鸡，且死鸡往往体况良好。死鸡鸡冠呈暗红色，泄殖腔突出外翻，呈暗红色。

(三) 病理变化

尸体丰满，消化道特别是嗉囊和肌胃充满食物；肺弥漫性充血，气管内有泡沫状渗出物；心脏扩张，心房充满血凝块，心室紧缩无血；心房明显扩张，心脏比正常鸡大几倍，并伴有心包渗出液，偶尔有纤维蛋白渗出物；成年鸡泄殖腔，卵巢及输卵管严重充血；肝稍大，质脆，色苍白；胆囊空虚，肾呈浅灰色或苍白色；甲状腺和胸腺全部充血；胸肌、股肌湿润、苍白。

(四) 防治措施

加强饲养管理，减少各种异常刺激。前期限量饲喂，限制前期饲料中的营养水平，可大大减少肉鸡猝死综合症的发生。

对发病的肉鸡群，在饲料中增加维生素尤其是生物素的含量，每吨饲料中添加生物素 0.2 克有一定效果。在 3 ~6 周龄肉鸡料中每吨添加 150 克牛磺酸，可以降低发病率。

对发病的产蛋鸡群，用香薷散（主要成分为香薷、黄芩、黄连、甘草、柴胡等）拌料，肠普乐（主要成分为乙酰甲喹、特效抗菌药）饮水，连续用药 3 ~5 天，可大大降低蛋鸡猝死症的发生。

四、球虫病

鸡球虫病是一种或多种球虫寄生于鸡肠道黏膜上皮细胞内引起的一种急性流行性原虫病。雏鸡的发病率和致死率均较高。病愈的雏鸡生长受阻，增重缓慢；成年鸡多为带虫者，但增重和产蛋能力降低。

(一) 病原

病原为原虫中的艾美尔科的艾美尔属的球虫。我国已发现 9 个种，即柔嫩艾美尔球虫、毒害艾美尔球虫、巨型艾美尔球虫、堆型艾美尔球虫、早熟艾美尔球虫、布氏艾美尔球虫、变位艾美尔球虫等。前两种的致病力较强。

球虫虫卵的抵抗力较强，在外界环境中一般的消毒剂不易破坏，在土壤中可保持生活力达 4 ~9 个月，在有树阴的地方可达 15 ~18 个月。卵囊对高温和干燥的抵抗力较弱。

(二) 流行特点

各个品种的鸡均有易感性，15 ~50 日龄的鸡发病率和致死率都较高，成年鸡对球虫有一定的抵抗力。11 ~13 日龄的雏鸡因有母源抗体保护、极少发病。病鸡是主要传染源，苍蝇、甲虫、蟑螂、鼠类和野鸟都可以成为传播媒介。凡被带虫鸡污染过的饲料、饮水、土壤和用具等，都有卵囊存在。鸡吃了感染性卵囊就会暴发球虫病。

饲养管理条件不良，鸡舍潮湿、拥挤、卫生条件恶劣时，最易发病。在潮湿多雨，气温较高的梅雨季节易暴发球虫病。

（三）临床症状和病理变化

病鸡精神沉郁，羽毛蓬松，头蜷缩，食欲减退，嗉囊内充满液体，鸡冠和可视黏膜贫血、苍白，逐渐消瘦，病鸡常排出红色胡萝卜样粪便，若感染柔嫩艾美尔球虫，开始时粪便为咖啡色，以后变为完全的血粪，如不及时采取措施，致死率可达50%以上。若多种球虫混合感染，粪便中带血液，并含有大量脱落的肠黏膜。

内脏变化主要发生在肠管，病变部位和程度与球虫的种别有关。柔嫩艾美尔球虫主要侵害盲肠，两支盲肠显著肿大，可为正常的3～5倍，肠腔中充满凝固的或新鲜的暗红色血液，盲肠上皮变厚，有严重的坏死。在裂殖体繁殖的部位，有明显的淡白色斑点，黏膜上有许多小出血点。肠管中有凝固的血液或有胡萝卜色胶冻样内容物。巨型艾美尔球虫损害小肠中段，使肠壁扩张、增厚；内容物黏稠，呈淡灰色、淡褐色或淡红色。堆型艾美尔球虫多在上皮表层发育，并且同一发育阶段的虫体常聚集在一起，在被损害的肠段出现大量淡白色斑点。哈氏艾美尔球虫损害小肠前段，肠壁上出现大头针头大小的出血点，黏膜有严重的出血。多种球虫混合感染，则肠管粗大，肠黏膜上有大量的出血点，肠管中有大量带有脱落的肠上皮细胞的紫黑色血液。

（四）诊断

根据临床症状、流行病学资料、病理剖检情况和病原检查结果初步诊断。生前用饱和盐水漂浮法或粪便涂片查到球虫卵囊，或死后取肠黏膜碎片或刮取肠黏膜涂片查到裂殖体、裂殖子或配子体，均可确诊。

（五）防制措施

1. 加强饲养管理

保持鸡舍干燥、通风和鸡场卫生，定期清除鸡场粪便、堆放、发酵以杀灭卵囊。保持饲料、饮水清洁、笼具、饲槽、水槽定期消毒，一般每周1次，可用沸水、热蒸汽或3%～5%热碱水等处理。日粮中添加0.25～0.5毫克/千克硒可增强对球虫的抵抗力。补充足够的维生素K和给予3～7倍推荐量的维生素A可加速鸡患球虫病后的康复。成年鸡与雏鸡分开喂养，以免带虫的成年鸡散播病原导致雏鸡球虫病暴发。

2. 药物防治

（1）氯苯胍　预防按30～33毫克/千克浓度混饲，连用1～2个月；治疗按60～66毫克/千克浓度混饲3～7天，后改为预防量予以控制。

（2）磺胺类药　如磺胺喹恶林、磺胺间二甲氧嘧啶、磺胺间六甲氧嘧啶等，按药品使用说明书使用。

（3）氯羟吡啶（克球粉、可爱丹）　混饲预防浓度为125～150毫克/千克，治疗量加倍。

（4）氨丙啉　可混饲或饮水给药。混饲预防浓度为100～125毫克/千克，连用2～4周；治疗浓度加倍。

（5）硝苯酰胺（球痢灵）　混饲预防浓度为125毫克/千克，治疗量加倍，连用3～5天。

（6）其他药物　如莫能霉素、盐霉素、球虫粉、优泰精、马杜霉素（抗球王、杜球、加福星等）。

球虫病的预防用药程序是：雏鸡从13~15日龄开始，在饲料或饮水中加入预防用量的抗球虫药物，一直用到上笼后2~3周停止，选择3~5种药物交替使用，效果良好。

3. 免疫预防

资料表明应用鸡胚传代致弱的虫体或早熟选育的致弱虫株给鸡免疫接种，可使鸡对球虫病产生较好的预防效果。也有人利用强毒株球虫采用少量多次感染的滴口免疫法给鸡接种，可使鸡获得坚强的免疫力，但此法使用的是强毒虫体，易造成病原散播，生产中应慎用。

思考与实践

1. 肠毒综合症的发病原因是什么？症状表现如何？
2. 肉鸡腹水综合症的发病原因是什么？
3. 鸡球虫病在什么样的条件下发生？其表现症状是什么？

第四篇

中国北方万名农村技术人员培训教材

养牛学篇

第一章 概 述

养牛业是畜牧业的重要组成部分，是农民增收致富的重要途径，在国民经济发展中起着越来越重要的作用。养牛生产能把农业生产的剩余粮食作为饲料，转化为优质的畜产品—牛肉和牛奶等，提高了粮食的经济价值，增加了农民的收入，又为农业的发展打下了坚实的经济基础。养牛还可以把作物秸秆“过腹还田”，使农副产品（秸秆、麸皮）得到合理利用，减少和降低了其对自然环境的污染，又为种植业提供优质的有机肥料。养牛又可为农业提供重要的役畜资源。

养牛生产可为人们提供优质的肉食来源。牛肉具有脂肪含量少、蛋白质丰富、营养价值高、味道鲜美、适口性好等优点，受到广大消费者的青睐。牛奶的营养是最接近完美的食品，在世界各国的食品发展战略中占有极其重要的地位。所以养牛业对于调整人们的膳食结构，提高人民的生活水平和健康水平具有重要作用。

养牛业的发展不但可为工业提供原料，又可促进饲料、制药、皮革等工业的发展。

随着人民生活水平的不断提高，人们对牛产品的需求量越来越大，大力发展养牛生产有着广阔的发展前景。

第二章 牛的品种及体型外貌

根据生产类型或用途的不同，可将牛分为乳用牛品种、肉用牛品种和兼用牛品种。

第一节 奶牛的常见品种

一、荷斯坦牛

荷斯坦牛原产于荷兰北部的北荷兰省和西弗里斯省，德国北部荷尔斯坦省也有分布，故称为荷斯坦—弗里生牛，简称荷斯坦牛或弗里生牛。因其毛色为黑白花片，俗称黑白花牛。荷斯坦牛体格高大，结构匀称，皮薄骨细，全身清秀，皮下脂肪少，轮廓分明，被毛细短，角细向前向内弯曲，体躯宽深，背腰平直，后躯发达，乳房发育良好，容积大，乳静脉明显，侧望体躯呈楔形。全身毛色黑白相间，成年公牛体重900～1 200千克，体高145厘米，胸围226厘米，管围22厘米；成年母牛体重650～750千克，体高135厘米，胸围170厘米，管围19厘米；初生犊重40～50千克。母牛平均年产奶量6 000～8 000千克，乳脂率3.4%～3.7%。该品种产奶量高，饲料报酬高，耐寒，但耐热性差，饲养管理条件要求高。

二、中国荷斯坦牛

中国荷斯坦牛体型外貌具有明显的乳用特征，体质细致结实，乳房系统发育良好，毛色为黑白花。但体格大小不一，可分为大、中、小3种类型，成年母牛体高依次为136厘米、133厘米和130厘米左右。母牛泌乳性能良好，泌乳期为270～305天，年产奶量4 500～10 000千克，乳脂率为3.5%。中国荷斯坦牛也是中国唯一的奶牛品种。

第二节 肉用牛的常见品种

一、利木赞牛

原产于法国中部利木赞高原地区。体格高大，头短而小，额宽，公牛角向两侧伸展，母牛角细，向两侧前方平出；前躯发达，胸宽而深，肋弓张开，体躯长，背腰壮实，后躯肌肉特别发达，四肢强健细致。毛色多为红黄色。眼睑、鼻周围、四肢内侧、会阴及尾帚的毛色较浅。成年公牛体重950～1 200千克，体高140厘米；母牛体重600～800千克，体高130厘米；初生重35～36千克。屠宰率63%～71%，瘦肉率高达80%～85%。肉质良好，嫩度高，脂肪含量低。该品种具有适应性强、耐粗饲、饲料利用率高的特性。

二、夏洛莱牛

原产于法国中部夏洛莱和涅夫勒地区，体格高大强壮，头大小适中而稍短，鼻镜宽广，角圆而较长，向两侧向前上方伸展；胸深肋圆，背腰宽厚平直，臀部大，大腿宽广而圆，四肢粗壮，肌肉特别发达，常有"双肌"特征。毛色为乳白色或乳黄色。成年公牛体重1 100～1 200千克，体高145厘米；母牛体重700～800千克，体高137厘米；初生重42～45千克。屠宰率65%～70%。夏洛莱牛具有早期生长发育快，瘦肉多的特点，在净肉率和眼肌面积方面具有优势。

第三节　兼用牛

一、国外品种

西门塔尔牛，原产于瑞士阿尔卑斯山的河谷地带。分为乳肉和肉乳兼用两种类型，该牛体格高大粗壮结实，肌肉丰满，乳房中等。毛色为黄白花或淡红白花。成年公牛体重1 000～1 300千克，体高148厘米；母牛体重650～800千克，体高134厘米。母牛泌乳期平均产奶量4 000～5 000千克，乳脂率3.9%～4.2%。屠宰率65%，优质切块肉占41.3%。

二、国内品种

1. 秦川牛

原产于陕西省渭河流域的平原地区，体格高大，骨骼粗壮。毛色多为紫红色或红色。成年公牛体重470～700千克，母牛320～450千克；公牛体高141.8厘米；母牛体高132厘米。18月龄平均屠宰率58.3%，为役肉兼用型。

2. 南阳牛

原产于河南省南阳地区，体格高大，肌肉丰满，体质结实，毛色以黄色居多。成年牛，公牛平均体重650千克，体高平均145厘米；母牛平均体重410千克，平均体高126厘米。中等膘情，公牛屠宰率52.2%，净肉率43.6%。为役肉兼用型。

3. 鲁西牛

原产于山东省的菏泽、济宁两地，体躯高大，毛色以黄色居多。成年公母牛平均体重分别为644千克和365.7千克，体高分别为146厘米和138厘米。18月龄育肥牛屠宰率59.2%，净肉率48%。

4. 中国水牛

主要分布于秦岭以南的长江流域和淮河以南的广大水稻产区，属于沼泽型水牛。水牛体矮而粗重，皮厚毛粗，身短腹大，毛色为青灰色，芦花白，白色极少。具有役用、产肉、皮和乳多种经济用途。

5. 牦牛

主要分布在西藏、青海、四川、甘肃等省区。牦牛外貌粗野，体躯强壮，全身粗毛中生长绒毛，毛色以黑色最多，其次为深褐色、黑白花、灰色及白色。牦牛为原始品种耐寒不耐热，具有产肉、奶、毛、绒、皮的功能，也可作役力。

思考与实践

1. 下列牛品种：荷斯坦牛、利木赞牛、夏洛莱牛、中国黄牛、西门塔尔牛，哪些是奶牛？哪些是肉用牛？哪些是兼用牛？

2. 到奶牛场观察奶牛的体型外貌特征，了解奶牛的品种。

第三章　牛的生物学特征

第一节　牛的生活习性

一、牛对环境的适应性

温度是对牛影响最重要的环境因素，牛适宜的温度一般为 10 ~ 21℃。高温能使牛采食量下降，生长速度降低和产奶量下降，公牛精液品质下降。牛汗腺不发达，通过垂皮来辅助散热。低温对牛无明显的影响，牛对低温调节能力较强，低温使牛的基础代谢增加，通过增加采食量产生热量抵御寒冷；极端低温抑制母牛的发情和排卵。湿度通过温度来影响牛的生产性能，高湿使高温或低温对牛的影响加剧。牛喜欢安静的环境，噪声影响牛的生长和产奶数量。

二、牛的摄食行为

（一）牛对食物的要求

牛是草食动物，味觉和嗅觉敏感。牛喜欢采食草类饲料，特别是青绿饲料和块根饲料，而且喜欢吃带甜味或咸味的饲料。饲草饲料要清洁卫生。当饲料变更种类时要有一段适应时间，以防应激反应。

（二）牛的采食行为

牛采食时依靠灵活有力的舌卷食饲草，匆匆咀嚼后，将粉碎的草料混合成食团吞入胃中。牛没有上门牙齿，采食牧草时，是用舌将草卷入口腔，依靠舌和头的摆动扯断牧草，牧草高度低于 5 厘米时，牛不易采食。牛的采食量受饲料品质、日粮组成、生理状况、环境温度等因素的影响，若饲料品质好，青绿饲料多，采食量较大。妊娠时和低温环境采食量增加。日出前和近黄昏时是牛的采食高峰，牛有夜间采食的习惯。

三、牛的合群性

牛是群居家畜，具有合群行为，能形成群体的等级制度和群体的优胜序列，当不同的品种或同一品种不同的个体混合时，通过角斗决定顺序。牛的群体行为对于放牧按时归队，有序进入挤奶厅和防御敌害具有重大意义。牛群混合时一般要 7～10 天才能恢复安静，育肥群体中不要加入陌生个体。

牛每天需要 9～12 小时的休息时间，表现为游走、站立或躺卧，休息时反刍，咀嚼食物，牛一昼夜至少躺卧睡眠 3 个小时。

四、牛的排泄行为

一般情况下牛每天排尿 9～11 次，排粪 12～20 次，早晨排粪次数最多。奶牛排泄时有模仿行为，一头牛排粪时另一些牛可能跟随排泄。

第二节　牛的消化

一、特殊的消化器官

1. 口腔

牛的上颌无门齿，有坚硬的齿板，舌头上有角化乳头，草进入口腔内，下门齿和齿板将其切断，口腔中有发达的唾液腺，包括腮腺、下颌腺和舌下腺等。

2. 胃

牛是复胃动物，有瘤胃、网胃、瓣胃和真胃 4 个胃，前 3 个胃合称前胃，前胃无消化腺，以物理消化和微生物消化为主；真胃有胃腺，能分泌消化液。牛胃中瘤胃的容积最大，瘤胃中含有大量的微生物群，主要是细菌和原虫两大类。

3. 发达的小肠

成年牛小肠特别发达，有 24～40 米长，为体长的 27 倍。

二、瘤胃消化代谢

食物进入瘤胃后 70%～80% 的可消化干物质和 50% 粗纤维在瘤胃内消化，在微生物的作用下，瘤胃内的碳水化合物，含氮物被分解成挥发性脂肪酸、氨基酸、多肽、氨、二氧化碳、甲烷和水。某些微生物又利用多肽和氨合成菌体蛋白。瘤胃能合成 B 族维生素，维生素 C 和维生素 K，并能氧化不饱和脂肪酸。瘤胃微生物的活动受日粮种类和日粮水平、瘤胃内 pH 值和电位的影响。因此，饲养管理上，变更饲料的种类时要有一定的过渡期（10～12 天），逐渐过渡。

三、特殊的消化生理

（一）反刍

牛匆忙吞入的食物，在休息时，食团刺激瘤胃前庭和食道沟的感受器，中枢神经兴奋，使瘤胃产生逆蠕动，食团通过逆呕反送到口腔，混入唾液，反复咀嚼后再吞入瘤胃，这一过程称为反刍。反刍是对草食的再消化。一般情况下，犊牛在 2 月龄后出现反刍现象。牛每日反刍次数为 9～18 次，每次时间 15～50 分钟，每日用于反刍的时间约 5～9 小时。每次反刍咀嚼 50～60 口，俗称倒沫。

（二）嗳气

瘤胃中由于微生物的发酵作用，产生大量的挥发性脂肪酸和二氧化碳、氨气、甲烷等气体，使瘤胃内压力增加，兴奋压力感受器和嗳气中枢，导致瘤胃由后向前收缩，压迫气体向瘤胃前部移动，由食管进入口腔，排出体外，这一过程称嗳气，牛平均每小时嗳气 17～20 次。

第三节　牛的繁殖特征

一、牛的一般繁殖特征

牛为双角子宫、单胎动物，性成熟年龄因牛种和品种而有差异，普通牛性成熟年龄一般为 8～12 月龄，小型品种性成熟早些，个别品种要 15～18 月龄才能达到性成熟。牛的繁殖年限为 11～12 年。牛的发情一般以春秋季发情较明显。牛的发情期较短，一般为 16～21 小时。

二、牛的性行为

母牛发情后，表现为兴奋不安，食欲下降，鸣叫，外阴红肿，颜色变深，阴道分泌物增加；公牛通过听觉和嗅觉判断母牛的发情状况，反应为追逐，与母牛靠近，表现为性激动。当遇到发情母牛时，就进行交配行为。

三、妊娠母牛的行为

母牛妊娠后，食欲增加，被毛光泽增加，性情温顺，行动缓慢小心。

第四节　奶牛的泌乳特性

乳的排放是神经—激素共同作用的结果。当按摩、挤奶或犊牛吸吮时，脑垂体后叶分泌催产素，由血液流到乳腺泡和乳腺管上皮，引起收缩，使乳腺泡液流到乳管，最后流到乳池。泌乳是一个连续不断的过程。催产素在循环血液中的半衰期仅 3 分钟，所以，挤乳必须迅速，这种作用过后，产生排乳抑制现象，很难将乳挤出。

第五节　牛的生长发育特征

牛断奶前各组织器官发育已基本完成，神经组织发育完善，牛体的生长过程是由前到后，由下到上的过程。各组织生长首先是与生命关系密切者优先。身体各部位生长次序为由头到颈，四肢，再到胸廓，最后是腰尻部；各组织发育的顺序是由神经到骨骼，再到肌肉，最后到脂肪。10～12 月龄以前是骨骼生长发育的高峰，12 月龄后肌肉生长加快，18 月龄左右其生长基本完成，以后脂肪的沉积加快。牛在生长发育某阶段受营养的限制，营养低时，生长速度减慢甚至停止，当恢复到高营养水平后，生长速度比未受限饲养的牛快，经过一段时间饲养后能恢复到正常体重，称之为代偿生长，合理利用代偿生长有助于肉牛生产。

思考与实践

1. 牛的采食生物学特征是什么？
2. 牛的消化特征是什么？

第四章　奶牛的饲养管理

第一节　犊牛的饲养管理

犊牛指从出生至6月龄的牛。分为哺乳犊牛（0～60日龄）和断奶犊牛（断奶至6月龄）。

一、犊牛的培育

犊牛的培育可提高牛群质量与生产水平，获得健康牛群，使牛群不断扩大。因此，犊牛培育需要从以下几个方面着手进行。

（一）加强妊娠母牛的饲养管理

促进胚胎的生长发育，以获得健壮的初生犊牛。母牛在妊娠期，日粮上要特别注意其质量（全价性），妊娠后期，要注意日粮体积不能太大，以免影响胎儿。

（二）加强消化器官的锻炼

牛必须具有发达的消化系统，即应该具有容积大、强而有力的消化器官。对于奶牛来讲更应该如此，只有这样，奶牛才能采食大量的粗饲料和适量的精料，充分发挥出产奶潜力，而且还有利于保持消化系统功能正常和健康的身体。一般要求3月龄时体重达到90千克以上，6月龄时160千克以上，12月龄时，体重为初生重的7～8倍，16月龄时体重达到350千克。切莫用过多的奶和精料进行过度饲养。

二、犊牛哺乳期的饲养管理

哺乳期（0～60日龄）饲养犊牛，饲喂时必须做到"五定"，即定质、定时、定量、定温、定人，每次喂完奶后擦干嘴部。新生犊牛在出生后必须尽快吃到初乳，新生犊牛饲喂初乳必须持续3天以上，一周开始补饲，以促进瘤胃发育。

哺乳期要保证犊牛有充足、新鲜、清洁卫生的饮水，冬季饮温水。每头每天饮水量平均为5～8千克。

哺乳期卫生上应做到"四勤"，即勤打扫、勤换垫草、勤观察、勤消毒。犊牛的生活环境要求清洁、干燥、宽敞、阳光充足、冬暖夏凉。

三、犊牛断奶期的饲养管理

犊牛断奶期（断奶至6月龄），饲养犊牛的营养来源主要依靠精饲料供给。随着月龄的增长，逐渐增加优质粗饲料的喂量，选择优质干草，苜蓿供犊牛自由采食，4月龄前禁止饲喂青贮等发酵饲料。干物质采食量逐渐达到每头每天4.5千克。

断奶后犊牛按月龄体重分群散放饲养，自由采食。应保证充足、新鲜、清洁卫生的饮水，冬季饮温水。保持犊牛圈舍清洁卫生、干燥，定期消毒，预防疾病发生。

犊牛还应补充一些抗生素，抗生素饲料能刺激消化道有益微生物群体的优先繁殖，抑制有害微生物，减少寄生虫对营养物质的竞争，并降低下痢等消化系统疾病的发病率，还可使犊牛增加采食量。总之，可以预防疾病，增进健康，提高增重。例如，上海第六牧场犊牛坚持在初生期结束后，每天补饲1万国际单位的金霉素，30天后停喂，犊牛的日增重提高7% ~16%，下痢亦大大减少。

四、犊牛的早期断奶

早期断奶，具有节约商品乳和劳动力，降低犊牛培育成本和犊牛死亡率，促进消化器官的迅速发育，更具有发挥母牛生产力等优点。现在国内外早期断奶方案大多是应用人工乳或代乳料代替全乳来进行的。

（一）人工乳、代乳料的饲喂

人工乳是以乳业副产品为主的商品饲料，代乳料是根据犊牛营养需要精心配制的饲料。

1. 人工乳、代乳料的湿喂与干喂

人工乳、代乳品应以液体形状喂给牛，因为液体直接吸吮到真胃，在真胃和小肠内进行消化吸收，其效力较高。到8周龄一般犊牛的总增重不如一直喂液体人工乳料犊牛的高。但在2~3周龄喂给代乳料颗粒，则其增重与一直喂液体乳料犊牛相差无几。但为了避免拉稀，增重受阻，还是以喂液体为好。

2. 代乳料中淀粉的利用

淀粉经糊化可代替2月龄以下犊牛奶干物质的15%。幼犊牛最初没有适应淀粉的能力，只要逐渐适应，对淀粉的消化率是很高的。淀粉的消化主要在小肠进行，以葡萄糖的形式吸收，有一部分淀粉在大肠，经微生物消化产生有机酸，供幼犊牛维持生长用，但代乳料中总碳水化合物不可过多，以免大肠发酵造成拉稀。

3. 代乳料中大豆蛋白质的利用

代乳料中应用脱脂乳粉提供品质优良的蛋白质当然很好，但成本高，尚需植物蛋白质代替。虽然植物蛋白质品质差，但成本低，可以用大豆代替一部分。利用50%或更多的氢氧化钠处理的大豆面代替乳料中乳蛋白，犊牛的日增重、营养物与消化率接近于代乳料。

（二）豆浆的饲喂与利用

豆浆也可作为代乳料中的一部分，豆浆成本低，易获得，但利用时必须掌握以下几个环节。

第一，豆浆必须煮开以消除大豆中的抗胰酶。因为抗胰酶使大豆蛋白质消化率下降。

第二，豆浆总固体为15%为宜，也可占到20% ~25%，但消化率有所下降，注意防止拉稀。

第三，豆浆在代乳料中所占比例，如与脱脂乳相配，可各占一半，1月龄前尽量少用，1月龄时逐渐增加，但不可100%代替。

（三）早期断奶方法

早期断奶的一般方法：犊牛出生后5~7日应充分哺喂初乳，20日龄内以牛奶为主，20日之后迅速减少喂奶量。与此同时，从第八天开始饲喂人工乳或代乳料和干草（自由采食），到30~42日龄如果日采食精料量达到1~1.2千克时，即可断奶。根据奶牛饲养实际情况，乳用犊牛总喂乳量200千克以内，2月龄断奶，可视为早期断奶。

第二节　育成牛的饲养管理

育成牛指6月龄至配种前的母牛（7~15月龄），该阶段奶牛生长发育快，发病率低，容易饲养管理，但也不能忽视，以免使牛的生长发育受阻。所以，对育成牛饲养管理的好坏，直接影响奶牛的生长发育，从而影响育成牛的第一次配种日龄以及产犊后的产奶量。

奶牛在育成阶段迅速生长，体形、消化器官、生殖器官都发生了巨大变化。但因年龄不同其生长发育速度也有差异。对不同阶段的育成牛须按不同年龄的发育特点和营养需要进行正确的饲养管理。

育成牛日粮中以青、粗饲料为主，多喂给优质的禾本科与豆科干草以及青贮、糟粕、块根饲料，适当搭配精料，每头每天2~2.5千克，日粮蛋白质含量达到13%~14%；同时，必须经常供应食盐、矿物质饲料和清洁的饮水，保证维生素A和维生素E的供给。食盐和矿物质饲料一般混入谷物饲料中饲喂，同时补喂含有15%~20%的钙磷补充饲料。

育成牛应管理适宜，采取散放饲养分群管理。保证充足新鲜的饲料供给，非全混合日粮饲喂时，注意精饲料投放的均匀度。应保证充足、新鲜、清洁卫生的饮水。应定期检测体长、体重指标，及时调整日粮结构，保持适宜体况，并注意观察发情，做好发情记录，以便适时配种。

第三节　初孕牛的饲养管理

初产母牛由于是初次怀孕，其饲养管理有许多值得注意的事项，妊娠期是指母牛从怀孕到产犊之间的时期。初产母牛怀孕期饲养管理的要点是保证胎儿的健康发育，母牛保持中等以上膘情，以确保母牛产犊后获得尽可能的泌乳量。

饲喂方法：16~18月龄的日粮以中等质量的粗饲料为主，混合精料，每头每天饲喂2.5千克，日粮蛋白水平达到12%，日粮干物质采食量每头每天控制在11~12千克。19月龄至预产前60天的混合精料饲喂量，每天每头2.5~3千克，日粮粗蛋白水平为12%~13%。预产前60天至预产前21天的日粮干物质采食量每头每天控制在10~11千克，以中等质量的粗饲料为主，日粮粗蛋白水平为14%，混合精料每头每天3千克。预产前21天至分娩采用干奶后期饲养方式，日粮干物质采食量每头每天控制在10~11千克，日粮粗蛋白水平为

14.5%，混合精料每头每天4.5千克左右。在整个孕期要保证饲料质量，营养均衡，尤其是要保证能量、蛋白质、矿物质和维生素A、D、E、钙、磷的供给。

饲养管理：应做好发情鉴定、配种、妊娠检查等工作并做好记录。应根据体膘状况和胎儿发育阶段，合理控制精料喂量，防止过肥或过瘦。应注意观察乳腺的发育，保持圈舍，产房干燥、清洁，严格执行消毒程序。经常供给足够清洁饮水和防寒保暖。注意观察牛只临产症状，以自然分娩为主，掌握适时，适度的助产方法。

第四节　成年母牛的饲养管理

一、泌乳早期的饲养管理

泌乳早期，即分娩至产后21天。饲养应注意产前产后日粮转换，分娩后视食欲、消化、恶露、乳房状况，每头每天增加0.5千克精饲料，自由采食，提高日粮钙的水平，每千克日粮干物质含钙0.6%、磷0.3%，精粗饲料比以40:60为宜。喂全混合日粮时，应按泌乳牛日粮配方供给，并根据食欲状况逐渐增加喂量。管理上应让牛只尽快提高采食量，适应泌乳牛日粮；排尽恶露，尽快恢复繁殖功能。

二、泌乳盛期的饲养管理

泌乳盛期（产后21天至100天）。饲养日粮干物质采食量应从占体重的2.5%~3%逐渐增加到3.5%以上。粗蛋白水平为16%~18%，钙为0.7%，磷为0.45%。精粗饲料比由40:60逐渐过渡到60:40。应多饲喂优质干草，对体重降低严重的牛适当补充脂肪类饲料，如全棉籽、膨化大豆等，并多补充维生素A、维生素D、维生素E和微量元素，饲喂小苏打等缓冲剂以保证瘤胃内环境平衡。应适当增加饲喂次数，运动场采食槽应有补充料和舔砖供应。管理应尽快使牛只达到产奶高峰，保持旺盛的食欲，减少体况负平衡。搞好产后监控，及时配种。

三、泌乳中期的饲养管理

泌乳中期（产后101天至200天）。饲养日粮干物质采食量应占体重的3%~3.5%，粗蛋白为13%，钙为0.6%，磷为0.55%，精粗饲料比以40:60为宜。此阶段产奶量渐减（月下降幅度为5%~7%），精料可相应渐减，尽量延长奶牛的泌乳高峰。此阶段为奶牛能量正平衡，奶牛体况恢复，日增重为0.25~0.5千克。

四、泌乳后期（产后201天至停奶）

饲养日粮干物质应占体重的3%~3.2%，粗蛋白水平为12%，钙为0.6%，磷为0.35%，精粗饲料比以30:70为宜。调控好精料比例，防止奶牛过肥。该阶段应以恢复牛的体况为主，加强管理，预防流产。做好停奶准备工作，为下胎泌乳打好基础。

第五节　奶牛干乳期的饲养管理

泌乳母牛在下一次产犊前有一段停止泌乳的时期，称为干乳期。干乳期一般为 60 天，变动范围为 45 ~ 75 天。

一、干乳的方法

1. 逐渐干乳法

逐渐干乳法是用 1 ~ 2 周的时间将泌乳活动停止下来。在预定停奶前 10 ~ 20 天开始变更饲料组成，逐渐减少精料和多汁饲料的饲喂量，增加干草喂量，控制饮水量，停止按摩，减少挤奶次数，采取隔班，隔日挤奶，人为降低牛乳的分泌量，由正常每日 3 次挤奶改为 2 次到 1 次，由原来的每日挤奶改为隔 1 日、2 日、3 日到 5 日，每次挤奶必须完全挤净，当产奶量降至 4 ~ 5 千克时，停止挤乳。这样乳牛就会逐渐干乳。该方法适用于高产奶牛。

2. 快速干乳法

在干乳前的最后一次挤奶时加强乳房按摩，彻底挤净乳汁，然后每个乳头用 5% 的碘酊浸泡 1 次，进行彻底消毒，并分别用乳导管向每个乳头注入抗生素油 10 毫升。

二、干乳前期的饲养管理

干乳前期（停奶至产前 21 天）：饲养日粮应以中等质量粗饲料为主，日粮干物质采食量占体重的 2% ~ 2.5%，粗蛋白水平每天为 12% ~ 13%，精粗饲料比例以 30∶70 为宜。混合精料每头每天 2.5 ~ 3.5 千克。

干乳前期管理：停奶前 10 天，应进行妊娠检查和隐性乳房炎检测，确定怀孕和乳房正常后方可进行停奶。配合停奶应调整日粮，逐渐减少精料供给量。停奶采用快速停奶法，最后一次将奶挤净，用消毒液消毒后，注入专用干乳药，转入干奶牛群，并注意观察乳房变化。此阶段饲养管理的目的是调节奶牛的体况，维持胎儿发育，使乳腺及机体得以休整，为下一个泌乳期做准备。可根据个体不同体况，增减精料喂量，控制饲喂食盐、苜蓿。

三、干乳后期的饲养管理

干乳后期（产前 21 天至分娩）：饲养日粮应以优质干草为主，日粮干物质采食量应占体重的 2.5% ~ 3%，粗蛋白水平为 13%，可适当降低日粮中钙的水平，添加阴离子盐产品，促进泌乳后日粮钙吸收和代谢，不补喂食盐。此阶段为围产前期，应防止生殖道和乳腺感染以及代谢病为主，做好产前的一切准备工作。产房产床保持清洁、干燥，每天消毒，随时注意观察牛只状况。产前 7 天开始药浴乳头，每天 2 次，不能挤奶。

第六节　奶牛围产期的饲养管理

围产期奶牛是指分娩前 15 天至分娩后 15 天以内的母牛，分娩前 15 天称围产前期，分娩后 15 天称围产后期。围产期的饲养管理，对牛的健康和产奶能力有着重要作用。

一、围产前期要注意以下几方面

一是防止产后酮血病发生，可采取产前 8 天加喂烟酸 4 ~ 8 克，每天一次内服，连服 8 天；二是防止产后瘫痪，可采取产前每天一次肌内注射维生素D-31万单位，连注 7 天；也可采取低钙饲养法，即产犊前日粮钙、磷最适量每日 50 克和 30 克，避免高钙日粮；三是防止胎衣不下，产前 9 天，每天肌注孕酮 100 毫克。

牛的胎儿发育主要在妊娠后期，因而在妊娠后期要饲喂高质量日粮，采用引导饲养法，以期供应胎儿生长发育需要，促进初乳的形成并可减少酮血病的发病率，维持体重提高产奶量。产前 2 ~ 3 天，日粮中应加入小麦麸等轻泻性饲料防止便秘。

母牛在分娩前 7 ~ 10 天转入产房，单独饲养管理。逐渐增加精料的喂量，使牛习惯于产后多吃精料。产房预先打扫干净，用 20% 的石灰水消毒，辅上干净而柔软的褥草。

要特别注意观察，如发现母牛有分娩症状，助产者用 0.1%~0.2% 高锰酸钾洗涤外阴和臀部附近，并擦干净，关好门窗。任母牛自然产出，必要时进行助产。

二、围产后期的饲养管理

母牛分娩后立即驱起，以免流血过多，并将准备好的温水（20 ~ 30℃）麸皮汤（温水 15 ~ 20 千克，食盐 150 ~ 200 克，麸皮少许）给母牛饮用，可以使因分娩而突然降低血压及大量失水的母牛迅速恢复体力，并有利母牛排出胎衣。产后 0.5 ~ 1 小时内进行第一次挤奶。产后 4 ~ 8 小时内胎衣自行脱落。

母牛产后 2 天内应以优质干草为主，同时补喂易消化精料，如玉米、麸皮，并适当增加钙在日粮中的水平和食盐的含量。产后 1 周内的母牛要坚持饮温水，水温 37 ~ 38℃，1 周后可降至常温。

母牛产后，产奶功能迅速增加，代谢旺盛。常发生代谢紊乱而患酮血病和其他代谢病，这时要严禁过早催乳以免引起体况急剧下降而导致代谢失调。在产后 15 天内饲养重点应以尽快促使母牛恢复健康为原则。

挤乳过程中一定要遵守操作规程，保持乳房卫生以免诱发细菌感染而患乳房炎。母牛产后应每 2 天用 1% ~ 2% 来苏尔洗刷后躯，特别是阴门、尾根及臀部，要把恶露彻底洗净。防止感染，发生子宫炎。母牛产后如正常，一般在10 ~ 15 天可出产房。

第七节 泌乳牛的饲养管理

一、挤奶

（一）人工挤奶

挤奶前用 50℃左右的温水将乳房擦洗干净，同时按摩乳房，待乳房变硬，血管怒张时，立即挤奶。挤奶动作应迅速，每分钟 80 ~ 120 次，结束前再次按摩乳房，挤尽乳汁。

（二）机器挤奶

机器挤奶是利用负压将乳汁吸出。挤奶器由真空系统和挤奶系统两大部分构成。目前，挤乳机的乳杯在挤完某一乳区时能自动脱落。每次挤奶完成后应将挤乳机清洗干净。

二、驱虫

奶牛每年应对体内外寄生虫驱杀两次。用伊维菌素每千克体重 0.15 毫克内服。

思考与实践

1. 简述优质犊牛培育的主要技术措施。
2. 简述泌乳牛的饲养方法及管理技术。

第五章　肉用牛的饲养管理

第一节　肉用牛的育肥

一、架子牛的育肥

犊牛断奶后受营养水平的限制，饲养管理粗放，不能持续保持较高的增重速度，延长了饲养期。幼牛“架子”搭起后，强度育肥一段时间以加大体重，改善肉质，称为“架子牛”育肥。可分为育成期和育肥期两个阶段。

（一）育成期饲养

此期的饲养目标是促进牛体骨骼、肌肉生长发育，在15～18月龄时体重达350千克，营养上要满足牛体生长发育所需，供给蛋白质、矿物质和维生素A，注意蛋白质的质量和钙、磷的比例。育成期可采用放牧或舍饲饲养。

1. 放牧饲养

放牧饲养牛要注意补充镁盐和食盐，定期测定幼牛生长情况，每天补充精料1～2千克。若生长发育差，夜间再补饲青粗饲料，以保证其正常增重。

2. 舍饲

按照饲养标准投喂饲料。首先应供给充足的青粗饲料，不足部分由精料补充，充分利用当地种植的人工牧草、野草、秸秆、农副产品等饲喂育肥牛。

（二）育肥期饲养

幼牛15～18月龄时其体重达350千克左右，转入育肥期饲养，一般22～24月龄出栏，体重450～550千克。育肥期又分为增体期和肉质改善期两个阶段。

1. 增体期

幼牛育成期完成后进入增体期，一般3～4个月时间，要求日增重0.9千克以上。增体期完成后，体重达450千克左右，日粮中精、粗料比例为60:40。

2. 肉质改善期

育肥牛体重达到450千克左右后开始进入肉质改善期。幼牛增重速度开始下降，但要致力于脂肪沉积，使脂肪沉积于肌肉内形成“大理石”纹，以便生产出柔软多汁的中高档牛肉。经过2~3个月的育肥，体重达500千克以上出栏。饲养上可采用高能低蛋白料，饲料调配上要增大饲粮浓度，使牛摄取足够的营养。另外要保证矿物质、维生素的供给。此期饲养以增进食欲为主，粗饲料供给以保证正常反刍的最低纤维量即可。

二、持续育肥

持续育肥又称强度育肥，指犊牛断奶后就地转入育肥阶段，后由专门化育肥场集中进行育肥。通常是精料丰富且价格便宜，牧草丰富且质优的地方采用此种方式育肥肉牛。

持续育肥采用高能、高蛋白饲养，要求12~15月龄达到350~450千克，日增重0.9~1.2千克，不得低于0.7千克，否则影响整个育肥期增重。抓住12月龄前快速增长的时期，给予丰富饲料饲养，除满足蛋白质、能量外，还须注意矿物质，尤其是钙、磷、微量元素及维生素A、D、E的供给。日粮干物质中蛋白质含量11%~17%，可消化总养分65%~80%，干物质进食量和蛋白质比例减少，但绝对需要量增加。

在整个持续育肥期中，均以高营养水平进行饲养，饲料以高浓度饲料（高能、高蛋白配合饲料）和优质粗饲料为主，可获得最好的饲料转化率和经济效益。但是，过多精料会使瘤胃pH值下降，微生物纤维分解酶受到抑制，代谢发生紊乱，使粗饲料消化率降低，日粮中应保持最低粗纤维量，并投喂小苏打，以改善瘤胃内环境。

三、成年牛育肥

成年牛育肥是指生长发育已完成，达到体成熟年龄的牛的育肥，在屠宰前集中一段时间进行育肥，使脂肪沉积，改善肉质。以6~8岁健康公牛、母牛和幼牛作为育肥对象。此时牛的肌肉生长已完成，肌纤维不老，脂肪沉积于肌肉内后形成较好的肉质，一般育肥期为3~4个月，不超过180天，要求日增重达1~1.1千克。干物质进食量10~12千克，粗蛋白800~900克，钙37~41克，磷19~24克，胡萝卜素48~60毫克。

饲养上以能量饲料为主，逐渐增加精料，精料用量占体重的0.8%~1%，每日用量3~4千克；自由采食优质干草、青绿饲料、青贮饲料、氨化秸秆。以“少给勤添”的方式供给较好，夜间投足粗饲料，也可将精料混于粗饲料中任牛自由采食。青贮玉米每日用量可高达40~45千克，使用时逐渐增加。

第二节　育肥牛的饲养管理

一、一般饲养技术

饲养上做到“定时”，以增进牛的采食和反刍；“定人”，便于观察掌握各牛只情况。其次要按照饲养标准，根据体重，日增重配合日粮。更换饲料种类时应逐渐进行，需有2周的过渡时间。给予充足的饮水，每天饮水量30~50升，有条件的地方可安装自动饮水器或采用自由饮水。饲喂次序应“先干后湿，先粗后精”，育肥期“先精后粗”。保证最低纤维供给，以维持瘤胃的正常反刍。

二、观察牛群，预防下痢

预防下痢，每天观察牛群的食欲、反刍、粪便情况。发现异常立即处理，肉牛育肥过程中切忌下痢，以免影响日增重和饲料报酬。饲喂酸性大的饲料应特别注意。

三、合理分群

按照肉牛育肥阶段分群管理，即将牛体格大小、体重、采食速度、性别等各方面相似者分为一群，每群设专人负责。

四、淘汰育肥性能差的牛只

幼牛育肥的目的是生产高品质牛肉，育肥过程中有少部分食欲差，消化不良，生长速度慢的牛只应予淘汰，否则会增加成本，降低经济效益。

五、梳刮

牛体梳刮有助于加强血液循环，可每天梳刮一次或 3 ~ 5 天梳刮一次。育肥牛出现食欲减退时，加强梳刮牛体可增进食欲。

六、运动

育肥牛早期可适当运动，有助于幼牛发育和保持旺盛的食欲。育肥后期仅做逍遥运动或不运动，可采用露天育肥场或系留式饲养。

七、环境卫生

牛舍清洁干燥，育肥牛有舒适感，每天清除牛舍中的粪便，勤换垫草，保持牛舍通风良好，冬暖夏凉。

八、夏季防暑

牛耐寒不耐热，夏季气温高，牛食欲降低，影响日增重。应搞好防暑降温，保持牛舍通风良好。可根据实际条件采取措施，如安装电扇，给牛冲冷水澡，夜间投喂青草，牛舍四周植树遮阳，梳刮摩擦牛体，这样可刺激育肥牛提高食欲。

思考与实践

1. 简述成年牛及“架子牛”的育肥技术。
2. 什么是持续育肥法？

第六章　牛产品的初步加工

第一节　牛乳的初步加工

一、牛奶的理化特性

1. 牛奶的成分

牛奶因品种、个体、饲养条件、泌乳期等不同，组成差异较大。一般情况下，牛奶中含水85.5%～89.5%、干物质10.5%～14.5%、干物质中含脂肪2.5%～4.2%、蛋白质2.9%～5.0%、乳糖3.6%～5.5%、矿物质0.6%～0.9%。另外，含维生素、酶、体细胞等成分。牛奶中的水绝大部分为自由态，结合态和结晶态的水占2%～3%，蛋白质主要为酪蛋白和乳清蛋白，乳脂为长链脂肪和短链脂肪各占一半。

2. 牛奶的物理特性

（1）色泽和滋味　正常牛奶为乳白色或微黄色，略带甜味或咸味，微黄色主要来自草料中的叶黄素和维生素A。

（2）比重　乳的比重指15℃时同体积的牛奶和水的重量之比，牛奶的正常比重为1.028～1.032。

（3）乳的酸度　指以酚酞作指示剂，中和100毫升牛乳所消耗0.1摩尔/升氢氧化钠溶液的毫升数。它是自然酸度和发酵酸度的总和，正常牛乳的酸度为16～18°T。

二、牛乳验收

1. 感官鉴定

检查牛乳的气味、滋味、色泽是否正常。肉眼不能看到异物和凝块。

2. 比重测定

用密度计测定密度。标准密度换算成比重。比重＝乳的密度＋0.002；乳的密度指20℃的牛乳与同体积4℃水的质量之比，乳密度＝1＋［读数＋（样品温度－20）×20］/1 000。

3. 酸度测定

生产上常用酸碱中和滴定法和酒精阳性试验。

（1）滴定法　取10毫升牛乳于烧瓶中，用20毫升蒸馏水稀释，加入0.5%酚酞0.5毫升，用0.1摩尔/升氢氧化钠滴定，不断摇动，直至粉红色30秒不消失为止。消耗氢氧化钠液的毫升数乘以10即为牛奶的酸度。

（2）酒精阳性试验　生产中常用68%、70%、72%的酒精2毫升加入等量的牛奶，不出现絮状物为合格。以上酒精浓度下不出现絮状物，表明酸度分别为20°T、19°T和18°T以下。

三、牛乳的初步处理

1. 牛乳的净化

挤出的牛奶尤其是手工挤出的奶难免有尘埃、牛毛、牛粪、草渣等落入使牛奶污染。因此，加工前必须进行净化处理，牛奶净化处理采用滤布或净化机将异物除去。

2. 牛乳的冷却

刚挤出的牛奶温度为35℃左右，牛奶为天然的培养基，很容易引起细菌的繁殖，引起变质，挤出的牛奶须进行冷却，抑制细菌的生长，采用3～4℃的循环水或冷却器（如冷库）冷却牛奶。

3. 牛乳的储存

牛乳的储存必须防止温度快速升高和脂肪分离，一般将冷却到4℃的牛乳置于绝热性能好带有搅拌设施的奶罐中，使用前牛乳的温度不超过13～18℃。

4. 牛奶杀菌

杀灭牛乳中的致病菌和引起牛乳变质的微生物，使牛奶成为安全的食品。牛乳杀菌一般用巴氏消毒法，根据杀菌温度和持续时间，杀菌方法分为3种：

（1）低温长时间杀菌法　将牛乳加热到62～65℃，保持30分钟，通过使用冷热缸作加热设备。

（2）高温短时间杀菌法　牛乳加热到72～75℃，维持15～16分钟或80～85℃，维持10～15分钟，采用全套杀菌设备。

（3）超高温瞬间灭菌法　将牛乳加热到135℃，保持2分钟，采用片式热交换设备。

第二节　肉牛的屠宰及分割

一、屠宰前的准备

屠宰前24～30小时，将待宰牛运到屠宰场，屠宰牛在运输，屠宰场停留期间，应让牛休息1天以上，保持环境安静，防止牛滑倒，相互顶撞，爬跨和打架，以免产生劣质牛肉和淤血牛肉。屠宰前24小时喂水。屠宰前将牛体和四肢表面污物清洗干净，以减少胴体和屠宰车间的污染。

二、屠宰

1. 击晕与放血

采用220～240伏，5安的电极将屠宰牛击昏，禁止击打头部或直接屠宰。将击昏的牛后肢提起，倒吊于屠宰轨道上，在喉头部用大抹脖放血，将血放尽。

2. 胴体生产

由牛的后肢内侧开始，由后向前，由腹向背逐步剥离牛皮，剥皮下刀时注意不能伤及牛肉和牛皮，去掉蹄和头，沿腹中线剖开去掉内脏，注意防止直肠中的粪便溢出污染胴体。

3. 胴体劈半

采用电锯沿脊椎的中央将胴体劈为左右两半，沿第 12 和第 13 肋之间将胴体截断，将胴体劈为四分体。

4. 卫检

卫检人员检查胴体及淋巴、肝、脾等脏器，确定牛肉是否符合食品卫生标准，并做好记录。

三、胴体成熟

胴体成熟是牛屠宰后，牛肉内部发生一系列的化学变化，使肉柔软，多汁，并产生特殊风味的过程，它包括尸僵和自溶两个过程。胴体成熟的处理为：将胴体在 16 ~ 18℃条件预冷 4 小时，然后在 0 ~ 4℃，相对湿度 70% 以上的环境中存放 48 小时以上，当胴体表面形成一层“干燥薄膜”，肌肉有弹性，切面潮润时，表明成熟完成。

四、胴体分割

它是牛肉处理和加工的重要环节，也是提高牛肉商品价值的重要手段。将胴体分割成牛柳、大西冷、S 肉、尾龙扒、脍龙扒、林肉、针扒、牛展、腿肉、肩肉、小西冷、胸肉、肋条、脖肉等肌肉块。

第三节 牛皮的初步处理和储存

一、鲜牛皮的预处理

用钝刀刮掉牛皮上的肉屑、脂肪、凝血、粪便、杂质等，去掉口唇、耳朵及有碍皮形整齐的皮角边等。

二、牛皮的防腐

牛皮的防腐原则是低温、低水分和利用防腐剂抑制细菌和酶的活动。常用的防腐方法有干燥法、盐渍干腌法和盐干法。

1. 干燥法

将牛皮的肉面向上，平摊在木板、席子上，或肉面向风吊起，采用自然通风干燥使牛皮的水分降低到 15% 以下。注意不能在阳光下暴晒或淋雨。

2. 干腌法

将牛皮的毛面向下，平铺于中心较高的垫板上，整个肉面均匀撒满食盐，然后再将另一张皮铺上撒盐处理，生皮堆高 1 ~ 1.5 米，腌制时间 6 天，用盐量为皮重的 25%。

3. 盐干法

盐腌后的生皮再进行干燥。

三、牛皮的储存

将防腐处理的牛皮完全铺开使上面一张的毛面对下面一张的肉面，层层堆叠。仓储条件为：室内通风良好，温度 10～25℃，相对湿度 65%～70%，使生皮的含水量保持在 12%～20%，并在牛皮堆放的地方喷洒杀虫剂，如樟脑粉。

思考与实践

1. 怎样验收牛奶？牛奶应进行哪些初步处理？
2. 怎样生产牛胴体？
3. 怎样初步处理生牛皮？

第七章　牛常见病的防治

第一节　牛常见产科疾病的防治

一、胎衣不下

（一）发病原因

主要由于产后子宫收缩无力，怀孕期间胎盘发生炎症及胎盘构造等因素引起。

（二）主要症状

胎衣不下分为全部不下和部分不下两种。

1. 胎衣全部不下

胎盘大部分仍与子宫黏膜连接，部分胎膜悬吊于阴门之外，表面有大小不等的子叶。经过1～2天，胎衣腐败分解，出现全身症状，精神不振，背拱起，常常努责，体温稍高，食欲及反刍稍减，发生腹泻、积食。

2. 胎衣部分不下

胎衣的大部分已经排出，只有一部分残留在子宫内。

（三）治疗要点

胎衣不下的治疗方法主要有药物疗法和手术疗法两种。

1. 药物疗法

（1）在产后8～12小时肌注垂体后叶素40～80单位，2小时后再注射一次。或静脉注射麦角新碱200～300毫升，促进子宫收缩。

（2）往子宫内注入10%盐水2 000～3 000毫升，促进胎衣与子宫分离。

（3）在子宫黏膜和胎衣之间放入青霉素、链霉素。隔一日一次，共1～3次。预防胎衣腐败及子宫感染。如子宫颈口已缩小，可先肌注乙烯雌酚10～30毫克，使子宫颈口开放，排出腐败物，然后再放入防止感染的药物，可每日注射1次，连用2～3天。

2. 手术疗法

病牛体温超过39.4℃时，说明子宫有炎症，不可进行剥离，体温正常时方可手术治疗。

二、子宫内膜炎

（一）发病原因

难产，胎衣不下，子宫脱出，子宫复位不全，流产等因素均能引起子宫炎。在分娩后抵抗力降低及子宫损伤时，可转为急性炎症。

（二）主要症状

病牛常拱背，努责，从阴门中排出黏性或黏脓性分泌物。重症牛分泌物呈污红色或棕色，伴有全身症状，体温升高，脉搏、呼吸加快，精神沉郁，食欲下降，反刍减弱或停止。

（三）防治要点

（1）因为牛冲洗子宫后往往引起食欲降低，因此不宜进行冲洗，可向子宫内注入广谱抗菌消炎剂。

（2）控制感染，消除炎症和促进子宫腔内病理分泌物的排出，对有全身症状的进行对症治疗。

三、牛的乳房炎疾病

（一）发病原因

发病原因主要是由于病原菌的侵入，以及造成感染的各种诱因，如外伤、挤奶技术不佳、环境卫生不良、饲养管理失宜、激素失调、乳房缺陷和其他疾病诱发等。无症状的隐性乳房炎高于临床型乳房炎，其发病率约占整个牛群的50%。隐性乳房炎约90%是由链球菌和葡萄球菌引起的。

（二）主要症状

隐性乳房炎无明显临床症状。仅乳汁的质和量发生潜在性的改变，如乳中白细胞增多，乳汁 pH 值升高，泌乳量减少。

不同的病原微生物所引起的乳房炎临床症状有所差异，但基本症状是患病乳房有不同程度的充血、增大、发硬、温热和疼痛，泌乳减少或停止。乳汁最初无显著变化，以后因炎症波及乳腺的分泌部，乳汁变稀薄，且有絮状物或凝块，有时可见脓汁和血液。当实质排泄管及间质受波及时，乳腺可发生坏死；当皮下组织及腺间结缔组织被侵害时，则呈蜂窝织炎性乳房炎，它与坏死性乳房炎是乳房炎中最严重的两种类型。

（三）防治要点

1. 根据不同病情采取适当疗法

（1）乳房注入药物　在每次榨乳挤完最后一把残乳汁后，把经过消毒的导管插入乳头管内，用注射器向内注入经药敏试验的选择的药物（如50毫升5%的环丙沙星）或常规使用的青霉素80万单位和链霉素50万单位，注射完毕后，可轻轻捏一下乳头，防止漏出，每天2次，连续2~4天。

（2）肌肉或静脉注入药物　主要用于全身症状明显的病牛，如急性浆液性、纤维素性、出血性乳房炎或乳房蜂窝织炎。静脉注射10%氯化钙或10%葡萄糖酸钙注射液200~300毫升，同时把青、链霉素混入5%葡萄糖内注射。

（3）乳房基底封闭疗法 前叶发炎时，在乳房前腹壁与乳房基部之间，将针头向对侧膝关节方向刺入8~10厘米，注入抗菌药8毫升；后叶发炎时，术者位于牛的后方，在左右乳房中线离乳房基部2厘米处针头对向同侧腕关节方向刺入，注入普鲁卡因、抗生素，此方法最好配合乳头内注射。

（4）乳房按摩 促进乳汁及乳腺废旧上皮细胞的排出，恢复乳腺管道的通透性，加强乳房血液及淋巴循环。按摩每天可进行2~3次，每次10~15分钟，对浆液性乳腺炎和异常的乳房浮肿，应从乳头基部开始，由下向上进行。对卡他性乳腺炎，为恢复乳腺管通畅，应由上向下进行按摩。但纤维蛋白性、化脓性、出血性及蜂窝织性乳腺炎时禁止按摩乳房。

（5）冷敷、热敷及涂擦刺激物 为制止炎性渗出，在炎症初期需冷敷，2~3天后可热敷，以促进吸收。乳房上涂抹樟脑软膏，复方醋酸铅，可以促进吸收，消散炎症。

2. 要注重乳房炎的预防

①保持牛舍、牛身及用具的清洁卫生，产后排出的恶露尽量少污染牛体后躯。对较大和下垂的乳房要注意保护，免受外伤。②挤奶前用温水洗净乳房及乳头，洗后用干净毛巾擦干。挤奶后用0.5%碘溶液或0.1%新吉尔灭溶液浸浴乳头，以减少病原菌从乳头侵入的机会。③在干奶前最后一次挤奶后，向乳房内注入适量抗菌药物，可预防乳房炎的发生。一般常将青霉素80万单位，链霉素50万单位，溶于20~30毫升蒸馏水中，注入乳池内，并用金霉素或红霉素软膏1支，分别注入4个乳头管内，进行封闭。

四、生产瘫痪

（一）发病原因

生产瘫痪也叫乳热症，是母牛分娩前后突然发生的严重代谢病，其特征是知觉丧失及四肢瘫痪。发生该病的直接原因是分娩前后血钙浓度剧烈降低。

（二）主要症状

病程发展很快，典型症状表现不超过12小时内。病初食欲减退或废绝，反刍、瘤胃蠕动、排粪及排尿停止，轻度臌气，乳汁不多。病牛精神委顿，耳下垂，目光茫然，后肢交换踏地，后躯摇晃，站立不稳，肌肉发抖，不愿走动。很快转入麻痹和意识障碍，伏卧于地，不能起立，精神高度抑制，昏睡，头颈转向胸侧，颈肘间隙性震颤、痉挛，皮肤末梢冷凉，体温常温以下，部分牛瞳孔扩大，光反射消失，皮肤疼痛反射减弱或消失，前胃弛缓，轻度臌气，无尿无粪便。非典型病牛症状除瘫痪外，特征是头颈姿势不自然，由头部至鬐甲呈一轻度的S状弯。精神沉郁，食欲废绝，各种反射减弱，不能站立，体温一般正常。

（三）防治要点

1. 静脉注射钙剂

静注20%~25%葡萄糖酸钙500毫升，若注射6~7小时病牛无反应，可重复注射，但最多不超过3次。若3次补钙无效，而且排除诊断错误或有其他并发病，应停止补钙。补钙时应密切关注心脏情况，发现心律失常，说明补钙量过大或静脉注射速度过快。首次补钙效果不明显，第二次补钙时，可同时注入等量的40%葡糖糖溶液，15%磷酸钠溶液200毫升及硫酸镁溶液 200 毫升。

2. 乳房送风

适用于静脉补钙疗效不佳和复发的病牛。挤净病牛乳房中的奶液，消毒乳头和乳管口，将消毒过的乳导管插入病牛乳头管，用乳房送风器或打气筒连上乳头导管，打入适量空气，以乳区皮肤紧张，叩之鼓音为宜。打气结束后，捻搓乳头，用绷带结扎乳头管，待 30 ~ 60 分钟病牛起立，症状缓解后解除绷带。

3. 预防

从产前 2 周开始，饲喂含低钙高磷的饲料，减少日粮中钙含量。增加谷物的数量、减少饲喂豆科植物干草。分娩前或分娩后，立即将摄入的钙量增加到每天每头 125 克以上。产后不立即挤奶和产后 3 天之内不将初乳挤净。

第二节　牛常见传染病的防治

一、牛口蹄疫

（一）流行病学

口蹄疫是偶蹄兽的一种急性、热性、高度接触性传染病，病原体为口蹄疫病毒。其临床特征是在口腔黏膜、蹄部和乳房皮肤上发生水泡和糜烂。一年四季均可发病，但以春秋两季易流行。病牛通过水泡皮、水泡液、分泌物和排泄物、呼出的气体排出病毒。主要通过消化道、呼吸道、皮肤黏膜感染。

（二）主要症状

潜伏期 2 ~ 4 天。病牛体温升高，病初发烧 41℃，精神沉郁，食欲减退，闭口流涎，1 ~2天后在唇内面，齿龈，舌面及颊部黏膜发生水泡，水泡很快破裂，形成溃疡。随后蹄部形成水泡，水泡破溃后留下溃疡面，以后结痂。有时并发纤维蛋白性坏死性口膜炎、咽炎和胃肠炎，若鼻咽部形成水泡，则引起呼吸障碍和咳嗽。如有细菌感染，则发生化脓，趾间及蹄冠形成水泡破溃糜烂，病牛跛行，站立不稳。乳头也常发生水泡，引起乳房炎。有些病牛肌肉震颤，心律不齐，导致心肌麻痹死亡。成年牛死亡率低，犊牛感染后多因心肌炎而突然死亡，且死亡率较高。

（三）病理变化

胃肠有出血性炎症，肺呈浆液性浸润，心内外膜出血，心肌质地变软，切面呈灰白色或淡黄色的斑纹，俗称“虎斑心”。

（四）防治要点

严禁从疫区购进动物及其产品、饲料等，常发地区要定期注射口蹄疫疫苗。发生疫情后，立即上报，采取封锁、隔离、消毒、紧急接种等综合性扑灭措施，对疫区进行全面彻底消毒，病牛的粪便，残余饲料、垫草等应销毁，或在指定地点堆积发酵。

二、牛病毒性腹泻——黏膜病

（一）流行病学

由病毒性腹泻——黏膜病毒引起的一种急性或慢性传染病。冬末春初多发，主要经消化道传染，也可经呼吸道传染，不同品种、性别、年龄的牛都易感。老疫区以隐性和慢性病例为主，新疫区急性发病较多，传染迅速，致死率高。

（二）主要症状

潜伏期一般7～14天，病牛体温升高（40～42℃）、精神沉郁、厌食、反刍停止、呼吸急促、心跳加快、鼻、眼有浆液性分泌物，结膜炎、口腔黏膜潮红，口流涎、腹泻、粪便带有黏液和血液。妊娠牛发生流产，或使胎儿发生先天性畸形。慢性病牛症状不明显，生长发育受阻，消瘦，持续性或间歇性腹泻、跛行。

（三）防治要点

（1）该病无特效疗法。可根据病情对症治疗，止泻收敛、补液，应用抗菌药物防止继发感染。

（2）病牛应及早隔离或急宰，对同群牛或与病牛有接触史的牛要注意检查、早发现、早隔离、早处理。

（3）流行区的牛可用黏膜病弱毒苗进行预防接种。

三、牛流行热

（一）流行病学

牛流行热是由牛流行热病毒引起的急性热性传染病。该病常为良性经过，多数病牛经2～3天即可恢复正常，又称“三日热”。主要侵害黄牛、奶牛，水牛较少感染，不同品种、性别、年龄的牛都可感染。该病发生有明显的季节性和周期性，主要在夏末秋初，高温炎热，多雨潮湿，蚊蠓孳生的季节流行，北方8～10月份，南方可提前发生。每3～5年流行一次，一次大流行之后，常隔一次较小的流行。传染力强，传播迅速，呈流行性或大流行性。

（二）主要症状

潜伏期3～7天，发病前可见恶寒战栗。突然呈现高热40℃以上，维持2～3天，病牛精神委顿，皮温不整，特别是角根、耳、肢端有冷感，鼻镜干热，反刍停止，喜卧，不爱活动，四肢关节轻度肿胀、疼痛、步态不稳、跛行。呼吸急促、发出苦闷呻吟声。眼结膜充血、水肿、流泪、畏光。鼻腔流透明黏稠分泌物。有的便秘或腹泻，发热期尿量减少，尿液呈暗褐色、混浊、妊娠母牛可发生流产、死胎、泌乳量下降或停止。病死率一般在1%以下。

（三）临床诊断

根据该病的大群发生，传播快速，有明显的季节性，发病率高，病死率低的特点以及病牛临床上表现的特点，不难作出诊断。确诊该病还要做病原分离鉴定，或实验室检验。

（四）防治要点

1. *无特异疗法*

病初可根据具体情况使用退热药及强心药，停食时间长可适当补充生理盐水及葡萄糖溶液。用抗生素等抗菌药物防止并发症和继发感染。治疗时，切忌灌药。对该病要早发现、早隔离、早治疗。①对体温升高、食欲废绝的病牛，5% 葡萄糖生理盐水 2 000 ~ 3 000 毫升、10% 磺胺嘧啶液 100 毫升静脉注射，2 ~ 3 次/天。30% 安乃近 30 ~ 50 毫升，肌内注射，2 ~ 3 次/天。②对呼吸困难病牛，25% 氨茶碱 20 ~ 40 毫升、6% 盐酸麻黄素液 10 ~ 20 毫升 1 次肌内注射，每 4 小时 1 次。③对兴奋不安的病牛，用甘露醇 300 ~ 500 毫升一次静注。氯丙嗪 0.5 ~ 1 毫克/千克体重，一次肌内注射。④对瘫痪卧地不起的病牛，用 25% 葡萄糖液 500 毫升、糖盐水 1 000 ~ 1 500 毫升、10% 安那加 20 毫升、40% 乌洛托品 50 毫升、10% 水杨酸钠 100 ~ 200 毫升一次静脉注射，每天 1 次，连用 3 ~ 5 天。

2. 加强消毒

搞好消灭蚊蝇等吸血昆虫工作，应用牛流行性热疫苗进行免疫接种。

四、牛巴氏杆菌病

(一) 流行病学

牛巴氏杆菌病是由多杀性巴氏杆菌引起的。又称牛出血性败血症。这是牛的一种急性热性传染病，以高温、肺炎、急性胃肠炎以及内脏器官广泛性出血为特征。无明显季节性，但以冷热交替及天气骤变时容易发生。

(二) 主要症状

潜期 2 ~ 5 天。急性败血型病初高烧，体温升高达 40 ~ 42℃，随后精神沉郁，低头拱背，心跳加快，肌肉震颤，皮温不整，鼻镜干燥，结膜潮红，食欲减退或废绝，反刍停止，腹痛下痢，粪便带血，鼻孔和尿液有血，多在 12 ~ 48 小时内体温下降死亡。

(三) 病理变化

败血型死亡的病牛，内脏器官充血、黏膜、皮下等组织和肌肉点状出血，肝、肾实质性变性，淋巴结水肿。可据此作出临床诊断。

(四) 防治要点

①病牛初期可用抗出败多价血清皮下或静脉注射，必要时在 12 ~ 24 小时后再注射一次。同时肌注青霉素、链霉素，每天 3 次，连用 3 天；或 20% 磺胺嘧啶钠，肌肉或静脉注射，2 次/天，连用 3 天。治疗期间要加强护理，根据病情采取对症治疗。②发生该病时，应立即将病牛和疑似病牛隔离治疗，健康牛用高免疫血清或疫苗紧急预防注射。发病地区，每年定期接种牛出血性败血症氢氧化铝菌苗。

第三节　牛常见普通病的防治

一、瘤胃积食

(一) 发病原因

该病是由于采食大量难消化、易膨胀的饲料所致。突然更换饲料、放牧变舍饲、劣质草料换为优质草料等因素都能引起该病。前胃弛缓、瓣胃阻塞等病也可继发瘤胃积食。

（二）主要症状

发作迅速，病初食欲、反刍、嗳气减少或停止。背拱起，回头顾腹，后肢踢腹，腹痛，磨牙，摇尾，呻吟，站立不安。瘤胃蠕动减弱或停止，左腹中、下部膨大，触诊硬感如面团样，叩诊呈浊音，有时左腹上部有少量气体。鼻镜干燥，鼻孔有脓性分泌物。排软便或腹泻，黑色恶臭，重则带有血液、黏液和未消化的饲料颗粒。一般体温不升高，瘤胃内容物压迫膈和胸腔时呼吸困难，心跳加快，后期伴发前胃炎时出现神经症状，嗜眠，肌肉震颤，走路摇摆，运动失调。

（三）防治要点

1. 排除瘤胃内容物

①口服泻剂　牛可用硫酸钠或硫酸镁 400～800 克，也可用液状石蜡2 000～4 000 毫升，松节油 30 毫升，马钱子酊 15 毫升，酒石酸锑钾 8 克，1 次内服。②灌水　用胃管向胃内灌入大量温水，然后再导出，如此反复进行，直到将胃内食物大部分导出为止。此法可收到良好效果，但体质衰弱，呼吸困难者不宜进行。

2. 兴奋瘤胃

（1）按摩瘤胃，刺激瘤胃蠕动，在病后 6～8 小时，每 30 分钟按摩 1 次，每次 5～10 分钟，同时灌服酵母粉 500 克，温水 4 000 毫升，对轻症病例能取得良好效果。（2）用“促反刍液”500～1 000 毫升，1 次静注，同时可用新斯的明 20～60 毫升或氨甲酰胆碱 4～6 毫克或毛果芸香碱 20～50 毫克，皮下注射，最好用最小剂量，每 2～3 小时重复一次。

3. 防止脱水和酸中毒

该病的特征表现为严重脱水和酸中毒，特别是过食豆谷类精料引起的瘤胃积食。可用 5% 葡萄糖生理盐水或复方氯化钠注射液 8 000～10 000 毫升，分2～3 次静脉注射，同时加入 10% 安钠加 20 毫升和 5% 维生素 C 60 毫升，防止脱水。可口服碳酸氢钠 100～200 克，或静注 3%～5% 碳酸氢钠 500～1 000 毫升防止酸中毒。

4. 抑制兴奋

高度兴奋者，可肌注氯丙嗪 300～500 毫克或水合氯醛硫酸镁注射液 100～200 毫升。

5. 加强饲养管理

防止牛过食，不要突然更换饲料，增加精料时要逐渐进行。

二、瘤胃臌气

（一）发病原因

原发性瘤胃臌气主要是由于采食大量易发酵的饲料，短时间内产生大量气体，导致瘤胃内气体积聚过多。继发性瘤胃臌气主要由于前胃机能减弱、嗳气障碍，气体不能正常排出，积聚于瘤胃中，经常反复地发生慢性瘤胃臌气。

（二）主要症状

1. 原发性瘤胃臌气

牛采食易发酵饲料后很快发病，左腹迅速膨大，甚至高出脊背，疼痛不安，后肢踢腹，回顾腹部。急起急卧。叩诊左腹呈现鼓音，触诊有弹性。病牛食欲减退，反刍、嗳气很快完全停止，初期瘤胃蠕动增强，但很快减弱、停止。呼吸困难，甚至张口呼吸。结膜充血发绀，心跳亢进，后期运动失调，全身痉挛死亡。

2. 继发性瘤胃臌气

发病缓慢，食欲减退，左腹膨胀，呈周期性。重时呼吸困难，轻时缓解。瘤胃蠕动，反刍减弱，病重时停止。病牛逐渐消瘦，间歇性的腹泻和便秘。

（三）防治要点

治疗原则是及时排出气体并制止瘤胃内容物继续发酵。

①轻症病例可采取按摩瘤胃，让牛前高后低站立，促进气体排出；或将涂有松节油、食用酱的木棒衔于患牛口中，并将木棒两端固定于角根处，诱使嗳气；将鱼石脂 10 ~ 20 克、酒精 100 毫升，一次内服。②臌气严重，有窒息危险的，必须立即使用套管针放气，但放气速度不宜太快，在气体放完后将止酵剂经套管针注入，或普通食用油 300 ~ 500 毫升加温水 100 毫升灌服。③若为继发性瘤胃臌气，应先治疗原发病。

三、创伤

创伤是机体局部受到外力作用而引起的软组织开放性损伤，分为新鲜创伤和化脓性感染创伤。

（一）症状

新鲜轻度创伤，局部皮肤、肌肉破损、疼痛、出血，经一段时间后，血流可自止。重度创伤，伤口较大，疼痛剧烈，肌肉血管断裂，血流不止，甚至伤及内脏，造成内出血，发生急性贫血，虚脱甚至休克死亡。创口被细菌感染，则发生化脓腐烂，有脓汁流出。化脓感染严重者，有时出现全身症状，如精神沉郁，减食，甚至体温升高或发生脓毒败血症。

（二）治疗

1. 新鲜创伤的治疗

（1）创伤止血　除压迫，钳夹，结扎等方法外，还可应用止血剂，如外用止血粉撒布创面，必要时可应用安络血、止血敏、维生素 K_3 等全身性止血剂。

（2）清洁创伤　可用灭菌纱布将创口盖住，剪除周围被毛，用生理盐水将创围洗净，然后用5%碘酊进行创伤消毒。

（3）清理创围　除去覆盖物，用镊子仔细除去创伤内异物，反复用生理盐水洗涤创口，然后用灭菌纱布轻轻地吸蘸创伤内残存的药物和污物，再于创面涂布碘酊。

（4）缝合与包扎　创面比较整齐，外科处理比较彻底时可行密闭缝合；有感染危险时，进行部分缝合；创口裂开过宽，可缝合两端；组织损伤严重或不便缝合时，可进行开放疗法。四肢下部的创伤，一般应进行包扎。若组织损伤或污染严重时，应及时注射破伤风类毒素、抗生素。

2. 化脓性感染创伤的治疗

①清洁创围。用0.1%高锰酸钾液、3%双氧水或0.1%新吉尔灭液等冲洗创腔。②扩大创口，开张创缘，除去深部异物，切除坏死组织，排出脓汁。可用松碘油膏或10%磺胺乳剂等创面涂布或纱布条引流。③有全身症状时可适当选用抗菌消炎药，并注意强心解毒。

四、维生素 A 缺乏症

(一) 发病原因

由于冬春季节青饲料不足，或饲料单一经常饲喂棉籽饼，容易造成维生素 A 缺乏症。当患慢性肠道疾病和肝脏疾病时，也容易继发维生素 A 缺乏症。

(二) 主要症状

夜盲症是最早出现的重要病症。犊牛可继发“干眼病”，甚至呈现溃疡、穿孔、失明，皮肤呈现皮脂溢出和皮炎，有麸皮样痂块。新生犊牛发生先天性夜盲症及脑病，全身水肿，心脏缺损等。犊牛生长缓慢，发育不良；成年牛营养不良、贫血、衰弱乏力、生产性能低下。蹄生长不良，蹄表有纵行龟裂或凹陷。公、母牛生殖能力下降，公牛精子活力降低；母牛胎盘变性，导致胎儿发育不全，先天性缺陷或畸形，胎儿吸收、早产、流产、死产，所产犊牛衰弱及母牛胎盘不下。由于中枢神经、视神经、外周神经等损伤，还可出现运动失调，面部麻痹，强直性和阵发性惊厥等神经症状。

(三) 防治要点

由于维生素 A 易于被氧化，因此饲料中添加维生素 A 不应放置过长，最好现加现喂。对北方地区的牛，冬春季节要注意补给维生素 A 和胡萝卜素每千克体重 75 单位，欲使在肝脏有所储存，吃入量应增加一倍。乳牛在妊娠初泌乳阶段，剂量可增加 50%。育肥牛的日粮，冬季每天应加入维生素 A 10 000 单位，秋季每天应加入 40 000 单位。治疗可皮下注射维生素 A 25 000 ~ 50 000 单位，或鱼肝油 5 ~ 10 毫升内服。

五、尿素中毒

(一) 发病原因

尿素为一种非蛋白质含氮物，可作为反刍动物的饲料添加剂使用，但若补饲不当或用量过大，则可导致中毒。发病常因尿素保管不当，被牛大量偷食，或误作食盐所致。此外，在撒过尿素的草场上放牧，日粮中豆科饲料比例过大，肝功能紊乱等，都可成为发病的诱因。

(二) 主要症状

牛过量采食尿素后 30 ~ 60 分钟即可发病，病初表现不安、呻吟、流涎，整个口唇周围沾满唾液和泡沫。肌肉震颤，体躯摇晃，步态不稳。瘤胃蠕动减弱、臌气，全身强直性痉挛。呼吸困难，阵发性咳嗽，肺部听诊有显著的湿罗音，心跳加快。病末期，患牛高度呼吸困难，从口角流出大量泡沫样口水，肛门松弛，排粪失禁，尿淋漓，瞳孔散大，最后窒息死亡。

(三) 治疗要点

尿素中毒，可立即灌服 1% ~ 3% 乙酸 300 毫升，糖 250 ~ 500 克，水 1 000 毫升，或食醋 500 毫升，加水 1 000 毫升。内服。也可用 10% 葡萄糖酸钙 200 ~ 400 毫升或 10% 硫代硫酸钠注射液 100 ~ 200 毫升静脉注射。另外可用樟脑磺酸钠注射液 10 ~ 20 毫升肌内注射进行强心；三溴合剂 200 ~ 300 毫升灌服进行镇静。对瘤胃臌气的病牛，可进行瘤胃穿刺放气。凡继发上呼吸道、肺感染的病牛，可用抗生素治疗。

六、牛的泰勒焦虫病

（一）病原

由寄生于红细胞内的环形泰勒焦虫引起，多发生于6～8月份，在蜱活动最强的季节流行。

（二）症状

呈急性型。初期体温升高至40～41.8℃，呈稽留热；体表淋巴结肿大，疼痛；心跳达100次，呼吸急促，精神沉郁。后期淋巴结显著肿大，腹泻，食欲废绝，反刍停止；结膜苍白，黄染，尿呈淡黄色或深黄色，粪便带血，血液变稀；严重者在眼睑及尾部皮肤薄处出现粟粒至扁豆大的深红色出血斑点，卧地不起，消瘦，逐渐衰竭死亡。

（三）治疗

（1）贝尼尔按每千克体重2～5毫克配成10%的溶液，一次深部肌内注射。

（2）咪唑苯脲按每千克体重1～2毫克配成10%的溶液进行皮下或肌内注射，1日1次，必要时可连用2～3日。

（四）预防

根据蜱的活动季节，对牛舍、运动场等用0.05%蝇毒磷水溶液或1%～3%敌百虫溶液进行灭蝇。

思考与实践

1. 怎样治疗牛的新鲜创和化脓创？
2. 牛口蹄疫的主要症状及防制措施有哪些？
3. 牛严重的瘤胃臌气怎样治疗？

第五篇

中国北方万名农村技术人员培训教材

养羊学篇

第一章　养羊业的概述

河南省地处中原，四季分明，气候温暖适宜，有着丰富的秸秆利用资源，养羊业有着悠久的历史。在广大农村地区，农民有着传统的养羊习惯。积累了丰富的养羊经验，特别是以豫东为中心产区的槐山羊以肉质鲜嫩、膻味小、适于烹调、味美可口，皮张优良等特性深受人们喜爱。为了发展优质槐山羊品种，国家已将山东、河南、河北、安徽、江苏划分为优势产业带，以建设优势区域，培育优势产业，推进养羊业的快速发展。因此，我们应该抓住这个机遇，努力提高养羊产业实力，大力发展养羊业。

自改革开放30年来，我国的畜牧业有着突飞猛进的大发展，正由畜牧大国向畜牧强国迈进。河南的畜牧业已走向国家的最前列。养殖专业户如雨后春笋般迅速发展壮大，前期的养殖专业户都获得了较好的经济效益。但是，随着养殖业诸多问题的出现，畜禽产品价格受国际价格影响，波动幅度较大。养殖专业户时不时存在亏损现象，许多养殖户不得不改行另寻门路。但作为人们喜爱的羊肉，价格却一路攀升，所以，发展养羊业可以说是促进农民增收，快速致富奔小康的一条可行之路。

随着时代的发展，人类的生活水平在不断提高，消费观念不断改变，已由过去的温饱型向现代的营养型过渡。据专家们预测，人均GDP达到1 500美元时，就会出现牛羊肉消费热。我国的人均GDP已为1 050美元，很快就达到牛羊肉消费临界线，羊肉市场还存在大量的发展空间，有着广阔的市场。因此，发展养羊业是市场发展的需要。

第二章 羊的优良品种

第一节 我国地方羊优良品种

一、槐山羊（黄淮山羊）

槐山羊产于黄淮平原，以豫东周口为中心产区。

特征：体格中等，结构匀称，体质结实，皮肤紧凑，弹性强，被毛白而短，多数无角，大部分有髯须，少数有肉垂，正视体型呈圆筒形，侧视呈长方形，头颈大小长短适中，鼻梁平直，面部稍凹，鼻镜粉红，胸深而宽，背腰平直，腹部充实，四肢端正，蹄壳灰黄而坚实。有角羊腿短、颈短、身躯短，无角羊腿长、颈长、身腰长。公羊雄威，睾丸紧凑；母羊俊秀，乳房呈半球形，乳头整齐。

生产性能：成年公羊平均体重39.22千克，成年母羊体重平均28.33千克，周岁公羊体重28.41千克，周岁母羊体重为22.10千克。由于槐山羊屠宰年龄较小，肉质鲜嫩，膻味小，适于烹调，味美可口，所以深受人们所喜爱。槐山羊性成熟较早，母羔出生后40～60天初次发情，初配年龄为4～5月龄。妊娠期为145～150天，产羔后20～24天再次发情。正常情况下，母羊1年2胎或2年3胎，每胎产羔2～4只，最高可达6只，产羔率为287.4%。繁殖年限6～8年，公羊使用年限3～4年。

利用效果：槐山羊繁殖效果特别好，群体大，数量多，在现代肉羊生产中最适宜作第一杂交母本。

二、小尾寒羊

小尾寒羊原属蒙古羊，现分布于河南的东部和东北部，山东南部及皖北、苏北一带，具有生长快、繁殖率高、适宜分散饲养、舍饲为主的优良绵羊品种。

特征：小尾寒羊体质结实，鼻梁隆起，耳大下垂，公羊有大的螺旋形角，母羊有小角或姜角。公羊前胸较深，背腰平直，身躯高大，四肢粗壮。被毛多为白色，少数在头部及四肢有黄褐色斑点、斑块。

生产性能：成年公羊体重140～150千克，母羊体重100～110千克。周岁公羊体重90～110千克，周岁母羊为50～70千克。小尾寒羊性成熟早，母羊5～6月龄即发情，当年可产羔，产羔率达270%，80%母羊可产2胎。每胎多在2羔以上，多者可达7羔。公羊7~8月龄即可配种。该品种最大优点是可以热配，即产羔后1个月内可发情配种。

利用效果：小尾寒羊是我国著名的优良绵羊品种之一，具有生长发育快、性成熟早、常年发情配种产羔，繁殖率高、羔皮适于制裘等优点。在发展肉羊业过程中，是一个比较理想的杂交母本。

三、阿勒泰肉用细毛羊

该品种是新疆生产建设兵团培育的我国第一个肉用细毛羊新品种。

生产性能：生长快，成熟早，体格大，成年公羊体重平均107.38千克，成年母羊为55.54千克。周岁公羊体重平均为97.38千克，母羊体重为44.32千克。剪毛量成年公羊9.2千克，净毛率55.6%，毛长9.84厘米，母羊剪毛量为4.26千克，净毛率51.92%，毛长7.26厘米。

特征：阿勒泰肉用细毛羊体质结实，体躯呈桶形，肉用体型明显，肌肉发育良好，股部肌肉丰满，腿高而结实。该品种羊体型外貌趋于一致，背毛白色。

利用效果：阿勒泰肉用细毛羊，对高纬度寒冷地区的阿勒泰具有较好的适应性。既能适应高山放牧，又能适宜平原舍饲，而且产肉性能和羊肉品质较好。

第二节　引进的羊优良品种

一、波尔山羊　（原产于南非）

特征：波尔山羊短毛，有强健的头，头部一般为红（褐）色并有广流星（白色条带），身体为白色，一般为圆角，耳大下垂。体躯结构良好，四肢短而结实，背宽而平直，肌肉丰满，整个躯体圆厚而紧凑。

生产性能：成年公羊体重90~135千克，成年母羊60~90千克。生长速度快，周岁内日增重可达200克以上。胴体瘦而不干，肉厚而不肥，色泽纯正，膻味小，多汁鲜嫩，胆固醇含量低。波尔山羊性成熟早，母羊6月龄可发情，公羊5.5~6个月龄可开始配种。妊娠期约为150天，一般为2年3胎，饲喂较好的可达1年2胎。产羔率为160%~180%，多胎率比例高，双羔母羊率为56.5%，3羔母羊率为33.2%。

利用效果：用波尔山羊种公羊杂交改良当地山羊，杂交优势明显，改良羊3月龄体重可接近本地成年母羊体重。躯体变化明显，表现为背腰平直，肋骨开张，腿粗壮，主要部位肌肉丰满，出栏时较本地羊增重5~10千克。利用波尔山羊杂交改良及杂交育种成为一项非常可行的、提高山羊单产、加速我国肉羊生产步伐的手段。

二、夏洛来羊（原产于法国）

特征：公、母羊均无角，额宽、耳大、颈短粗、肩宽平、胸宽而深，腰部拱圆，背部肌肉发达，体躯呈圆桶状，身腰长，四肢较短，肢势端正，肉用体型良好。被毛白色。

生产性能：成年公羊体重110~140千克，母羊80~100千克；周岁公羊体重70~90千克，母羊50～70千克；6月龄公羔体重48～53千克，母羔体重38～43千克。剪毛量，成年公羊3～4千克，母羊1.5～2.2千克。夏洛来羊胴体质量好，瘦肉多，脂肪少，屠宰率在55%以上。母羊产羔率180%以上。季节性发情，一般在8月中旬至来年1月。

利用效果：利用夏洛来公羊与当地粗毛羊和细毛羊杂交生产肉羔，效果很好。

三、特克塞尔羊（原产于荷兰）

特征：头宽，生有白色细发毛耳，眼周有浅黑色小斑点。颈粗短，胸圆，体躯深，背腰平直、宽，肌肉丰满，后躯方正，四肢下部无毛。

生产性能：成年公羊体重115～130千克，成年母羊75～90千克；6～7月龄羔羊体重达50～60千克；成年公羊剪毛量为5千克。该品种母羊泌乳性能良好，是一种肉乳兼用型羊，产羔率为150%～160%。对寒冷气候有良好的适应性。

利用效果：我国黑龙江省大山羊场、中国农业科学院北京畜牧兽医研究所、宁夏畜牧兽医研究所引进该品种后，种羊适应性强，杂交效果明显。

思考与实验

1. 槐山羊有哪些优良特性？

2. 用波尔山羊公羊与本地母羊杂交所产羔羊与本地羔羊对比，看一看哪种羔羊生长速度快、产肉率较高。

第三章　羊的饲料利用技术

第一节　羊添加剂预混料

羊添加剂预混料就是把多种饲料添加剂按一定比例与定量载体混合而成，其中主要有多种维生素，常用矿物质和微量元素、赖氨酸和蛋氨酸，以及抗生素和促生长剂。用户购买后，按说明添加基础日粮，以达到营养全面，加快育肥进度的目的。

第二节　羊常用的精料

肉羊常用的精饲料有玉米、高粱、黄豆、葵花饼、棉籽饼、燕麦和麸皮等。

1. 玉米

玉米适口性好，易消化，含淀粉 70% 以上，还含有少量的脂肪及胡萝卜素，是很好的补饲饲料。

2. 高粱

高粱是 种能量饲料，含淀粉较多，其他养分比玉米差一些。尤其是含有少量的单宁酸，适口性较差，若长期饲用应和其他精料搭配。

3. 大豆

大豆是很好的蛋白质补充料，含蛋白质 36.9%，而且脂肪含量也较高。大豆中含抗胰蛋白酶物质，喂前必须煮熟，以免影响吸收。制成豆浆喂哺乳母羊最好，还有豌豆、黑豆，也是羊的蛋白质饲料。豆饼含蛋白质 40% 以上，营养物质齐全，营养价值高，做蛋白质补充料比大豆经济适用。

4. 麸皮

营养价值高，含蛋白比糠皮多，含磷较多，脂肪含量少，有轻泻作用。怀孕母羊喂适量的麸皮，可防止产前便秘。由于麸皮含蛋白质及维生素较多，是肉用羊常喂的精饲料。

第三节 羊优质干草料

人工种植的或野生的牧草收割后经风、日光等自然干燥而制成的叫干草。这种干草来源广，成本低，制作简便，容易贮藏，且营养价值较高，是羊越冬较好的一种饲草。干草的营养价值不但因干草的组成有关，而且还与收割时期和晒制保存有很大关系。即使是同样的干草，因调制不同营养价值的差异也很大。

牧草生长的不同时期，营养价值差别很大，因此，收割时期是决定干草营养价值的一个极为重要的因素。无论是晒制干草或是青贮，都应适时收割，同时还要兼顾产草量和营养价值两个方面，最好在 6 月下旬到 7 月上旬收割。豆科草在孕蕾期与开花期收割，收割干草必须在晴天晨露初干时进行，要做到随割、随晒、随翻。晚上堆积成堆，以防露湿。晒草应分为两个阶段：第一阶段，平铺暴晒 5 小时左右，水分减少到 40%，若继续暴晒，营养成分会大量破坏。所以第二阶段用小堆晾晒，堆成 1 米高小堆，晾晒 4 ~ 5 天，待水分降到 15% ~17% 时，即可上堆保存。

第四节 羊青贮饲料

中原地区秸秆资源丰富，玉米秸秆青贮有着得天独厚的优势。秸秆青贮是我国使用最为广泛的一种保存青绿多汁饲料的方法。其原理就是在厌氧条件下，利用乳酸菌发酵产生乳酸，使青贮物的 pH 下降到 3.8 ~4.2 时，青贮物中微生物的活动被抑制，从而保存了青饲料的营养价值。由于青贮饲料多汁和发酵后的酸香味，适口性较好，是羊较为喜爱的一种饲料。

常用的玉米青贮饲料，在玉米抽穗期收割，利用铡草机铡碎后进窖，层层压实，装满窖后用塑料薄膜封顶，顶面再压 20 厘米厚的土，达到厌气密封的目的。制作青贮饲料也可用收获籽实后的玉米秸秆。

羊所能利用的青贮饲料，有玉米、向日葵、豆科与禾本科混合草、杂草和野草等。补饲青贮饲料，幼羔可以很好地生长和发育，成年羊能加速育肥和促进生长。大型品种的羊每昼夜可饲喂青贮饲料 4 ~5 千克，羔羊可喂 500 克左右。

思考与实验

1. 怎样青贮玉米秸秆？
2. 用青贮玉米秸秆与饲喂干草作对比，观察羊的适口性与生产速度。

第四章 羊的繁殖技术

第一节 羊的性成熟和适配年龄

一、公羊的性成熟和适配年龄

公羊初次释放有受精能力的精子，并表现出完整性行为序列的年龄，称为公羊的初情期或青春期。绵羊、山羊的初情期为 7 月龄左右。初情期过后，公羊身体和生殖器官进一步发育，生殖机能达到完善，具备正常生育的年龄，称为性成熟。公羊的性成熟一般在初情之后的 2 ~ 3 个月。

公羊的性成熟往往早于身体的成熟。为了不影响公羊的生长发育和以后种用价值的利用，不宜过早利用，应在性成熟的基础上推迟 1 ~ 3 个月。因此，公羊的适配年龄以 13 月龄开始配种为宜。

二、母羊的性成熟和适配年龄

青年母羊达到一定年龄，表现第一次发情并排出卵子的过程称为初情期。绵羊春季所产羔羊初情期 7 ~ 9 月龄，秋季所产羔羊为 10 ~ 12 月龄。山羊初情期为 5 ~ 7 月龄。在初情期虽然有发情征象，但这时的发情和发情周期是不正常、不完全的。在初情期之后再过一段时间，才能达到性成熟年龄。

所以，应以体重达到成年体重的 65% ~ 70%，9 ~ 13 月龄配种为宜。但母羊的初配年龄不应该过分地推迟，因为母羊最适于繁殖的年龄为 2 ~ 6 岁，7 ~ 8 岁时逐渐衰退。10 ~ 15 岁便失去繁殖能力。

第二节 母羊的高效利用技术

一、母羊的发情鉴定

发情鉴定是一个重要的技术环节，其目的是及时发现发情母羊，正确掌握配种或人工授精时间，防止误配漏配，提高受胎率。发情鉴定一般采用外部观察法、阴道检查法、试情法，也可采用几种方法相结合。

1. 外部观察法

绵羊的发情时间短，外部表现也不太明显，发情母羊主要表现为喜欢接近公羊，并强烈摇动尾部；当被公羊爬跨时站立不动，外阴部分泌少量黏液。山羊发情表现明显，发情母羊兴奋不安，不停叫喊，食欲减退，反刍减少，外阴及阴道充血、肿胀、松弛，并有黏液排出。

2. 阴道检查法

阴道检查法是用阴道开膣器来观察阴道的黏膜、分泌物和子宫颈口的变化来判断发情与否。发情母羊阴道黏膜充血，表面光亮湿润，有透明黏液流出，子宫颈口充血、松弛、开张并有黏液流出。

3. 试情法

鉴定母羊是否发情多采用试情法。就是将公羊按1∶40～1∶50的比例放入母羊群中，适当轰动母羊群，发现有站立不动并接受公羊爬跨的母羊，表示该母羊已发情。

二、母羊的配种

确认母羊发情后，就要适时的配种。配种方法有本交和人工授精。本交时，公羊的选择应注意几个问题：

①选择品种优良的公羊。

②公羊的体形要好，生长速度快。

③公羊一定是体格健康，无任何传染病。

④不能选择刚刚配过种的公羊。

配种时，公羊神经处于兴奋状态，经常心神不定，不安心采食。这个时期要少给勤添，多次饲喂。种公羊配种要适度。如果采用本交方式，一般1只公羊在繁忙季节可承担30～50只母羊的配种任务；采用人工授精方式配种时，一般1只公羊每天采精1～2次，不要连续采精。

配种后，公羊要适当休息，不能连续配种，母羊不能做剧烈运动，以增加母羊的受孕机会。

三、母羊的早期妊娠诊断技术

1. 外部观察法

母羊食欲旺盛，被毛光顺，行动稳健，腹围增大，尤以右侧腹壁突出，阴门紧闭，阴道黏膜苍白，分泌黏液浓稠。配种后2个情期不再发情，即可初步诊断母羊已怀孕。

2. 摸胎法

配种后60天，可在早晨空腹时进行妊娠诊断。诊断时将母羊头颈夹在两腿之间，弯腰将两手从两侧放在母羊腹下乳房的前方，微微托起腹部，左手将母羊右腹向左微推。当手感有一硬块时为单羔，如两边各有一硬块时为双羔，如在胸后方还感到有一硬块时为三羔，如在左右肷部上方还有一硬块时为四羔。诊断时手要轻柔灵活，以免造成流产。

3. 阴道检查法

用开膣器打开阴道，孕羊阴道黏膜为粉白色，但很快变为粉红色，黏液量少而黏稠，能拉成线。空怀的为粉红色或苍白，并且有红变白色的速度较慢。黏液量多，稀薄，或色灰白呈脓样，多代表未孕。

4. B 超检查法

是用动物 B 超机来鉴别妊娠的一种方法。用 B 超检查，探查准确率高，方法简便，安全无副作用。

四、母羊的接生技术

母羊配种后 148 天左右时，就有分娩的预兆，乳房明显膨大，稍显红色而有光泽，能挤出初乳；外阴红肿，有黏稠液；尾根两侧的肌肉松弛、凹陷；阴唇变软，并且开始肿胀，颜色潮红，排尿较频，肷窝下陷，起卧不安，前蹄刨地，鸣叫不食，不断回顾腹部，最后卧地不起，后肢伸直，呻吟。这时将要有预兆的母羊从羊群中分出来，准备接羔。接羔前圈舍要彻底消毒，冬季圈舍要注意升温。母羊的外阴部要清洗、消毒，以防感染。接生用具最好用新洁尔灭进行消毒。正常的分娩胎位是先露出两前蹄，蹄掌向下，接着露出夹在两前肢之间的头嘴部，头颅通过外阴后，全躯随之顺利产出。完成分娩一般需 30 ~ 40 分钟，初产母羊需 50 分钟，而胎儿实际娩出的时间仅需 4 ~ 8 分钟。胎位不正时，将胎儿轻轻送回产道，进行校正。必要时用催产素助产。有的羔羊出生后有心跳但没有呼吸，称为假死。遇到这种情况，一般采用两种方法：一是提起羔羊两后肢，使羔羊悬空，同时拍击其背胸部；二是使羔羊卧平，用两手有节律地推压羔羊胸部两侧，经过处理后，羔羊即可复苏。

第三节 羊人工授精技术

羊人工授精是用人工方法收集公羊的精液，经过科学处理后，借助器械注入发情母羊生殖道的特定部位，这种配种方法称为人工授精。人工授精技术是目前世界上最流行的配种方法，在畜牧业生产中得到了广泛推广应用，产生了巨大的经济效益。

羊人工授精技术提高了良种公羊的利用率，加快了改良进程。同时节约了大量的饲草和饲料资源，从某种程度上提高了养羊的经济效益。避免了本交时公羊的生殖器官疾病的传播与寄生虫病的传播。也避免了公母羊体格相差过大而造成的交配困难，大大提高了受孕率。

第四节 胚胎移植技术

胚胎移植是将良种母畜的早期胚胎取出，移到同种的生理状态相同的普通母畜体内，使之继续发育成为新个体。提供胚胎的母畜称为供体，接受胚胎的母畜称为受体。

胚胎移植实际上是生产胚胎的供体母畜和养育后代的受体母畜分工合作，共同繁殖后代，通俗称“借腹怀胎”。它的遗传特性取决于胚胎的双亲，即供体母畜和与之交配的公畜，受体母畜只影响体质发育。

应用胚胎移植技术，供体母畜经超数排卵后一次可获得多枚胚胎，繁殖速度比自然繁殖提高几倍至几十倍。它可以在较短时间内完成后裔测定工作，增加选择强度，缩短时代间隔，加速育种进程。

思考与实验

1. 公羊与母羊最适宜的交配年龄是多大？

2. 什么是人工授精技术？

3. 根据所学知识，对妊娠母羊采用摸胎法来诊断母羊有几羔，待出生后作一对比，查看准确度。

第五章　羊的饲养管理

第一节　羊妊娠期的饲养管理

在妊娠期，管理上要避免吃霜料或霉变饲料，不使羊受惊猛跑，不饮冰茬水。妊娠期的饲养管理分为妊娠前期和妊娠后期的管理，共计148天。

（一）妊娠前期饲养管理（从配种后到第89天）

此时胎儿发育较慢，母羊所需营养无显著增加，可以维持空怀时的饲料量。这一阶段主要是要保持配种时的良好膘情，早期保胎。

妊娠60天后，因羔羊的发育较快，应适当增加精料的喂量，精料增加应循序渐进，不要加的过猛，防止出现拉稀症状。如果在有鲜草的情况下，可尽量饲喂鲜草，并保持一定的运动量。

妊娠前期母羊精料配方：玉米47%、麦麸24%、豆粕22%、食盐2%、磷酸氢钙2.5%、石粉1.3%、预混料1%。

（二）妊娠后期的饲养管理（配种后90～148天）

母羊在妊娠后期的2个月中，胎儿生长很快。羔羊90%的初生重在此期间完成生长。因此，后期必须加强补饲，将优质干草和精料放在此段补饲，喂量应增加到怀孕前期的2倍左右，要注意蛋白质、钙、磷的补充。能量不宜过高，防止过肥，以免对胎儿造成不良影响。要求饲喂的饲草和补饲的精料新鲜、多样化，幼嫩的牧草、胡萝卜等青绿多汁饲料则可多喂。禁喂马铃薯、酒糟和未经脱毒处理的棉籽饼或菜籽饼，并禁喂霉烂变质、过冷或过热、酸性过重和掺有麦角、毒草的饲料，以免引起母羊流产、难产和发生产后疾病。羊舍要保持温暖、干燥通风良好。

怀孕母羊进入预产期，将母羊放入待产圈，每天早、中、晚定期观察。羊的预产期从配种到产羔为（150±6）天。在此期间产羔都属于正常，应多注意观察，尤其是晚上。

第二节　羊哺乳期的饲养管理

哺乳期要保证母羊的良好状况和泌乳量。羔羊的饲养管理是做好羔羊的护理工作，提高羔羊的成活率，同时，及时做好羔羊的补饲及饲养管理工作。哺乳期一般 90 天左右，大体分为分娩期、哺乳前期、哺乳中期和哺乳后期。

（一）分娩期（1 天）

圈养的羊群母羊难产率较高，放牧的羊群母羊分娩过程几乎不需要人工助产，多是自然分娩。

羔羊自然出生后脐带用碘酒消毒，让母羊自主或诱导母羊舔干新生羔羊身上的羊水。保证羔羊出生后 1 小时内吃上初乳。每次间隔 2 ~ 3 小时。

（二）哺乳前期饲养管理（从出生至 30 天）

哺乳前期是以哺乳为主，补饲为辅的时期，大体从出生到 25 ~ 30 日龄。此阶段要适当增加母羊精料和多汁饲料的饲喂量，以促进泌乳力。

羔羊管理，一是要及时让羔羊吃上初乳。15 日龄体重应达到出生重的 1 倍以上，这是泌乳力高的表现。二是羔羊一般在 10 ~ 15 天开始补饲，训练采食精粗饲料的能力，补饲的饲料营养要全面，易消化吸收，适口性强。饲喂时，要少给勤添，逐渐增加补饲量。10 ~ 30 日羔羊每天精料补饲量以 60 ~ 100 克为宜。三是尽量早运动，增强羔羊体质。此时期是决定羔羊成活率的关键。

羔羊开食料配方：玉米 50%、豆粕 25%、乳清粉 7%、鱼粉 4%、面粉 3%、磷酸氢钙 1.4%、石粉 0.9%、盐 0.7%、诱食剂 0.05%、抗氧化剂 0.025%、助长乐 4%、大豆油 3%、预混料 1%。

（三）哺乳中期的饲养管理（出生后 31 ~ 59 天）

哺乳中期主要抓好三件事：

1. 饲料要多样化

此时期羔羊生长发育的营养来源已由完全靠母乳逐渐改变成母乳和补饲，继之以采食为主。投料顺序为：草—料—青贮料—多汁饲料—草—料。羔羊补饲精料参考配方：玉米 53%、豆粕 24%、乳清粉 7%、鱼粉 3%、面粉 1%、磷酸氢钙 1.4%、石粉 0.9%、盐 0.7%、诱食剂 0.05%、抗氧化剂 0.025%、助长乐 4%、大豆油 2%、预混料 1%。

2. 定期哺乳

每天定时哺乳 3 ~ 4 次。早晚各哺乳一次，白天 1 ~ 2 次。

3. 合理分群

随时注意羔羊的生长发育情况，根据发育情况和体重生长速度来调整羔羊组群，使其发育均匀。

（四）哺乳后期的饲养管理（出生后 60 ~ 90 天）

哺乳后期母羊的泌乳量逐渐下降，羔羊的瘤胃功能趋于完善，不再完全依靠母乳喂养。泌乳后期以恢复母羊状况为目的，与泌乳前期相比饲料水平稍有下降，为下次配种做好准备。

羔羊饲喂方式：早、中、晚各哺乳一次。其余时间自由哺乳。补饲精料 100 ~ 150 克，优质牧草 320 ~ 400 克，青贮饲料 150 ~ 240 克。

羔羊哺乳后期补饲精料配方：玉米 58%、豆粕 23.2%、菜粕 3%、鱼粉 1%、面粉 3%、麸皮 3%、磷酸氢钙 1.5%、石粉 0.5%、盐 0.8%、诱食剂 0.05%、抗氧化剂 0.025%、助长乐 4%、大豆油 1%、预混料 1%。

第三节　羊育肥期的饲养管理

从断乳到配种前的羊叫青年羊或育成羊。离开母羊和原来的生活环境、转移到新的环境和新的饲养条件，会产生较大的应激反应。这一阶段是羊骨骼和器官充分发育的时期，如果营养跟不上，便会影响生长发育、体质、采食量和将来的繁殖能力。

羔羊断奶后，肥育是肉羊生长主要方式，因为断奶后羔羊除小部分选留到后备群外，大部分要进行育肥出售。一般来讲，对体重小或体况差的羔羊进行适度育肥；对体况好的进行强度育肥，均可进　步提高经济效益。

羊的品种不同，生长发育规律差别很大。一些专门化的肉羊品种，早期生长速度很快，5～6 月龄达到屠宰体重，育肥期间日增重可以达到 300 克左右。舍饲养采用精料型日粮进行强度育肥，可获得高增重指标，缩短育肥期，提早上市。

育肥期精料配方：玉米 39%、干草 50%、豆粕 5%、油菜饼 5%、食盐 1%、预混料 1%。该配方含粗蛋白质 12.2%、钙 0.62%、磷 0.26%、精粗比 50:50。

思考与实验

1. 母羊的妊娠期有多少天？
2. 母羊妊娠期应注意哪些问题？
3. 羊哺乳期饲养管理分几个阶段？

第六章　羊常见病的防治

第一节　羊常见传染病的防治

一、羊快疫

羊快疫是羊的最急性传染病。发病突然，病程急剧，死亡很快，所以叫羊快疫。病的特征是消化道内产生大量气体，真胃和十二指肠的黏膜呈现出血性、炎症变化。

1. 流行病学

病原体主要是腐败梭菌及恶性水肿杆菌。主要经消化道传染，以 6 个月到 2 岁的绵羊易感，山羊也能发生，多发生于秋、冬和初春，当羊只受感冒或采食冰冻草料等而使机体抵抗力降低时，可促使该病发生。

2. 症状

急性的往往不表现任何症状就突然死亡，常见放牧时死亡或早晨死于圈内。慢性病羊不愿行走，运动失调，腹痛腹泻，口流带血白沫，磨牙抽搐，常于几小时内死亡。

3. 剖检变化

尸体迅速腐败膨胀，可视黏膜充血呈暗紫色。剖检时可见真胃出血性炎症，胃底部及幽门部黏膜可见大小不等的出血点及坏死区，黏膜下发生水肿，肠道内充满气体，常有充血、出血，严重者坏死和溃疡，体腔积液，心内外膜可见点状出血，胆囊多肿胀。

4. 预防

可用羊快疫单苗或四联苗（羊快疫、羊猝疽、羊肠毒血症、羔羊痢疾）皮下或肌内注射 5 毫升，春秋两次注射进行预防。同时要加强饲养管理，预防受寒感冒，严禁吃霜冻饲料。羊舍建在地势高、空气干燥之处。

5. 治疗

病程长的可用药物治疗。①青霉素 160 万 ~240 万单位肌注，1 日 2 ~3 次。②内服磺胺嘧啶，1 次 5 ~6 克，1 日 2 次，连服 3 ~4 次。③10% 安钠加 5 毫升加 5% 葡萄糖溶液 500 ~1 000毫升，静脉注射。④内服 10% ~20% 生石灰乳，每次 100 ~200 毫升，连服 1 ~2 次。

二、羊痘

羊痘是羊的一种急性、热性、接触性传染病。该病以无毛或者少毛的皮肤和黏膜上生痘疹为特征。典型病例初期为丘疹，后变水泡、脓泡，最后干结成痂脱落而痊愈。

1. 流行病学

病原为羊痘病毒，分山羊痘和绵羊痘两种，一般不发生交叉感染。该病毒主要存在于病羊的痘疱、浆液及水泡内。该病毒对热、直射阳光、碱和大多数消毒药都较敏感。该病主要通过呼吸道及含病毒的飞沫和尘土传染，也可通过损伤皮肤及消化道，病羊污染的用具及分泌物传染。该病多发生于春秋两季。

2. 症状

病初体温升高 41 ~42℃，精神沉郁，食欲减退，鼻孔中有黏性分泌物。2 ~3 天后在羊的嘴唇、鼻端、乳房及四肢内侧的皮肤上发生红疹，继而体温下降，红疹变为丘疹，数日后形成水泡，3 ~4 天后水泡化脓形成脓泡，后干燥结痂，最后痂皮脱落成红色疤痕。

3. 剖检变化

前胃或真胃的黏膜上往往有大小不等的圆形或半圆形坚实的结节，单个或融合存在。

4. 预防

在每年的春季不论羊只大小，一律在股内侧或尾下皮内注射稀释好的羊痘疫苗 0.5 毫升，免疫期 1 年，羔羊 7 月龄再注射一次。

5. 治疗

对羊痘的治疗无特效药物。一般采用对症治疗，在痘疹上或溃烂处涂碘甘油，紫药水等，结节可用针挑烂涂以碘酊。体温升高可肌注青霉素 160 ~240 单位、链霉素 100 万 ~200 万单位，每日 2 次，羔羊酌减。病愈羊可产生终生的免疫力。

三、口蹄疫

羊口蹄疫是一种具有高度传染性的急性传染病。其特征是口腔黏膜，趾间及乳房上发生水泡和烂斑，是一种人畜共患传染病。

1. 流行病学

病原为口蹄疫病毒。病毒及带毒动物为传染源，主要经消化道感染，也可经受伤的皮肤、黏膜及呼吸系统传播。该病流行有一定季节性，秋末开始，冬季加剧，春季减缓，夏季平息。

2. 症状

病羊体温升高 40 ~41℃以上，精神沉郁，食欲减退，继则在口腔黏膜及趾间、乳头的皮肤上，发生豌豆大水泡，病羊口腔大量流涎。当四肢患病时行走呈跛行，严重的蹄壳脱落，蹄骨坏死，病羊无法站立。

3. 剖检变化

除口腔、蹄部和乳房出现水泡和烂斑外，严重者咽喉、气管、支气管和前胃黏膜也有溃疡和烂斑。心肌切面呈现灰白色或淡黄色斑点或条纹，称为“虎斑心”。

4. 预防

①用羊口蹄疫疫苗注射，14 天后可产生免疫力，免疫期为 4 ~6 个月。②发生口蹄疫后：封锁疫区，扑杀病畜，在最后一只病羊痊愈或死亡 14 天后无新病例出现时，经彻底消毒，可解除封锁。

5. 治疗

该病一般不允许治疗，对病畜做扑杀深埋等无害化处理。如若治疗，采用对症疗法，口腔病变可用青黛散或冰硼散放入口腔。也可用1%～3%紫药水或碘甘油涂口腔患部。蹄部和乳房病变可先用消毒药水洗净，涂擦紫药水或碘甘油，口服或静脉注射磺胺嘧啶。

四、大肠杆菌病

大肠杆菌病是有某些类型的致病性大肠杆菌所引起的人畜共患传染病。幼畜对该病易感，以严重腹泻和败血症为特征。

1. 流行病学

大肠杆菌为致病菌，对温度及常用消毒药敏感。主要经消化道感染，也可经脐带、产道传染。多发生于数日至6周龄的羔羊，潜伏期1～2天。

2. 症状

可分为败血型和肠炎型。①败血型发病急，死亡快（4～12小时死亡），呈菌血症，体温升高到41.5～42.5℃，出现脑神经症状，头弯向一侧做转圈运动。口流泡沫，鼻流黏液。有的继发肺炎、关节炎等病症。伴有轻微腹泻或未见腹泻即死亡。②肠炎型病初体温升高到40.5～41℃，下痢后即下降。粪便为黄色或灰白色粥状或呈水样，内含气泡，混有血液或黏膜，病羊腹痛，虚脱，于24～36小时死亡。病死率15%～75%，有时见有化脓性纤维素性关节炎。

3. 剖检变化

（1）败血型　心包、胸、腹腔大量积液并有纤维性渗出物，有的关节肿大、肺炎等病变。

（2）肠炎型　真胃、肠黏膜充血，肠系膜淋巴结肿胀发红，有的可见化脓性关节炎。

4. 预防

发现病羊立即隔离，及时治疗。对已污染的场地、圈舍、用具彻底消毒。冬季注意保暖，对断奶羔羊的饲料中加入适量的土霉素、新霉素、磺胺类药物进行预防。在母羊产前注射羔羊痢疾疫苗也有一定的预防作用。

5. 治疗

①内服土霉素2～3克，每日3次，或肌注庆大霉素或卡那霉素，每只每次5～10毫升，每日2～3次。或内服磺胺类，以上药物交替使用，效果会比较理想。②对症治疗。可输液及饮服补液盐，防止脱水。

五、羊布氏杆菌病

布氏杆菌病是一种人畜共患的慢性传染病。其特征是生殖器官和胎膜发炎，引起流产、不育和各种组织的局部病症。

流行病学：病原为布氏杆菌。主要存在于病畜的生殖器官、内脏和血液。该菌对外界抵抗力较强，在干燥土壤中可存活37天，胎儿体内可存活6个月。传染源是病畜及带菌动物，最危险的是受感染的妊娠母畜。该病主要通过采食被污染的饲料，饮水经消化道感染，也可经皮肤、黏膜、呼吸道以及交配感染。该病不分性别、年龄，一年四季均可发生。

症状：该病不表现症状，而首先导致的是母羊流产。流产前食欲减退、口渴、阴道流出黄色黏液；流产多发生于怀孕后的第三、第四个月；流产母羊多数胎衣不下，继发子宫内膜炎。公羊表现为睾丸炎，睾丸上缩，行走困难，逐渐消瘦，失去生育能力。

剖检变化：可见流产母羊胎衣增厚，并有出血点。胎儿真胃中有微黄色或白色黏液及絮状物，胃及黏膜和浆膜上有出血点。公羊可发生化脓坏死性睾丸炎和副睾炎，睾丸肿大，后期睾丸萎缩。

预防：该病无特效治疗药物，只有加强预防和检测工作，彻底消灭该病。

①对羔羊每年断乳后作一次布病检测，成羊两年检测一次，对检出病羊扑杀处理。②免疫接种。用“猪 2 号弱毒活菌苗”饮服或注射，山羊、绵羊不分大小每只饮服 500 亿活菌。或每只山羊 25 亿活菌、绵羊每只 50 亿活菌肌内注射。

六、羊传染性胸膜肺炎

山羊传染性胸膜肺炎俗称烂肺病，是一种山羊特有的接触性传染病，病程较急，有时呈慢性经过。其特征是高热咳嗽及胸膜发生浆液性和纤维素性炎症。

流行病学：该病病原体为丝状支原体，为一细小多形状的微生物。主要存在于病羊的肺组织和胸腔渗出液中，该病原对消毒约类、四环素类较敏感。感染途径主要通过空气，飞沫经呼吸道传染。病羊是主要的传染源，成羊发病率较高，潮湿，寒冷，营养不良易诱发该病。

症状：病初体温升高，精神沉郁，食欲减退，随即咳嗽，流浆液性鼻液。4～5 天后咳嗽加重，浆液性鼻液变为脓性，呈铁锈色，多在一侧出现胸膜肺炎变化。触压胸壁表现疼痛。呼吸困难，高热稽留，孕羊大部分流产。肚胀腹泻，口半开张，头颈伸直，最后病羊衰竭死亡。病期多为 7～15 天，长的可达 1 个月。

剖检变化：病变多局限于胸部，胸腔有淡黄色积液，肺部出现纤维蛋白性肺炎，切面呈大理石样。血管内有血栓形成，胸膜与肋膜、心包膜发生粘连。肝脾肿大，胆囊肿胀。肾脏肿大，被膜下可见有小出血点。

预防：①坚持自繁自养，不从疫区引羊。②加强饲养管理，增加抵抗疾病能力。③用山羊传染性胸膜肺炎苗注射，半岁以下皮下或肌内注射 3 毫升，半岁以上 5 毫升，免疫期 1 年。

治疗：①用新砷矾纳明（914），成羊 0.3～0.5 克；5 月龄以下羔羊 0.1～0.2 克；5 月龄以上 0.2～0.4 克溶于 50～100 毫克糖盐水中静脉注射，必要时 3 天后再注射 1 次，剂量减半。②土霉素 20～50 毫克/（千克体重・日），分 2 次内服。③病初可用红霉素 5～10 毫克/千克体重，溶于 5% 葡萄糖溶液中静脉注射，1 日 2 次。④病初可用中药清肺散：白芍 39 克、黄岑 10 克、大青叶 10 克、益母 8 克、炙杷叶 7 克、炒牛子 7 克、连翘 6 克、炒葶苈子 3 克、桔梗 6 克、共研为末，加蛋清两个灌服，每天 1 次，连服 3 天，或水煎后去渣灌服。

第二节　羊普通病的防治

一、尿素中毒

1. 病因

①误把尿素作为食盐食用。②使用尿素饲喂不当，将尿素溶解成水溶液喂给时，易发生

中毒。成羊尿素饲用量全天以 20 ~ 30 克为宜。③羊偷饮大量人尿发生急性中毒。

2. 症状

羊只中毒时，开始时可见鼻、唇挛缩，反刍和肠蠕动停止，瘤胃膨胀，很快不能站立，同时呈现眼球震颤，全身痉挛和呈角弓反张姿势。

3. 预防

保管好尿素，严格控制尿素用量，严禁将尿素溶在水中饮给。

4. 治疗

①早期灌服大量的食醋或稀醋酸等，来抑制瘤胃中脲酶的活力，中和尿素的分解产物氨。②1% 的醋酸溶液 100 毫升，糖 100 克，水 100 毫升一次灌服。③静脉注射硫代硫酸钠，同时对症用葡萄糖酸钙注射液、高渗葡萄糖注射液、水合氯醛以及瘤胃制酵剂配合使用，疗效更好。

二、无乳及泌乳不足

1. 病因

①生理原因，如年龄过老。②病理原因，常见于病羊本身的其他病及乳房本身疾病。③饲养管理不善，如缺乏多汁饲草和充足的青干草及饲料营养严重不足。④长期使用碘剂及泻剂药物。

2. 症状

主要表现乳量逐渐减少或无乳。

3. 治疗

如果找不到明确原因，首先应当从改善饲养管理着手，给予多汁和含蛋白质丰富的饲草饲料，中药对促进泌乳量有一定疗效，常用下列处方：①当归 6 克、川芎 6 克、花粉 5 克、王不留行 9 克、穿山甲 9 克、白芍 6 克、黄芪 9 克、通草 6 克、甘草 4 克，水煎服，连服 3 天。②妈妈多 2 包加水灌服。③虾米 50 克，加水灌服。④猪蹄 2 个水煮后灌服。⑤王不留行加小米煮后饮服。

三、子宫内膜炎

1. 病因

由于难产时手术助产、截胎术、子宫内翻及脱出、胎膜滞留、子宫复原不全等造成的子宫内膜损伤及感染而发生。胎膜滞留主要是分离胎衣时造成子宫黏膜创伤、擦伤而感染所致。

2. 症状

一般分急性子宫内膜炎和慢性子宫内膜炎两种。急性子宫内膜炎多是产后 5 ~ 6 天内，排出多量的恶露，具有特殊的臭味，呈褐色、黄色或灰白色，乳量减少，食欲减退，反刍紊乱，体温微高。慢性子宫内膜炎，主要表现为不定期的排出混浊的黏性渗出物，母羊多次发情，但屡配不孕。

3. 治疗

治疗原则是提高机体抵抗力，子宫紧张力和收缩力，促使子宫内渗出物的排出。

(1) 全身疗法　主要是注射抗生素和磺胺类药物。同时加强饲养管理和适当运动，提高机体抵抗力。

（2）局部疗法　用3%氯化钠溶液或0.1%高锰酸钾溶液或0.1%的雷夫努尔溶液对子宫进行冲洗。然后，用青霉素溶液进行子宫内灌注。

（3）中药疗法　当归、川芎、白芍、丹皮、二花、连翘各10克，桃仁、茯苓各5克，水煎服。

四、口炎

口炎又名口疮，是口腔黏膜的炎症，包括舌炎、腭炎和齿龈炎。该病以流涎、拒食或厌食为特征。

病因：①卡他性口炎主要因机械损伤造成，其次是不适当口服刺激性或腐蚀性药物，误饮某种消毒药。②水泡性口炎一般是吃了霉变饲料所致。③溃疡性口炎是因口腔不洁，细菌繁殖，使黏膜糜烂而发生溃疡。

口炎还并发于一些传染病和寄生虫病的过程中，如羊痘、羊坏死杆菌病等。

症状：卡他性口炎是口炎初期的临床症状。溃疡性口炎在黏膜及齿龈上有糜烂、坏死或溃疡，齿龈易出血，口流灰色恶臭唾液。水泡性口炎可在病羊唇内、齿龈、口角附近出现大小不等的水泡，内含透明或黄色液体。破溃后形成边缘不整齐的糜烂。

治疗：①选用0.1%高锰酸钾溶液、0.2%雷夫奴尔溶液、2%的硼酸溶液冲洗后，涂上1%龙胆紫溶液，或涂上红霉素软膏。②口中撒布青黛散。配方：青黛、黄连、黄柏、薄荷、橘梗、儿茶各等份，研极细末备用。或用硼砂9克、青黛12克、冰片3克，研成细面后涂抹口舌。③内服：A. 黄连素片0.5克×4片、V_{B_2}片0.1克×4片、V_A胶丸2.5克×2丸，成羊1日灌服两次。B. 磺胺嘧啶片0.5克×8片、小苏打片0.3克×12片、V_{B_2}片0.1克×4片、V_A胶丸2.5克×2丸，成羊1日灌服2~3次。

思考与实验

在养羊生产中，你遇到了羊的哪些常见病？

第六篇

中国北方万名农村技术人员培训教材

养兔学篇

第一章　概　述

我国改革开放以来，人民的生活水平日益提高，对食品的质量要求也日益增高，现在人民不但要吃饱、吃好还要吃出健康。而兔肉与其他畜禽肉相比正适合现在人民的消费需求。其营养成分具有“三高三低”的特点，即高蛋白、高赖氨酸、高磷脂、低脂肪、低胆固醇、低热量。脂肪含量为8%，明显低于猪肉（26.7%）；胆固醇含量为0.65毫克/克，比猪肉低94%；钙、铁含量比猪肉高1.5倍以上。兔肉肉质细嫩，易于消化吸收，其消化率达85%，比猪肉高13.3%。兔肉适合大多数人食用，尤其对老年人、动脉粥样硬化及高血压患者更为适宜；儿童常食兔肉，有利于补钙、补血，促进脑组织发育；年轻妇女长期食用兔肉，可永葆青春。兔肉被人们誉为“美容肉”、“益智肉”、“保健肉”，是《中国营养改善行动计划》倡导发展的肉类。兔毛洁白，细软，吸湿性强，调湿能力高，保暖性好（比羊毛高出31.7%），摩擦系数小，与皮肤接触时有柔软滑爽的舒适感，是高档毛纺原料，其织品轻盈、柔软、保暖、美观，既可制作外衣，亦可贴身穿着，并有保健功能。随着毛纺技术与工艺的进步，兔毛织品“掉毛、起球、缩水变形”的国际性难题已被攻克，这将大大提高兔毛的使用价值。獭兔裘皮，毛绒细密、短而平整，皮板轻盈柔软，保暖性好，被毛颜色多样，制品美观优雅。兔板皮纤维细致，制革后比较柔软，弹性及透气性好，可鞣制平纹革、皱纹革、绒面革及高档的油鞣革（用于高档精密光学仪器的擦拭、航空汽油的过滤等）。家兔体型娇小，性情温顺，嗜眠性强，耳朵大而血管清晰，采血容易，是医学、生物工程科学不可缺少的理想实验动物。家兔不仅拥有越来越受人们青睐的优质主产品，而且还有许多用途广泛的副产品。兔肉加工副产品如兔头、兔脚、内脏等可以加工成动物饲料，兔脑、肝脏、脾脏等可作为生化制品的原料。兔粪是优质有机肥，其中氮、磷、钾等含量均高于其他畜禽粪。由此可见，家兔市场广阔，潜力巨大，饲养家兔是广大人民群众发家致富的好门路。

第二章 家兔的生物学特性

第一节 家兔的生活习性

我们只有了解了家兔的生活习性，按照其特点进行饲养管理，才能养好兔，才能取得好的经济效益。

一、群居性差

家兔不喜欢群居，爱单独活动。在饲养过程中，常会因争地盘发生相互撕咬或者同性家兔相互殴斗的现象。

二、喜干怕湿

家兔的抗逆能力较差，在阴暗潮湿的环境中生活会使其抵抗能力下降而患很多种疾病。因此要给家兔提供一个清洁、干燥、凉爽的生活环境。

三、怕热耐寒

家兔的汗腺极少只在耳朵和唇部周围有汗腺。在气温高时主要以加快呼吸来散发体内的余热。

成兔可耐受0℃以下的低温，仔兔不行，当气温低于10℃时，就会引起食欲下降，气温长期在5℃以下时会引起仔兔肠道疾病的发生，并且一旦发病死亡率很高。

四、视觉迟钝嗅觉灵敏

嗅觉敏锐，家兔的嗅觉非常敏锐，但是视觉较差。主要依靠鼻子来辨别食物是否有毒和霉变，以及仔兔是否为亲生。

五、胆小怕惊

家兔在受到惊吓时会用后肢击地四处乱逃，也会食欲下降、流产、难产、拒绝哺乳，甚至还会咬死或抓死仔兔。因此，保持一个安静的生活环境对家兔很重要。

六、昼伏夜行

家兔和野兔一样有着昼伏夜行的习性。白天要给家兔一个安静的环境，晚上要给家兔充足的饮水和饲料。

七、穴居性和啮齿行为

公、母兔都有打洞穴居的习性，公兔打洞是为了栖身休息，母兔则为了产子繁殖。家兔的门牙非常锋利并且不断磨损，需不断地增长来补偿。

第二节　家兔的消化特点

一、草食性

家兔以植物性饲料为主，特别爱吃一些含纤维素较高和具有甜味多叶的饲料。如苜蓿草、胡萝卜等。

二、解毒能力强

因为家兔的肝脏较大，具有很强的解毒功能。

三、能够利用高纤维素的饲料

家兔依靠自身盲肠内的微生物和圆小囊的协同作用，可以迅速消化和吸收饲料中的粗纤维。

四、能忍受高钙饲料

家兔一般情况下钙磷比例应为2:1，当钙磷比例达到12:1时也不会影响其生长。

五、食粪性

家兔有吃掉夜间自己排出的粪便的习惯。因为家兔夜间排出的粪便来自盲肠，成串较软，并且里面含有多种营养物质，特别是B_{12}、烟酸、泛酸、核黄素等含量很高，称为盲肠营养物，家兔这种吃软粪的行为，是一种正常的生理现象。

思考与实践

1. 家兔的生活习性有哪些？
2. 家兔的消化特点是什么？

第三章　家兔的优良品种

一、肉用型品种

家兔肉用型品种具有早期生长速度非常快、母性好、耐粗饲、适应性强、繁殖力高等优点。它的主要品种有：

（一）新西兰兔

原产于美国，属中型兔成兔体重 4 ~ 5.5 千克，屠宰率可达50% ~55%。

（二）比利时兔

属大型肉用品种。毛色多为浅褐色、深褐色、赤褐色似野兔。体重大、产肉性能好、四肢粗壮、肌肉丰满。平均每胎产仔九只，成兔体重最大可达 7 ~ 8 千克。不足之处为该品种易发生脚病。

（三）加利福尼亚兔

原产于美国，该品种因全身被毛为白色，只有耳、鼻端、四肢下部、尾部为黑色，故又称“八点黑”。其缺点为体长较小。

（四）公羊兔

我国引入的法国品系。该兔因头似公羊，两耳大而下垂，故又被称为公羊兔或垂耳兔。不足之处为反应迟钝、不爱活动、哺乳性差、受胎率低。

二、皮肉兼用型品种

该类型品种毛皮质量好、肌肉丰满适应性强、性强温顺、泌乳力强等特点。其品种主要有以下几个：

（一）丹麦白兔

该兔原产于丹麦，被毛全白，体型比其他肉型兔稍短而粗。缺点是头长，嘴尖不美观。

（二）青紫蓝兔

原产于法国，是一种优良的皮肉兼用性品种。眼睛蓝色。具有与南美洲的“青紫蓝绒鼠”相似的毛皮，吹开被毛呈现彩色圈状。耳尖及尾的背面呈黑色，尾底、眼圈及腹部和后颈为灰白色。体型分大型和标准型两种。

（三）大耳白兔

大耳白兔是以中国白兔为基础和日本本地兔杂交育成。被毛白色，眼睛红色，耳长大高举、呈叶状。头长方形，嘴稍短，腿高，体长，成兔体重4~6千克。该兔增重快，成熟早，皮质好，价值高，也是我国饲养数量较多的品种。

（四）哈尔滨大白兔

是中国农业科学院哈尔滨兽医研究所育成的大型兔品种，简称哈白兔。该品种肌肉丰满，被毛纯白有光。良好的饲养条件下，年产5~6窝，每胎6~8只。成年体重7千克。屠宰率57.5%，饲料报酬为（3.1~4.0）:1。

三、皮用型

獭兔是一种名贵的、以皮用为主的兔种。绒毛短而平齐、光亮如丝，皮比普通家兔厚实，且拉力强、抗磨，是制作中、高档毛皮大衣、帽子的优质原料。獭兔属中小型品种，成兔体重2.5~4.5千克。每胎产仔5~7只。獭兔体型结构匀称、紧凑，抗病力强，耐粗饲，适合北温带和寒带地区饲养。

四、毛用型品种

毛用型品种的特点是体型较大，被毛密度大，且有毛丛结构，不易缠结，产毛量高，耐粗饲，繁殖率高，主要品种有安哥拉兔，又分为德系、法系和中系安哥拉兔。

思考与实践

家兔可分为哪几种类型？各种类型的特点是什么？

第四章　家兔的营养与饲料配制

第一节　饲料中的各种营养物质对家兔的作用

一、水对家兔的作用

各种营养物质在家兔体内的消化、吸收、运送以及代谢产物的排除，都有水的参加。水还对家兔体内的新陈代谢、体温调节起着重要作用。

二、蛋白质对家兔的作用

蛋白质是构建家兔各种组织、维持正常消化与代谢、生长、繁殖、生产各种产品所必需的营养物质。一般日粮中的粗蛋白质的含量应为12% ~16%。

三、粗纤维对家兔的作用

家兔属于食草型动物。如果家兔日粮中粗纤维供给不足，食物在消化道停留的时间为正常时间的2倍。因此会造成结肠内压升高，近侧结肠部位膨大，出现腹泻等肠炎症状，此外还会出现互相吃毛的“咬毛症”。

四、脂肪对家兔的作用

脂肪也是兔体的重要组成成分，还可以在兔体内转化成兔体自身不能合成的必须性脂肪酸。若日粮中脂肪含量过低家兔还会发生维生素 A、D、E、K 的缺乏症。一般来讲，怀孕和哺乳母兔日粮应含3% ~5%的脂肪。非繁殖兔以含2% ~3%为宜。若日粮中含量过多时不但妨碍消化，还可以造成家兔过肥，公兔性欲低下，母兔不孕和流产、难产等现象。

五、维生素对家兔的作用

家兔的一切新陈代谢活动，都是在各种酶的作用下进行的，而维生素就是这些酶的重要组成部分。绝大部分的维生素兔体自身不能合成，必须在饲料中添加才能得到补充。

1. 维生素 A

可以保证家兔眼睛的正常功能，促进生长发育，增强抵抗力，提高精液品质。

2. B族维生素

它主要包括11种不同的维生素。对家兔影响较大的有以下几种：

核黄素：它是多种酶的组成部分。缺乏时家兔会皮毛粗糙、生长缓慢、食欲不振、并能影响繁殖与泌乳。核黄素在青饲料和动物性饲料中含量较多，谷食精料中含量很少。

烟酸：为体内某些酶的成分，参与细胞的呼吸和代谢。缺乏时生长缓慢、消瘦、下痢、被毛粗乱。

胆碱：为磷脂成分，参与脂肪代谢，能防止肝脏中脂肪积累。饲料中供给足够的胆碱，可以减少动物对蛋氨酸的需要量。一切天然饲料的油脂中都含有胆碱。

维生素 B_6：主要参与物质代谢过程。缺乏时肝脏中脂肪沉积而妨碍肝脏的正常功能，同时引起神经系统功能紊乱。

维生素 B_{12}：仅存于动物性饲料中。缺乏时生长停滞，母兔繁殖力下降。

3. 维生素D

维生素D可以促进钙、磷的吸收。幼兔缺乏维生素D会引起软骨病，生产母兔缺乏维生素D会引起产后瘫痪。

4. 维生素E

又称生育酚。当机体维生素E缺乏时，可使肌肉组织受破坏，营养不良甚至变形，运动困难或者出现麻痹症，还可使初生至10日龄的仔兔忽然死亡，公兔睾丸变形，精子形成停滞，降低繁殖力。

5. 维生素K

有凝血作用。缺乏时，造成凝血不良，出血不止。

六、矿物质

是兔体不可缺少的物质，特别对骨骼、牙齿的组成起着重要作用。若在饲养过程中以饲喂青草为主，精料为辅的情况下，不易发生矿物元素缺乏症。但是食盐对家兔的影响较大。食盐由氯和钠两种元素组成。兔体缺乏氯和钠元素，饲料的适口性下降，生长缓慢，体重减轻，尤其钠不足，可引起食欲丧失，影响粗蛋白质和脂肪的合成能量降低。饲料中添加食盐的比例为0.5%～1%，超过1%时就会引起食盐中毒。

第二节　家兔的营养原则和饲养标准

一、家兔的营养原则

（1）家兔生长快，家兔对日粮中的粗蛋白质和维生素营养的要求比反刍家畜相对严格，再者家兔繁殖率高，体内代谢旺盛，故在饲养过程中应要求日粮营养的全面性和平衡性。

（2）仔兔是生命的开始阶段，日粮更应营养丰富均衡，特别是蛋白质，因母兔奶中蛋白质含量丰富，约占兔奶能量值的1/3。若断奶换料后饲料中粗蛋白质供应不足，就会影响仔兔的生长发育。同时，也应在仔兔日粮中保持一定量的脂肪，作为兔体生命活动所必需的不饱和脂肪酸和脂溶性维生素的来源。

(3) 母兔妊娠后期应增加营养物质的供给量，特别是后10天。但过剩会使体脂肪沉积过多，妊娠期延长，产后泌乳量减少，影响仔兔的成活率。

(4) 哺乳母兔的营养需要随哺乳期的进展而逐步增加，哺乳5~6周时要比空怀时增加2~3倍。

(5) 兔为草食动物，日粮中一定要有足够粗纤维，否则，会减弱肠道的蠕动，引起消化道疾病的发生。家兔消化粗纤维的能力随年龄的增加而提高，仔兔日粮中粗纤维以8%~10%为宜，成年兔可达10%~13%。

(6) 在矿物质营养方面，特别要注意母兔哺乳期的钙、磷供给。配合日粮中钙应为0.75%，磷为0.5%。

(7) 兔消化道有合成B族维生素的能力，因此家兔对该族维生素不易缺乏，应注意供应给脂溶性维生素A、D、E、K。

二、兔的饲养标准

家兔饲养标准是在生产实践和科学研究的基础上，依据不同年龄、体重、品种以及不同生理状态每日所需营养物质的质和量来制定的，灵活掌握，因地制宜。

第三节 家兔饲料的加工调制

为了提高饲料的利用率、促进家兔的食欲、除掉饲料中的有害物质，在进行饲料的加工调制时，应注意以下几个方面：

(1) 青饲料适口性好，营养高价值，为保持其营养价值应现割现喂。一般不用水洗，但对污染严重，泥沙过多的青绿饲料，一定要洗净晾干表面水分再喂。被雨淋、含有露水、冰霜的饲草，也应晾去水后再喂。否则，容易发生肠道疾病。

喷洒过农药的青饲料，必须经过7~10天方能刈割饲喂家兔。

(2) 多汁饲料要洗净泥土，切成小块或擦成丝喂兔。冬天防止用冰冻的多汁饲料喂兔，以免引起下痢和怀孕母兔流产。

(3) 青贮饲料可以保持青饲料的营养成分，是家兔青饲料的来源。

(4) 用青草或将干草喂兔时，为了避免浪费，应切短再喂，或将干草打成草粉与精饲料掺在一起喂兔。

(5) 各种饼类饲料应打成小块，水泡软后喂兔。菜籽饼、棉籽饼含蛋白很多，是兔的蛋白质饲料的来源，因含有毒素，应脱毒后再喂。不经脱毒就喂，应控制喂量，一般不能超过日粮的5%~7%。

第四节 家兔的日粮配制

配合饲料要符合家兔的消化特点，适口性强，价格便宜，取材方便，经济实惠。配合饲料要符合标准，营养水平不应过高或过低，尽量利用有饲养价值的废料，以便广开饲料来源，提高饲料的利用率。

一、简单的混合饲料

多数养兔户的饲料单纯，有啥喂啥，营养水平很低，生长很慢，较高的营养要求又办不到，那就应该尽量做到多种原料搭配，制成质量相对稳定的混合饲料。

二、按营养需要配合

根据当地饲料资源情况，选定饲料原料，然后查找饲料营养成分表，依据饲养标准，分项相加，若差距不大，即为合理的配方。

三、肉兔的日粮配合

随家兔的品种不同，饲料配方也有所不同；另外各地饲料的优势不同，也有许多不同特色的配合方法。

思考与实践

1. 蛋白质和粗纤维对家兔的生长和生产有哪些作用？
2. 食盐对家兔的生长和生产有哪些作用？

第五章　家兔的饲养管理

第一节　家兔饲养管理的基本要求

家兔随类型、季节、饲养目的不同，在饲养管理上有一定差异，但是，基本要求有以下几个方面。

一、以饲草为主，精料为辅

兔为草食动物。日喂草量，为体重的10%～20%。精料供给量，应根据生理阶段而定，一般应掌握在50～150克。

二、草料多样化，合理搭配

由于家兔生长速度快，繁殖率高，新陈代谢旺盛，需要从饲料中获得各种营养，因此家兔的日粮，应有多样化的饲草、饲料组成，并根据饲料所含营养的不同，互补余缺，合理搭配。

三、饲料品种相对稳定

饲料品种经常更换会引起家兔的应激反应，造成胃肠疾病的发生，甚至造成大批死亡。为防止问题的出现，要采取以下更换办法：

1. 更换饲料应少喂多餐

应注意新变的饲料要采取少喂多餐的方法，使兔子经常感到有些饥饿感，保持有较高的消化能力，这样不会造成消化不良，防止胃肠疾病的发生。

2. 逐步更换饲料

在改变饲料时，逐步减少原来饲料的喂量，增加新换饲料的喂量，7天后全部变为新换饲料，使胃肠有一个适应的过程。

3. 喂料既要定时定量，又要根据需要而改变

一般情况下要保证供给家兔清洁的饮水，不限制青粗饲料喂量，若精料充足时可早晚各喂一次，量少可晚上加一次。成年兔食欲高峰在晚上，所以晚上加喂精料消化时间长，使兔子不会感到饥饿。每天在日出前2小时和日落后2～3小时饲喂效果最好。仔、幼兔采食量较小，消化又快，白天也有进食的要求，应在中午加喂一次精料。在精料喂量上，体大的或瘦弱的多喂一些，草好时要少喂一些。粪球小而干硬，要多给青绿多汁饲料，增加饮水；粪球软时，要少喂精料和多汁饲料，减少喂水。

4. 分群分类管理

不同年龄、种类、性别的家兔，不能混合在一起饲喂，以免杂交乱配。种兔必须笼养，一般幼兔可以笼圈结合养。

5. 注意卫生，定期消毒

按时注射疫苗 每天打扫卫生，定期进行消毒，按时免疫，能有效地控制疾病的发生和蔓延。这是养好家兔的基础。

6. 加强运动，增强体质

运动可以促进兔体的新陈代谢，增进食欲，提高抗病能力。兔在运动场内见到阳光，可以避免幼兔软骨病的发生，减少母兔的空怀和死胎，防止母兔的难产和产后瘫痪，也可提高公兔的配种能力和精液品质。成兔一周应轮换运动 2 次，每次 2～3 小时。幼兔最好每天运动，白天放出，晚上收回。3 月龄以后公、母兔要分群活动，以免混交乱配。种公兔最好每只单独小圈运动，以防互相殴斗和咬伤。

第二节　各个阶段家兔饲养管理要求

一、种公兔的饲养和使用

种公兔饲养的好坏，对配种及精液品质的好坏有很大的影响，同时公兔对后代的影响远大于母兔。因此，养好种公兔是繁殖和育种工作中的重要环节。

种公兔在非配种季节，应以保持中等营养水平、体质强壮、不肥不瘦为好。配种前 1 个月和配种期间要加喂鱼粉、蚕蛹粉和麦芽。配种季节要增加精饲料喂量，增加饲料量 1/3，每次交配后，要饮以温开水。

留作种用的公兔，3～4 月龄时要公、母分群饲养，5 月龄后要单笼饲养。成年公兔每天以交配 2 次为原则，青年公兔每天只能交配 1 次。每交配 2 天应休息 1 天，切勿过多使用，否则会降低受胎率和公兔的使用年限。

种公兔应有配种记录，以鉴定其遗传性能是否优良。

二、空怀母兔的饲养管理

空怀母兔是指繁殖母兔在断奶之后，青年母兔在初配之前的空怀阶段，要保持一般的饲养水平，保持中等膘情。否则，会不利于配种受胎。

对于过瘦的母兔，要提高日粮的营养水平，增加喂量，过肥的母兔要使其运动，减少精料的饲喂量，保持中等膘情，以利于正常的发情与受胎，提高其配种受胎率。

三、怀孕母兔的饲养管理

母兔从受胎到分娩这段时间，称为怀孕期。家兔正常的怀孕期一般为30～31 天。怀仔数多的和体质差的常提前分娩，怀仔数少的和体质强壮的常推迟分娩。

在母兔怀孕期间，要喂给体积小营养价值高的饲料。从受胎第 15 天起，精饲料的喂给量要相应的增加，以保证孕兔对蛋白质、钙、磷和维生素的需要；在临产前 3 天，要减少精饲料的喂给量，多喂优质的青绿饲料。

怀孕 25 天后的母兔，一定要单独饲养，不要放出笼外运动，不能随意捕捉，避免受到惊吓而流产。

母兔分娩前 3～5 天，应将经过消毒洗净的产仔箱放入母兔笼中，箱内铺垫较软的青干草。母兔会把产箱中的草衔来衔去，忙碌不停，准备建巢产仔，有时会把草吃掉一部分或落入笼下边，要注意增添。

在临产前 5 天，母兔饲料中要加入磺胺嘧啶，每天 1 片，以防止母兔乳房炎和仔兔黄尿病的发生。

母兔分娩之前，腹疼加剧，蹲入巢箱，此时不能惊吓母兔，并设法遮挡住光线。兔有夜间或凌晨产仔的习惯，所以养兔场在繁殖季节，夜间应有专人值班。分娩开始，母兔背部弓起，口舐阴部，并发出低微的"咕咕"声，接着仔兔顺次连同胎衣和胎盘一同产出。母兔边产边将胎衣和胎盘吃掉，咬断脐带，舔净仔兔身上的羊水，一般 20 分钟分娩完毕。母兔产完后，要喂 5 分钟左右的奶，然后把仔兔用毛盖好，跳出产仔箱饮水。此时，可喂给事先准备好的新鲜嫩草和淡盐水。

分娩完毕，要及时清除产仔箱内的污毛、血毛、死胎以及母兔吃剩下的胎盘，清点好仔兔的只数，将盖仔兔的兔毛盖好。没有拉毛或拉毛很少的母兔，可人工帮助把奶头周围的兔毛全部拔掉，以刺激母兔泌乳和便于仔兔吃奶。

四、哺乳母兔的饲养管理

母兔自分娩到仔兔断奶，需 30～42 天，这段时间成为哺乳期。

母兔分娩后，因泌乳的需要，1 周以后食量剧增。因此，从分娩后开始逐步增加精饲料的供给量，可增加原食量的 2/3 到 1 倍以上。使母兔的体质增强，以确保仔兔的良好发育。

如果出现母兔体重大减而产奶量又少，说明饲料供给标准太低，应立即增加营养丰富的饲料。如果出现睁眼前的仔兔尿量过多，说明母兔吃的饲料含水过多。若仔兔粪多，则母兔吃的饲料含水太少或饮水不足。出现这些现象时，可对母兔的饲料进行适当的调整。

为了防止母兔乳房炎的发生，对仔兔过多或过少的，要进行调剂。一般仔兔数应少于乳头数。生后 3 日内，母兔每日加服磺胺嘧啶和苏打各 1 片。

当仔兔快要断乳时，要减少精饲料的喂量，停止饮水。断奶的方法，可采取强壮的、个大的先断，弱小的延长几天。这样可让仔兔的体重基本赶齐。

五、仔兔的饲养管理

从出生到断奶的小兔称为仔兔。仔兔由胎内到体外生活，在 3 个方面发生骤变：

1. 呼吸

产前依靠母体内血液的气体交换，产后转入自己用肺呼吸。

2. 免疫

产前处于近似无菌环境，产后开始遭到无数病菌毒害的侵袭，所以要及时接种疫苗，防止传染疫病。

3. 体温

产前处于恒温环境，产后立即受到温度变化的影响，然而初生仔兔本身对体温调节机能很差，因此一定要加强护理，特别是冬季必须做好保温工作。

仔兔以母乳为唯一食物，其生长快慢及成活率高低，与母兔的泌乳情况密切相关。

母兔分娩后前 2 天的乳汁称为初乳。初乳营养丰富，仔兔只有吃到充足的初乳，才能得到良好的生长发育。

仔兔出生后，眼睛紧闭，11 ~ 12 天开眼，这段时间称为睡眠期。这几天是仔兔存活的关键，群众称之为初生关。此时一定要细心观察，精心护理，夜间要经常检查，发现仔兔掉在或生在箱外，应立即放入箱中，如果发现仔兔刚被冻昏或停止呼吸时间不长，可将其除鼻孔露出水面呼吸外，其余全部浸入温水中，并用手指压迫仔兔胸部一按一放做人工呼吸，救活后立即用毛巾擦干，送回产箱。急救时，也可采用热毛巾热敷、放在热炕上保暖或揣在怀中保暖使其复生。

仔兔出生后全身无毛，非常怕冷，极易冻死，4 ~ 5 天后身上的毛方可覆盖皮肤。仔兔的抗病力很差，所以在开眼前应注意产箱内的清洁卫生，平时应保持箱内褥草的干燥和清洁。产箱内兔毛数量多少，应根据气温的高低加以调节。

开眼后的仔兔，在产箱内往返蹦跳，数日后可跳出产箱。此时仔兔食量剧增，母乳已满足不了要求，常紧追母兔吃奶，故称追乳期。

仔兔生长 17 天后，给以嫩草、青菜叶等让其试吃，20 天即开始饲喂精料。因仔兔胃小，应少吃多餐，均匀饲养。仔兔开食时，不辨香臭，往往误食母兔粪便，容易感染球虫病和其他疾病。此时可母仔分笼，每日定时把仔兔连箱送回母兔笼内，让母兔喂奶 1 次，每次 3 ~5 分钟。要做到勤上草、喂量小、多观察，根据仔兔的吃食情况，随时调剂饲料及增加喂量。仔兔断奶时间，根据用途的不同及体质好坏，一般主张商品肉兔 35 天断奶，种用则 42 天断奶。

六、幼兔的饲养管理

从断奶到 90 天的兔称为幼兔。幼兔由吃奶转为完全依赖外界饲喂条件来维持生活，此阶段生长发育迅速，吃食较多，必须加强运动，促进其新陈代谢。运动场应设在既有阳光照射，又有遮阴的地方，放置草架、食槽、水碗，让幼兔任意采食和饮水。

60 天的幼兔，正是第一次换毛期，需要大量营养，体质也比较虚弱，抗病力较差，是幼兔管理的关键时期，所以饲养管理上要特别注意，增加蛋白质饲料的喂给量。

一般每日喂青草 3 次，精料 2 次，青草、精料相间饲喂。一定要按幼兔的饲料配方配制饲料。

幼兔可分小群饲养，按体格大小、强弱进行分群。发现病兔应立即隔离治疗。

七、青年兔的饲养管理

90 ~ 180 天的兔称为青年兔，也称为中兔或后备兔。除准备留作种用的公兔单笼饲养外，其余仍以合笼合群饲养为主。

3 ~4 月龄时，生殖器官已发育成熟，有求偶现象。为防止早配、早产，影响生长发育，应将公、母分开饲养。青年兔的新陈代谢旺盛，生长发育比较快，因此饲料的喂给量要逐步增多，晚餐一定要加足，保证吃饱。

青年兔的运动特别重要，每周应放出2~3次，每次运动1~2小时。

思考与实践

1. 家兔饲养管理的基本要求是什么？
2. 仔兔的管理要点是什么？

第六章　家兔的繁殖和育种技术

第一节　家兔的繁殖特点

公兔每天可产生精子0.82亿~2.1亿个，每次射精量为0.5~2毫升，每毫升内含有精子约1亿个。精子在母兔生殖道内可以存活48小时，保持受精能力为30小时。

母兔是刺激性排卵的动物，在发情期中卵巢上有许多发育成熟的卵子，这些卵子只有经过公兔交配后10~12小时才能排出。

母兔的发情周期为7~14天，发情持续期为3~4天。

母兔每次排卵为18~20个，保持有受精能力的时间为6小时左右，而排卵后2小时内受精率最高。受精卵在交配后5天进入子宫，7天后在子宫内开始着床。

母兔妊娠期为30~32天。公、母兔可利用的繁殖年限为3~4年。母兔一生约可产仔16胎。一年生4胎，可利用4年；一年生8胎，只能利用2年；一年生10胎，只能利用18个月。

第二节　母兔发情的表现以及不发情和不孕的表现

一、母兔发情的表现

母兔性成熟以后，生殖器官出现周期性的发情表现。母兔发情后兴奋不安，在笼中乱跳、顿足，食欲下降，爬跨其他兔，放入公兔笼中，则主动接近，后肢高举，愿意接受公兔交配。母兔外生殖器肿胀、湿润、颜色鲜红，当出现深红时，配种最好。群众说："粉红早、黑紫迟、老红配种正当时。"

二、影响母兔不孕的原因

造成母兔不孕的原因很多，应找出不孕原因，进行改进，提高其受胎率。

1. 生理原因

生理缺陷如阴道畸形、输卵管狭窄、性激素失调等均可导致不孕。经治疗无效者，应予以淘汰。

2. 营养原因

饲料搭配不合理，造成种兔过肥、过瘦或者缺少维生素 A、E 等，虽然也能发情，但是久配不孕。

3. 公兔原因

因季节、饲料、疾病等影响，造成公兔精液品质低下或无精子。公兔交配负担过重，使用过频或长期不用等，也会使精液品质降低。如果改善饲养管理条件，进行对症治疗等措施后，仍不见好转，应予以淘汰。

4. 管理原因

长期不运动、缺少光照、室内通风不良、空气龌龊等，也会造成公兔精液品质下降，母兔性活动减弱，以至造成不孕。

5. 疾病原因

子宫炎、子宫瘤或子宫内遗留有死胎和残骸等都可造成不孕。采取对症治疗或手术后，经过一段恢复，再行配种，若仍屡配不孕，就应予以淘汰。

三、不发情母兔的催情和配种方法

1. 物理刺激

公兔的爬跨并非母兔唯一诱发排卵的因素，即使其他母兔爬跨也能诱发排卵。

2. 药物刺激

用孕马血清、绒毛膜促性腺激素等，均可使母兔发情和排卵。尤其是进行人工授精时，必须采用。

第三节 家兔的繁育

一、近亲交配的利弊

近亲交配的主要作用是稳定品种的遗传性，在培育新品种时必须采用。但是，近亲交配可导致双亲的有害性状和缺陷在后代中表现出来。因此，在生产中应当杜绝近亲交配。

二、兔初配年龄

小型肉兔初配年龄母兔为 4 月龄，公兔 5 月龄；中型肉兔初配年龄母兔 6 月龄，公兔 7 月龄；大型肉兔母兔为 7 月龄，公兔 8 月龄。另外，当体重达到成年体重 80% 时，也可开始配种。

在饲养条件差的地区适当晚配是有好处的，但配种过晚会造成性机能衰退，适时初配是很重要的。

三、家兔繁殖的适宜季节

春季气候温和，光照由短变长，青草丛生，质嫩味好，适口性强，消化率高，所以这个时期公兔的性欲极高，母兔发情症状也特别明显，配种的受胎率极高，为繁殖的最佳季节。

夏季炎热多雨，不利于繁殖，到秋季再繁殖。

秋季温度适宜，饲草丰富，也是繁殖的大好季节。应在8月上旬开始配种。从8月中旬至9月中旬正是换毛期，在换毛期应停止配种，到9月底才能恢复正常。

冬季寒冷，青饲料缺乏，对繁殖仍然不利。如果饲料调剂得当，胡萝卜、白菜、大麦芽能适当供应或喂给全价营养的颗粒饲料或配合饲料，并设有保温的产房或对仔兔采取保温措施，不但可以正常繁殖，而且因冬季病菌不活跃，兔的疾病少，仔兔成活率很高。所以现在许多人又提倡冬繁。

四、配种前的准备工作

公、母兔在配种以前，应有2周时间的准备。除一般饲养上应注意的事项外，还应采取以下措施：

①为了便于交配，应将公、母兔生殖器周围的污毛剪去，以防交配时带入赃物，引起生殖器发生炎症。②在准备配种期间，应尽可能让公、母兔每天进行日光浴和运动。③在配种前半月内，在公、母兔的日粮中，必须有青绿饲料。公兔还要增喂进口鱼粉、麸皮、玉米等，母兔要增喂胡萝卜、麦芽、骨粉等。④编制配种计划，准备好各项登记表格，做好记录工作。

五、交配方法

发现发情的母兔，一定要把它放到公兔笼中，公兔便追逐爬跨，发情好的母兔很快会将后肢离地支起，举尾迎合，只见公兔向前猛的一冲，即行射精。射精时公兔“咕”叫一声，后肢卷缩，向一侧倒下，或从母兔背上滑落，这是完成交配的正常现象。

有的母兔虽已发情，但无论如何也不接受交配，只有用人工辅助的办法，进行强制配种。

为了提高母兔的产仔数，可在第一次交配后，间隔6~8小时再进行第二次复配。

六、复配的方式

一般复配有两种方式。常用的方法为在第一次配种之后，间隔6~8小时，再用同一只公兔进行第二次配种，以提高其受胎率和产仔率。第二种方法是在第一只公兔交配后，停10~20分钟再用同一品种的另一只公兔交配，这种方法叫做双重配，其目的为了扩大卵子的选择范围，提高母兔的受胎率和产仔率。

七、母兔在产仔中公少母多的方法

在正常情况下，母兔产仔公、母各半，在种兔紧张的情况下，为了加速繁殖，希望能多生母兔少生公兔，这样还可增加兔场的经济收入。这种性别控制的方法很多，只不过有的在农村无法应用。现只介绍简单易行的方法，供大家参考。

公兔用过两次之后，再配种母兔就多。所以在实践中，母兔在发情后期（生殖器颜色黑红）配种，生的母多公少，经常使用的公兔运动1~2小时之后，再与发情后期的母兔配种，在其仔兔中母兔占75% ~80%。

八、母兔受胎检查

母兔怀孕10 ~12天后，可用试情法检查母兔是否受胎，也有用称重法来检查，即配种前称重一次，半月后再称重一次，如果体重有明显增加表示已孕。

检查母兔是否受胎的最好方式是摸胎。在母兔交配后8 ~10天，即可隔腹壁触摸胎儿。摸到似粪粒大小、有弹性、易滑动、柔软的小肉球。但要注意将胚胎与粪球区别开，粪便粗糙、较干硬、不易滑动。

第四节　家兔的杂交

两个或两个以上不同品种之间进行交配，就叫杂交。杂交的生物学特点有两个方面：

一是家兔在杂交情况下，后代的生活力将会大大的提高，表现出明显的杂交优势，具有高度的生活力，强大的适应性，坚实的体质，迅速生长的能力，良好的饲料利用率。

二是杂交不仅可以将两个品种的特性结合在一起，同时还可引起各种新品质的产生，可作为选择和培育新品种的材料。杂交由于遗传性很不稳定，所以在自群繁殖时，常产生各种各样性状不同的后代，即分离现象。

一、经济杂交的方式

1. 两品种杂交

利用两个品种的公、母兔进行交配，产出的杂种后代无论公母均作商品出售。

2. 三品种杂交

两个品种杂交的一代杂种母兔，再与第三个品种公兔杂交，产生的杂种公、母兔均作商品出售。一般来说三品种杂交，比两品种杂交优越（结合了三个品种兔的优点），能获得更高的经济价值。

3. 轮回杂交

用两三个品种或更多品种兔轮流杂交，在各世代的杂种母兔中，除选留优秀个体用作下次杂交的母本外，其余的杂种公母兔均作商品出售。

二、进行经济杂交时要注意的问题

1. 选好杂交组合

实践证明，不是任何两个品种公母兔交配都能产生杂交优势，只有亲和力好的不同品种公母兔交配才能产生杂交优势。

2. 确定正交与反交

两个品种杂交时正、反的效果不同，注意杂交父本和母本的选择。选公兔应选增重快、肉用性能好的品种如新西兰兔；母兔要选繁殖率高、泌乳性能好的品种如哈白兔。

3. 改善培育条件

温度、湿度、饲料、营养和管理方式等条件对杂交优势具有很大的影响。应根据杂交亲本及其杂种后代的具体要求，尽量提供优越的培育条件，以充分发挥经济杂交的增产潜力，提高经济效益。

4. 建立良种繁育体系

品种越纯，杂交优势越高，杂种配杂种不可能产生杂交优势。因此，要求用于杂交的亲本兔，必须经原种场纯系繁育，保持品种的纯度与质量。

三、选种的方法

良种兔的选择，应根据体质外形、生产性能、血统和后代的品质4个方面来鉴别。

1. 体质健壮，生长发育良好

种兔要求行动灵活，眼睛明亮，两耳宽大，体躯结构匀称，体型大。

2. 生产性能高

肉兔主要注意早期的生长发育要快，3个月体重达到2.5千克。

3. 繁育力强

公兔则要求睾丸大而匀称，性欲旺盛，射精量多，精子活力好，密度大。母兔要求乳头在4对以上，泌乳力高，母性强，产仔多，性情温顺，无吃仔恶癖。

4. 遗传性稳定

要求繁殖出的后代，具有甚至超过它们亲代的一切优良性状，即要求种兔能将其优良性状传给后代。

5. 应具备品种特征

不同品种有不同的要求标准，不具备品种特征者，不能作种兔。

四、选配的方法

选配的实质就是有意识、有计划地选择合适的公、母兔进行交配，组合后代的遗传基础，目的在于获得变异和巩固遗传特性，以便逐代提高兔群质量。

①选配前必须对预配的公、母兔的品质有所了解，明确其选配的日的，有计划、有目的地进行“定向”选配。②公、母兔的体质都要健康，将体质类型、生产性能等各方面都大致相同的公、母兔进行配种，以获得稳定的遗传性。有相同严重缺陷或相反严重缺陷的则不准互配。③在年龄选配上，以壮年公兔配壮年母兔、壮年公兔配青年和老年母兔、青年和老年公兔配壮年母兔为好，而青年公兔配青年和老年母兔、老年公兔配青年和老年母兔较差。④防止近亲交配。亲缘交配的公、母兔在三代之内不能有相同的血统关系，以防品种退化。

思考与实践

1. 影响母兔不孕的原因有哪些？
2. 怎样使母兔在产仔中公少母多？

第七章　兔病防治

第一节　兔病防治常识

一、家兔的健康状况检查

1. 看

正常的兔，行动活泼，眼睛明亮，眼角干燥，口鼻洁净，耳色粉红，食欲旺盛，粪球圆润，毛顺有光，尿色微黄。

2. 摸

摸兔脊背是肥是瘦，腹部有无肿块，脉搏是否正常。健康成兔每分钟心跳 80 ~ 90 次，幼兔每分钟 100 ~ 150 次。

3. 听

听兔的呼吸是否正常，有无喷嚏，呼吸次数的多少。健康的成年兔每分钟呼吸 20 ~ 40 次，幼兔每分钟 40 ~ 60 次。

4. 测温

测量兔的体温是否正常。成年兔的正常体温是 38.5 ~ 39.5℃，仔兔略高，可达 40℃。

二、给兔用药方法

1. 注射法

注射方法有皮下、肌内和静脉注射 3 种。

皮下注射：选择皮肤松弛，容易移动的部位，一般在颈部、股内侧把药注射进去。注药后，看到有泡鼓起，即表明注在皮下。

肌内注射：多在大腿内侧肌肉多的地方，作为注射部位。

静脉注射：在兔耳背外缘的静脉上注射。

2. 口服法

对于尚有食欲的病兔，在药量少又没有特殊气味的情况下，可将药物拌在少量的饲料中，让病兔自己吃下。

当病兔已经绝食的情况下，可采用灌药法。用注射器吸入药液，左手保定住兔嘴，将注射器由口角插入兔口腔中，慢慢推动注射器活塞，并轻压兔的舌根，使病兔自行吞咽。

3. 直肠灌药法

保定病兔，用导尿管前端涂上润滑剂，缓缓插入肛门内，在病兔不努责的情况下，继续往深处插，当插不动时，再把吸有药液的注射器接在橡胶管上，将药液注入直肠内。在家兔便秘时，常采用此法灌肠润便。

第二节 家兔常见病的诊断与防治

一、兔瘟

该病由兔瘟病毒引起，死亡率可高达90% ~100%。根据病程，有最急性型和急性型两种。最急性型，常不见任何症状，突然倒地、抽搐、鸣叫而死亡。急性型，24 ~36 小时内发病致死，死前精神沉郁，绝食；个别兔临死前尖叫几声，从鼻孔流出血泡或液体，肛门松弛，流出少量黄色黏液。

深冬初春常有该病暴发。当见到发病快、死亡率高、先死大兔好兔、死后头后仰、鼻孔流出带有气泡的红色液体、用抗生素无效等情况时，应首先怀疑为“兔瘟”。

当前还没有特效的治疗药物，主要靠预防。每年春、秋两次防疫，可保安然无恙。肌内注射兔瘟、巴氏杆菌、魏氏梭菌三联苗2 毫升，可免疫6 个月以上。

二、兔巴氏杆菌病

该病是由多杀性巴氏杆菌引起的一种疾病。各种年龄家兔都可发生，但以幼兔和体弱者最易感染。该病传播快，常造成成群发病，死亡率极高。

该病主要是器官和组织出血，血液败坏，所以被称为出血性败血症。根据病情可分为急性型、亚急性型和慢性型3 种。急性型常表现为不见任何症状家兔就忽然死亡。亚急性型家兔体温高达41℃以上，拒食、颤抖、呼吸加快，渐致呼吸困难，二三天内死亡。慢性型最为多见，特别是鼻炎型，常打喷嚏，不时以前肢揉擦鼻孔，鼻腔内先是黏性分泌物排出，逐步变成脓性分泌物，严重时阻塞鼻孔，经常呼噜。病程可达1 年以上，在一般情况下不致造成大批死亡。由于病兔经常用爪去抓嘴脸，把病菌带到眼内、耳内和皮上，引起脓性结膜炎、角膜炎、中耳炎、皮下脓肿、乳腺炎、生殖器感染、肺炎等并发症。

该病用抗生素均有疗效，特别用0.5%恩诺沙星注射液，每千克体重1 毫升，1 次见效，第二天再注射1 次，即可治愈。对轻微鼻炎型可以0.5%恩诺沙星注射液滴鼻，每个鼻孔滴入3 ~5 滴，4 ~5 次可愈，疗效奇特。

该病多发生在早春晚秋、气候骤变时，引起感冒，造成抵抗力降低，巴氏杆菌侵入而引发。最有效的办法还是靠预防，只不过巴氏杆菌苗的免疫期一般只有4 个月，所以1 年要做3 次防疫注射。

三、兔魏氏梭菌病

该病是由魏氏梭菌及其毒素所引起的一种传染病。对幼兔的危害最大，幼兔的死亡率可达50%。

其主要症状为急性下痢，临死前水泻，具有特殊的腥臭味。水泻前，精神、食欲、体温变化不大；水泻后，精神沉郁，不吃食。死后剖检，大肠黏膜有血斑，肠黏膜有弥漫性充血或出血，肝脏质地变脆。

该病以预防为主，场地、笼具用2%火碱消毒。用三联苗预防注射，每次2毫升，可免疫6个月。增加饲料中的粗纤维含量，减少精料供给，促进胃肠的正常机能。

四、兔波氏杆菌病

又称支气管败血波氏杆菌病，是一种常见的家兔传染病。传染途径主要为空气传播。病兔打喷嚏时细菌喷出污染环境，通过空气将疫病传染给健康兔。

患病家兔表现为：从鼻腔流出浆液性或黏液性分泌物，时轻时重。长期不愈的家兔，病菌可下行蔓延至支气管，进入肺部成为支气管肺炎，侵害肺泡，产生炎症化脓，致使病兔呼吸困难，食欲不振，日渐消瘦死亡。

该病主要靠预防，每年肌注波氏杆菌疫苗2次，每次每只注射2毫升，小兔满月后即行防疫注射。治疗可用0.5%恩诺沙星注射液，每千克体重1毫升，每日1次，连用2~3天。在注射后，留少量药液每鼻孔滴入3~5滴。

五、兔黏液性肠炎

该病是由致病性大肠杆菌引起的一种暴发性、死亡率很高的肠道传染病。各种年龄的兔均易感染，以4月龄以内的幼兔最甚，死亡率80%以上。

有最急性、急性和亚急性3种。最急性的病兔，不见任何症状，突然死亡；急性多是1~2天死亡；亚急性多是7~8天死亡。

急性和亚急性病兔，体温降低，精神沉郁，被毛粗乱，大便带有大量透明的胶状黏液，粪球变小，有胶状黏液连成串。体质急剧瘦弱，四肢发凉，有的还磨牙流涎。

用兔大肠杆菌疫苗可以预防。治疗上越早越好，当发现粪球上带有透明状黏液时，及时治疗效果最好；到了拉出大量黏液时，几乎不能治活一例。用0.5%恩诺沙星注射液，每2千克体重肌注1毫升，或内服2毫升，每日2次。

六、兔球虫病

球虫病是艾美尔属球虫所致的一种寄生虫病，以断奶至4月龄以前的幼兔最易感染，特别在6~8月份高温多雨季节，是该病的流行高峰，无一可以幸免，死亡率可达80%以上，是危害养兔事业最严重的病害之一。

球虫病可分为肠型、肝型和混合型3种：

1. 肠型

球虫寄生在肠上皮细胞内。30~60日龄的幼兔最易感染，多呈急性发作，不表现任何症状即死亡。有的突然倒下，颈、背及两后肢肌肉强直痉挛，头向后仰，两后肢伸直划动，尖叫几声，迅速死亡。拖延不死的食欲不振，腹部膨大鼓气，下痢，粪便很臭，污染肛门。

2. 肝型

发生于30～90日龄的幼兔，肝脏肿大，有腹水，毛脆易脱落，眼结膜苍白，少数可见黄疸症状，四肢麻痹无力，走路呈划行。

3. 混合型

具有肠型和肝型两种症状，病兔消瘦贫血，下痢和便秘交替发生，小便发黄浑浊。

凡发现幼兔的肚胀如鼓，肚皮青紫，死前不停食，突然倒地，头向后仰，四肢麻痹，尖叫几声而死亡的应视为球虫病。

防治措施：加强消毒工作，最好用火焰消毒；大小兔分笼饲养避免感染；安排好繁殖季节，5～7月份不让母兔繁殖；加强营养，增强抵抗力。在治疗上，当前主要是提前喂药，在仔兔20日龄开始喂精料时，即掺入抗球虫药，到断奶时，体内因没有球虫，再加上继续用药，所以根本不会有球虫病的威胁。使用鸡球素（海南霉素）每包100克加到200千克饲料中，用来喂兔也可以有效地控制球虫病的发生。

七、兔腹泻病

腹泻是兔的常见病，其主要原因为：兔舍温度过低湿度过大，使兔腹部受凉；食用不清洁或发霉变质的饲料；以及饲料含水过多；吃了露水草、雨淋草或冰冻饲料；断奶过早，贪食过多；饲料突然更换，消化不良。

1. 普通腹泻

粪便呈糊状，肛门周围被粪便污染。主要是吃了露水草或含水分过多的饲料（如白菜帮、鲜红薯秧等）所引起。

2. 消化不良腹泻

排出的粪便湿烂量多，有酸臭味，腹部膨大。主要是贪食过多和饲料突变所引起。

3. 胃肠炎腹泻

主要是因为家兔吃了一些腐败变质的饲料，或由上两种腹泻病转化而来。病兔粪便稀薄如水，并在粪便中带有气泡和鼻涕样的黏液，食欲废绝，精神沉郁，死亡率很高，特别对幼兔威胁最大。

防治办法：迅速找出致病原因，及时进行纠正，增加干草喂量，保持笼舍清洁干燥，在饲料中加入少量木炭粉。治疗上可内服磺胺类药物，每日2次。或肌注黄连素。对消化不良的腹泻可用酵母、苏打各1片灌服，每日2次。为了防止脱水可用氯化钠3.5克，小苏打2.5克，氯化钾1.5克，葡萄糖20克，加水1 000毫升，配成口服补液，让病兔饮用。如不饮水，则进行灌服，每日3次，每次8～10毫升。

八、兔积食病

主要是由于家兔贪食精料过多，或吃了难消化而易发酵的饲料所引起。患兔常厌动爱卧，不厌食，肚臌胀，有痛感，有时磨牙。

防治办法：饲喂要定时定量，青粗合理搭配，不能让兔饥饿过度。治疗：成兔每次灌服蜂蜜 10 毫升加水 20 毫升，日服 2 次。灌服醋 2 ~ 5 毫升，让兔充分运动。灌服酵母片、小苏打各 1 片或大黄苏打 1 片，每日 2 次。

九、毛球病

只有长毛兔可以患此病，主要是因吃食了兔毛，在胃肠内形成毛团，堵塞胃肠道而引起发病。母兔发病率高于公兔，笼养发病率高于群养。

1. 症状

病兔厌食，爱卧厌动，好喝水，粪便细小并连串，上面附有兔毛。严重时，可摸到积在胃、肠内的毛球。毛球堵塞幽门或肠道，致使粪便很少或全无，日渐消瘦而死亡。

2. 预防

勤洗刷笼具及食槽、水槽等，实行单笼饲养或火焰消毒。冬季应补给矿物质及维生素并让兔多放出运动。

3. 治疗

①用液体石蜡或食用油 15 ~ 20 毫升，1 次灌服。②大黄、芒硝、枳实、厚朴各 6 克，水煎服。

十、兔“毛罢工”病

这也是长毛兔特有的一种病。就是长毛兔在剪毛以后，一直保持很短的毛茬，长不出新毛，仅有少数粗毛长出，俗称为“毛罢工”。

1. 症状

患兔一般健康状况正常。主要在脱毛期剪毛，把旧毛根留在毛囊内，因无毛杆，旧毛不易脱落，阻碍新毛向外生长。

2. 防治措施

①加强饲养管理，改善饲料条件。②将“罢工”的兔毛一撮一撮连根拔掉，10 多天后即长出新毛。③在患部涂擦煤油，1 周后毛根自行脱落，以后就会长出浓密的新毛。

思考与实践

1. 简述健康家兔的特征。
2. 简述家兔各种腹泻病的特征。

参考文献

[1] 李红斌主编. 乡村兽医培训教材. 北京：中国科技教育出版社

[2] 李建国主编. 畜牧学概论. 北京：中国农业出版社，2002 年 7 月

[3] 郭宗义，王金勇主编. 现代实用养猪技术大全. 北京：化学工业出版社，2010 年 6 月

[4] 王克健，滚双宝编著. 猪饲料科学配置与应用. 北京：金盾出版社第 2 版，2010 年 12 月

[5] 桑润滋主编. 实用畜禽繁殖技术（第一版）. 北京：金盾出版社，2010 年 3 月

[6] 魏刚才，刘保国主编. 现代实用养鸡技术大全. 北京：化学工业出版社，2010 年 1 月

[7] 王佳贵主编. 肉鸡畜牧健康养殖关键技术. 北京：化学工业出版社，2010 年 7 月

[8] 权凯主编. 奶牛健康高产养殖手册（第 1 版）. 郑州：河南科学技术出版社出版发行，2010 年 10 月

[9] 林伟主编. 肉牛高效健康养殖关键技术（第 1 版）. 北京：化学工业出版社出版，2010 年 7 月

[10] 冯建忠主编. 肉羊日程管理及应急技巧. 北京：中国农业出版社，2011 年

[11] 徐泽君等主编. 羊病防治实用新技术. 郑州：河南科学技术出版社，1996 年

[12] 王学君主编. 羊人工授精技术. 郑州：河南科学技术出版社，2003 年

[13] 曹明聚主编. 现代工厂化养猪生产与管理. 郑州：河南科学技术出版社，1999 年

[14] 罗治安主编. 瘦肉型猪饲养技术. 成都：四川科学技术出版社，2009 年

[15] 权凯主编. 奶牛健康高产养殖手册. 郑州：河南科学技术出版社，2010 年 10 月

[16] 林伟主编. 肉牛高效健康养殖关键技术. 北京：化学工业出版社，2010 年 7 月

[17] 李建国主编. 畜牧学概论. 北京：中国农业出版社，2002 年 7 月

[18] 张茂，薛爱莲主编. 实用肉兔饲养新技术，北京：中国农业出版社，1996 年 9 月

[19] 程相朝，薛帮群等主编. 兔病类症鉴别诊断彩色图谱，北京：中国农业出版社，2009 年

参考文献

[1] [illegible]
[2] [illegible] 2002年 [illegible]
[3] [illegible] 2010年 [illegible]
[4] [illegible] 2010年 [illegible]
[5] [illegible] 2010年 [illegible]
[6] [illegible] 2010年 [illegible]
[7] [illegible] 2010年 [illegible]
[8] [illegible] 2010年10月
[9] [illegible] 2010年 [illegible]
[10] [illegible]
[11] [illegible]
[12] [illegible]
[13] [illegible]
[14] [illegible] 2009年
[15] [illegible] 2010年10月 [illegible]
[16] [illegible] 2010年9月
[17] [illegible] 2002年 [illegible]
[18] [illegible]
[19] [illegible]